管理类联考（199科目：MBA、MPA、MPAcc、审计、工程管理、旅游管

管理类联考数学应试技巧攻略

邹　舒　主编　　黄程宇　副主编

復旦大學出版社

Preface

序

对考研学子来说，无目标的努力，如同在黑暗中远征. 所以，我们学习的目标很简单，两个字：考上！为了在联考中得到高分，勤奋是必不可少的，但技巧同样不可或缺，盲目练习反而使人误入歧途. 众所周知，联考的出题范围非常广泛. 所以，优质、全面的复习资料可以使大家在考研路上步履轻盈、事半功倍.

管理类联考的数学，是综合考试中分值最高的科目. 其考查范围是中学阶段的数学基础知识，概念不多，难度不大. 考查的重点不是“会不会”，而是“熟不熟”. 所以，数学成功的关键在于答题速度，由此可见应试技巧很重要. 其实，管理类联考的数学是考研中难度最低的，只要选对教材，学习方法得当，加上一定题量的练习，应试技巧必能大有提高.

本书融合了笔者十几年来辅导管理类联考数学的教学心得，将备考的一些应试技巧穿插在每一个考点上. 本书最主要的特点有二：首先，就是紧贴考纲，所看即所考，让大家不需要花费额外精力研究数学的考试大纲；其次，一些解题技巧非常新颖独特，用“数形结合”等思想快速得到答案. 简而言之，这是一本非常适合应试的联考数学辅导教材，满满都是干货.

正如数学家高斯所说：“给我最大快乐的，不是已懂的知识，而是不断的学习. 不是已有的东西，而是不断的获取. 不是已达到的高度，而是继续不断的攀登. ”考研路上总是充满汗水，愿本书能帮助大家金榜题名！

邹　舒

2020 年 3 月

Contents

目　　录

第二篇 几 何

第三篇 排列组合、概率、数据分析

管理类联考数学应试指导

一、联考大纲

考试性质

综合能力考试是为高等院校和科研院所招收管理类专业学位硕士研究生而设置的具有选拔性质的全国联考科目，其目的是科学、公平、有效地测试考生是否具备攻读专业学位所必需的基本素质、一般能力和培养潜能，评价的标准是高等学校本科毕业生所能达到的及格或及格以上水平，以利于各高等院校和科研院所在专业上择优选拔，确保专业学位硕士研究生的招生质量.

考查目标

(1) 具有运用数学基础知识、基本方法分析和解决问题的能力.

(2) 具有较强的分析、推理、论证等逻辑思维能力.

(3) 具有较强的文字材料理解能力、分析能力以及书面表达能力.

考试形式和试卷结构

1. 试卷满分及考试时间

试卷满分为 200 分，考试时间为 180 分钟.

2. 答题方式

答题方式为闭卷、笔试. 不允许使用计算器.

3. 试卷内容与题型结构

(1) 数学基础

75 分，有以下两种题型：

问题求解 15 小题，每小题 3 分，共 45 分.

条件充分性判断 10 小题，每小题 3 分，共 30 分.

(2) 逻辑推理

30 小题，每小题 2 分，共 60 分.

(3) 写作

2 小题，其中论证有效性分析 30 分，论说文 35 分，共 65 分.

综合能力考试中的数学基础部分主要考查考生的运算能力、逻辑推理能力、空间想象能力和数据处理能力，通过问题求解和条件充分性判断两种形式来测试.

试题涉及的数学知识范围有以下四部分.

(一) 算术

1. 整数

(1)整数及其运算；(2)整除、公倍数、公约数；(3)奇数、偶数；(4)质数、合数.

2. 分数、小数、百分数

3. 比与比例

4. 数轴与绝对值

(二) 代数

1. 整式

(1)整式及其运算；(2)整式的因式与因式分解.

2. 分式及其运算

3. 函数

(1)集合；(2)一元二次函数及其图像；(3)指数函数、对数函数.

4. 代数方程

(1)一元一次方程；(2)一元二次方程；(3)二元一次方程组.

5. 不等式

(1)不等式的性质；(2)均值不等式；(3)不等式求解：一元一次不等式(组)，一元二次不等式，简单绝对值不等式，简单分式不等式.

6. 数列、等差数列、等比数列

(三) 几何

1. 平面图形

(1)三角形；(2)四边形(矩形、平行四边形、梯形)；(3)圆与扇形.

2. 空间几何体

(1)长方体；(2)圆柱体；(3)球体.

3. 平面解析几何

(1)平面直角坐标系；(2)直线方程与圆的方程；(3)两点间距离公式与点到直线的距离公式.

(四) 数据分析

1. 计数原理

(1)加法原理、乘法原理；(2)排列与排列数；(3)组合与组合数.

2. 数据描述

(1)平均值；(2)方差与标准差；(3)数据的图表表示：直方图，饼图，数表.

3. 概率

(1)事件及其简单运算；(2)加法公式；(3)乘法公式；(4)古典概型；(5)伯努利概型.

二、考纲解析

我们可以把考纲分成以下三大部分.

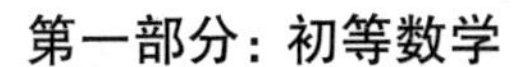

第一部分：初等数学

(1) 算术：本章节一般考 3～4 题，其中绝对值等有关问题是考试的重点，几乎每年都考，质数、实数的运算、均值不等式也是常见考点.

(2) 整式与分式：本章节一般考 2 题，因式分解是解题的基础，是必须掌握的技能，余式定理也是常见考点.

(3) 方程、不等式(一元一次、一元二次方程、不等式)：本章节一般考 4 题左右，其中一元二次方程的韦达定理和根的判别式几乎每年必考，一元二次方程根的情况、函数的最值问题、一元二次恒等式也是考试的重点.

(4) 数列：本章节一般考 2 题左右，主要考查等差数列、等比数列的通项与求和.

(5) 应用题：本章节一般考 5～8 题，是考试的重点和难点，也是应试中非常费时间的部分，常见题型有：比和比例、行程问题、工程问题、浓度问题、容斥原理、正整数解、最值问题.

第二部分：几何

(1) 平面几何：本章节一般考 2 题，重点考查平面图形的面积和线段长度(大多数考面积).

(2) 立体几何：本章节一般考 1～2 题，把长方体(正方体)、圆柱、球结合的题较多，大多比较简单.

(3) 平面解析几何：本章节一般考 2～3 题，重点考查线与线、线与圆、圆与圆的性质和关系.

第三部分：概率和数据分析

本章节一般考 4～6 题，排列、组合、概率、方差公式都是考查的重点，其中概率主要考古典概型、乘法公式和伯努利试验，统计部分主要考查方差和标准差以及简单图表.

三、联考数学题型解析与基本解题技巧

(一) 问题求解(每小题 3 分，共 45 分，在每小题的 5 个选项中选择 1 项)

例 1 若实数 a，b，c 满足 $a:b:c=1:2:5$，且 $a+b+c=24$，则 $a^2+b^2+c^2=$ (　　).

A. 30　　B. 90　　C. 120　　D. 240　　E. 270

解析：设 $a=k$，则 $b=2k$，$c=5k$，则 $a+b+c=k+2k+5k=24$，得 $k=3$.

所以 $a=3$，$b=6$，$c=15$，$a^2+b^2+c^2=9+36+225=270$，故选 E.

(二) 条件充分性判断(本大题共 10 小题，每小题 3 分，共 30 分)

解题说明：

本大题要求判断所给出的条件能否充分支持题干中的陈述的结论，阅读条件后选择：

A. 条件(1)充分，但条件(2)不充分

B. 条件(2)充分，但条件(1)不充分

C. 条件(1)、条件(2)单独都不充分，但条件(1)和条件(2)联合起来充分

D. 条件(1)充分，条件(2)也充分

E. 条件(1)、条件(2)单独都不充分，条件(1)和条件(2)联合起来也不充分

★★图示法：

A：(1)√(2)×

B：(1)×(2)√

C：(1)×(2)×联合(且)√　　　　(记忆：选项 C 的英文：Combine)

D：(1)√(2)√　　　　(记忆：选项 D 的英文：Double)

E：(1)×(2)×联合(且)×　　　　(记忆：选项 E 的英文：Error)

例 2　$x^3-1=0$.

(1) $x=-1$.

(2) $x=1$.

考点：用立方差公式因式分解.

解析：$x^3-1=(x-1)(x^2+x+1)=0$，所以 $x=1$.

条件(1)×，条件(2)√，故选 B.

例 3　$4x^2-4x<3$.

(1) $x\in\left(-\frac{1}{4},\frac{1}{2}\right)$.

(2) $x\in(0,1)$.

考点：一元二次不等式的解.

解析：由原式得 $4x^2-4x-3=(2x-3)(2x+1)<0$，所以 $-\frac{1}{2}<x<\frac{3}{2}$.

故条件(1)(2)均正确，选 D.

★★　条件充分性判断解题技巧：

(1) 错：举反例(一个足矣)；

(2) 对：加以证明(举例不能证明其正确)；

(3) 范围：小→大√(从下往上做题即从条件推导题干).

四、高效复习策略

(一) 夯实基础，吃透大纲，准确把握考试方向

试卷的难易题比例一般都在 7∶2∶1，即 70%左右都是基础题，从 2009 年至今，考试的内容和范围仅有小幅度的变化. 因此，熟读大纲，把握出题的方向，抓住考试重点，熟悉考试常见题型，是取得良好成绩的有效方式.

重视考试大纲，全面复习，是应试的基本方法和对策. 每年有超过 80%以上的题目都是来自历年真题中的同类型题型，因此本书也着重以历年真题为例，全面分析考试大纲，其中重点章节和难点问题的解析也都有标注，读者可以根据本书的篇幅，把握复习的重点和难点.

(二) 选择指导用书，不在于多，而在于精

很多读者在购买复习资料时，怕有疏漏，总是会买一大堆，但是最后发现，很多资料都无暇顾及，只是粗略看一遍，没有读透，这是备考的大忌. 考试不是考查大家“会不会”，而是考查“熟不熟”. 由于数学应试时间有限，每题应控制在 2 分钟左右，并且后面还有逻辑、写作，所以不能把所有的精力都放在数学上. 合理分配时间，有效提高做题效率，是管理类联考成功的关键. 因此，精读一至两本书，比走马观花看一堆书更有效果.

所谓精读，一在于全面，二在于细致，三在于熟练. 古语有云：“读书百遍，其义自见. ”一

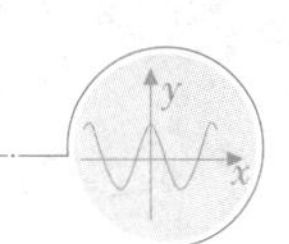

本好书，做上三至七遍，夯实基础，了解基本题型，深刻理解做题的思路，才能在考试中以不变应万变.

（三）要温故知新，更要改变思维模式

“温故知新”是考研有效的学习方法，但很多考生每天重复用同一种思路做题，拿起题目不思考，直接计算，接着做很多新题、难题，这都是不可取的. 其实，要知道即使我们每天做上1 000题，也完不成天下所有的数学题. 因此做数学题，要建构“想—画—算”的思维模式，从不同的角度去观察题目和答案，揣测出题老师的意图，摸清试题的技巧和套路，举一反三，把书从“薄”读到“厚”再到“薄”，这些也是需要大家学习的技能.

五、制定学习计划

时间	复习内容	掌握程度
1—2月	中学数学公式	基本掌握所有公式
3—6月	通读教材第一遍	基本掌握所有考点，会做考纲要求的基本运算
7—9月	通读教材第二遍	熟悉各种解题方法和技巧，洞悉出题意图和答案设计法则
10—11月	历年真题（自2009起）做两遍	第一遍设置60分钟为限，测试成绩，第二遍整理所有的方法和技巧
12月	重读考纲，回顾一年所有做过的题	精通考题

第一篇

初 等 数 学

第一章

实　　数

第一节 ◈ 考 点 分 析

一、实数分类

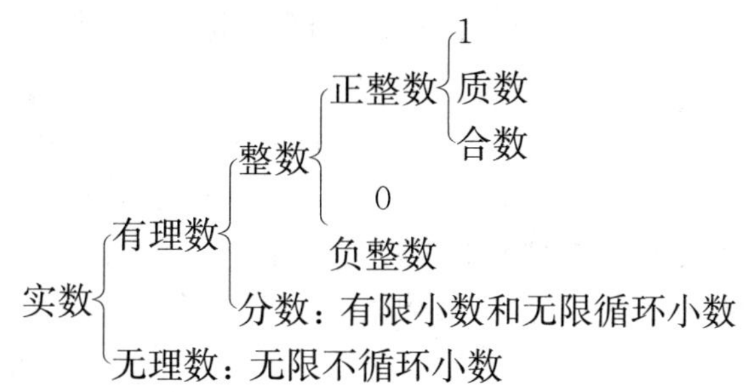

自然数：0 和正整数统称自然数，也可称为非负整数.

整数还可以按性质来分：

整数 $\begin{cases} 奇数(2n+1) \\ 偶数(2n) \end{cases}$

二、整除

1. 定义

一般地，如果 a, b, c 为整数，$b \neq 0$，且 $a \div b = c$，即整数 a 除以整数 $b(b \neq 0)$，除得的商 c 正好是整数且没有余数（或者说余数是 0），我们就说 a 能被 b 整除（或者说 b 能整除 a），记作 $b \mid a$. 否则，称为 a 不能被 b 整除.

2. 数的整除性质

(1) 如果 a 与 b 都能被 c 整除，那么它们的和与差也能被 c 整除.

即：若 $c \mid a$, $c \mid b$，则 $c \mid (a \pm b)$.

(2) 如果 b 与 c 都能整除 a，且 b 和 c 互质，那么 b 与 c 的积也能整除 a.

即：若 $b \mid a$, $c \mid a$，且 $(b, c) = 1$，则 $bc \mid a$.

(3) 如果 b 与 c 的积能整除 a，那么 b 与 c 都能整除 a.

即：若 $bc \mid a$，则 $b \mid a$, $c \mid a$.

(4) 如果 c 能整除 b，b 能整除 a，那么 c 能整除 a.

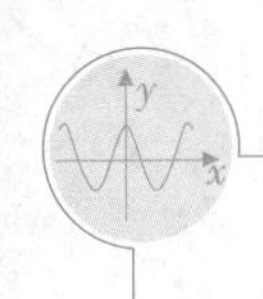

即：$c|b$，$b|a$，则 $c|a$.

3. 数的整除特征

(1) 能被 2 整除的数的特征：个位数字是 0，2，4，6，8. 如：12，18.

(2) 能被 5 整除的数的特征：个位数字是 0 或 5. 如：15，35.

(3) 能被 3(或 9)整除的数的特征：各个数位数字之和能被 3(或 9)整除. 如：123(或 279).

三、奇数与偶数

1. 定义

整数可以分成奇数和偶数两大类. 能被 2 整除的数叫作偶数，不能被 2 整除的数叫作奇数. 偶数通常可以用 $2k$(k 为整数)表示，奇数则可以用 $2k+1$(k 为整数) 表示.

特别注意，因为 0 能被 2 整除，所以 0 是偶数. 显然，-2 也是偶数.

2. 奇数与偶数的运算性质

性质 1：奇数 ± 奇数 = 偶数. 偶数 ± 偶数 = 偶数. 偶数 ± 奇数 = 奇数.

性质 2：奇数 × 奇数 = 奇数. 偶数 × 奇数 = 偶数. 偶数 × 偶数 = 偶数.

四、质数与合数

1. 定义

(1) 质数：有且只有 1 和它本身两个约数.

(2) 合数：除了 1 和它本身，还有别的约数.

2. 特点

(1) 0 和 1 既不是质数，也不是合数；

(2) 2 是最小的质数，也是质数中唯一的偶数；

(3) 4 是最小的合数；

(4) 除了 2 和 5，其余质数的个位数都是 1，3，7，9.

3. 判断质数

(1) 尾巴判断法：排除末尾是 0，2，4，6，8，5 的多位数.

(2) 和判断法：排除数位上的数字和是 3 的倍数的多位数.

(3) 试除判断法：①只试除质数；②除到商小于除数为止.

★★记忆 20 以内的质数：2，3，5，7，11，13，17，19.

了解 20 以后的常用质数：23，29，31，37，41，43，47，53，…，97，…，997，….

五、公约数与公倍数

● 公约数

1. 定义

几个数公有的约数，叫作这几个数的公约数. 其中最大的一个，叫作这几个数的最大公约数. 如：6 和 8 的最大公约数为 2.

2. 最大公约数的性质

(1) 几个数都除以它们的最大公约数，所得的几个商是互质数.

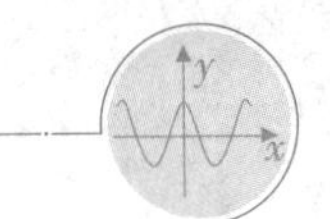

(2) 几个数的最大公约数都是这几个数的约数.

(3) 几个数的公约数,都是这几个数的最大公约数的约数.

(4) 几个数都乘以一个自然数 m,所得的积的最大公约数等于这几个数的最大公约数乘以 m.

3. 求最大公约数的基本方法

(1) 分解质因数法:先分解质因数,然后把相同的因数连乘起来.

(2) 短除法:先找公有的约数,然后相乘.

(3) 辗转相除法:每一次都用除数和余数相除,能够整除的那个余数,就是所求的最大公约数.

● **公倍数**

1. 定义

几个数公有的倍数,叫作这几个数的公倍数.其中最小的一个,叫作这几个数的最小公倍数.如:6 和 8 的最小公倍数为 24.

2. 最小公倍数的性质

(1) 两个数的任意公倍数都是它们最小公倍数的倍数.

(2) 两个数最大公约数与最小公倍数的乘积等于这两个数的乘积.

3. 求最小公倍数的基本方法

(1) 分解质因数法.

(2) 短除法.

六、有理数和无理数

1. 有理数

我们把能够写成分数形式$\frac{m}{n}$(m, n 是整数, $n \neq 0$) 的数叫作有理数.

注:(1) 有限小数和无限循环小数都可以化为分数,它们都是有理数.

(2) 所有整数都可以写成分母是 1 的分数,因此有理数分为整数和分数.

(3) 有理数的和、差、积、商仍然是有理数.

2. 无理数

无限不循环小数叫作无理数.

注:(1) 无理数的特征:无理数的小数部分位数无限.

(2) 无理数的小数部分不循环,不能表示成分数的形式.

(3) 目前常见的无理数有 3 种形式:

① 含 π, e 类;

② 看似循环而实质不循环的数,如:1.313 113 111…;

③ 开方开不尽的数,如:$\sqrt{2}$, $\sqrt{3}$, ….

七、实数的运算

1. 四则运算

任意两个实数的和、差、积、商(除数不为零)仍然是实数.

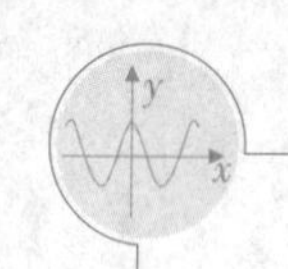

2. 交换律、结合律和分配律

(1) 加法交换律：$a+b=b+a$.

(2) 加法结合律：$a+b+c=(a+b)+c=a+(b+c)$.

(3) 乘法交换律：$a\times b=b\times a$.

(4) 乘法结合律：$a\times b\times c=(a\times b)\times c=a\times(b\times c)$.

(5) 乘法分配律：$a\times(b+c)=a\times b+a\times c$；$(a-b)\times c=ac-bc$.

3. 乘方运算

(1) 当实数 $a\neq 0$ 时，$a^0=1$，$a^{-n}=\frac{1}{a^n}$.

(2) 负实数的奇数次幂为负数，负实数的偶数次幂为正数.

4. 开方运算

(1) 在实数范围内，负实数无偶次方根，0 的偶次方根是 0，正实数的偶次方根有两个，它们互为相反数，其中正的偶次方根称为算术根. 例如：当 $a>0$ 时，a 的平方根是 $\pm\sqrt{a}$，其中 $\sqrt{a}$ 是正实数 a 的算术平方根.

(2) 在运算有意义的前提下，$a^{\frac{n}{m}}=\sqrt[m]{a^n}$.

5. 裂项求和

$\frac{1}{m}\cdot\frac{1}{n}=\frac{1}{n-m}\left(\frac{1}{m}-\frac{1}{n}\right)$.

如：$\frac{1}{2\times 3}=\frac{1}{2}-\frac{1}{3}$，$\frac{1}{2\times 4}=\frac{1}{2}\cdot\left(\frac{1}{2}-\frac{1}{4}\right)$.

6. ★★记忆基本数据

由于考试不能使用计算器，所以记忆常用数据，能有效提高计算的速度和准确性.

平方数：$11^2=121$，$12^2=144$，$13^2=169$，$14^2=196$，$15^2=225$，$16^2=256$，$17^2=289$，$18^2=324$，$19^2=361$，$25^2=625$.

立方数：$2^3=8$，$3^3=27$，$4^3=64$，$5^3=125$，$6^3=216$，$9^3=729$.

$\frac{1}{8}=0.125$，$\frac{3}{8}=0.375$，$\frac{5}{8}=0.625$，$\frac{7}{8}=0.875$.

$\sqrt{2}\approx 1.414$，$\sqrt{3}\approx 1.732$，$\sqrt{5}\approx 2.236$，$\pi\approx 3.14$，$e\approx 2.718$.

$2^5=32$，$2^{10}=1\,024$.

$1+2+3+4=10$，$1+2+\cdots+10=55$，$1+2+\cdots+100=5\,050$.

第二节 ◈ 例题解析

类型一　整数、整除

例 1　$\frac{n}{14}$是一个整数.

(1) n 是一个整数，且$\frac{3n}{14}$也是一个整数.

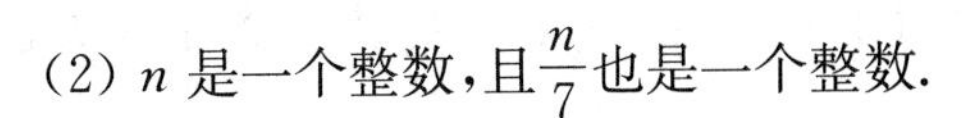

(2) n 是一个整数，且$\frac{n}{7}$也是一个整数.

【答案】 A.

【解析】 由条件(1)，$\frac{3n}{14}$是一个整数，即 $3n$ 能够被 14 整除，且 14 与 3 是互质的，那么 14 能整除 n，所以$\frac{n}{14}$是一个整数，即条件(1)充分.

由条件(2)，取 $n=7$，满足条件，但$\frac{n}{14}=\frac{1}{2}$ 不是整数，所以条件(2) 不充分.

例 2 m 是个整数.

(1) 若 $m=\frac{p}{q}$，其中 p 与 q 为非零整数，且 m^2 是一个整数.

(2) 若 $m=\frac{p}{q}$，其中 p 与 q 为非零整数，且$\frac{2m+4}{3}$ 是一个整数.

【答案】 A.

【解析】 由条件(1)，$m=\frac{p}{q}$，知 m 为有理数，不妨设 p 与 q 互质. 由 $m^2=\frac{p^2}{q^2}$ 为整数，得 q^2 能整除 p^2，则 q 能整除 p^2，且 p 与 q 互质，那么 q 能整除 p，所以 $m=\frac{p}{q}$ 为整数，即条件(1) 充分. 由条件(2)，当 $m=\frac{5}{2}$ 时，$\frac{2m+4}{3}=3$，所以条件(2) 不充分.

例 3 某种同样的商品装成一箱，每个商品的质量都超过 1 千克，并且是 1 千克的整数倍，去掉箱子质量后净重为 210 千克，拿出若干个商品后，净重 183 千克，则每个商品的质量为(　　)千克.

A. 1　　B. 2　　C. 3　　D. 4　　E. 5

【答案】 C.

【解析】 每个商品的质量为 210 与 183 的公约数，而 210 与 183 的公约数只有 1(舍去)与 3，所以每个商品的质量为 3 千克.

例 4 $28m^2+31mn-5n^2$ 是 18 的倍数.

(1) m，n 为整数.

(2) $7m-n$ 是 6 的倍数.

【答案】 C.

【解析】 条件(1)和条件(2)单独不充分.

联合起来，设 $7m-n=6k \Rightarrow n=7m-6k\,(k\in \mathbf{Z})$，那么 $28m^2+31mn-5n^2=(4m+5n)(7m-n)=6k(39m-30k)=18k(13m-10k)$.

由于 m，$k\in \mathbf{Z}$，所以 $28m^2+31mn-5n^2$ 是 18 的倍数.

即条件(1)和条件(2)联合起来充分.

类型二　奇数与偶数

例 5 在年底的献爱心活动中，某单位共有 100 人参加捐款. 经统计，捐款总额是

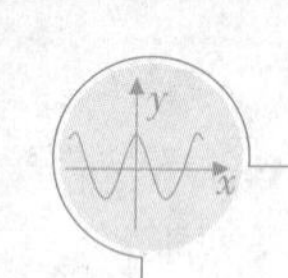

19 000元. 个人捐款数额有 100 元、500 元和 2 000 元三种，该单位捐款 500 元的人数为(　　).

A. 13　　B. 18　　C. 25　　D. 30　　E. 38

【答案】 A.

【解析】 假设捐款 100 元、500 元和 2 000 元的人数分别为 x，y，z.

从题意可知 $\begin{cases} x+y+z=100, \\ 100x+500y+2\,000z=19\,000, \end{cases}$ 化简得 $\begin{cases} x+y+z=100, & (1) \\ x+5y+20z=190, & (2) \end{cases}$

(2)－(1) 得：$4y+19z=90$.

因为“偶数＋偶数＝偶数”，所以 z 为偶数，得 $z=2$ 或 $z=4$.

若 $z=2$，则 $y=13$；若 $z=4$，则 y 非正整数(舍去). 综上：$z=2$，$y=13$，故选 A.

例 6 已知 m，n 是正整数，则 m 是偶数.

(1) $3m+2n$ 是偶数；

(2) $3m^2+2n^2$ 是偶数.

【答案】 D.

【解析】 由条件(1)，因为 $3m+2n$ 是偶数，所以 $3m$ 是偶数，从而 m 一定是偶数，即条件(1) 充分. 由条件(2)，因为 $3m^2+2n^2$ 是偶数，所以 $3m^2$ 是偶数，从而 m 一定是偶数，即条件(2) 也充分.

类型三　质数

例 7 2 700 能表示成(　　)个质数的乘积.

A. 4　　B. 5　　C. 6　　D. 7　　E. 8

【答案】 D.

【解析】 $2\,700=2\times2\times5\times5\times3\times3\times3$，故有 7 个.

例 8 $p=mq+1$ 为质数.

(1) m 为正整数，q 为质数.

(2) m，q 均为质数.

【答案】 E.

【解析】 取 $m=q=3$，则 $p=3\times3+1=10$ 不是质数，所以条件(1)(2) 均不充分.

因此联合条件(1)(2)也不充分，故选 E.

注：若能举出的反例既满足条件(1)又满足条件(2)，则定为联合条件(1)(2)的反例，故选 E.

例 9 已知三角形三个内角的度数都是质数，则这三个内角中必定有一个内角等于(　　)

A. 2°　　B. 3°　　C. 5°　　D. 7°　　E. 13°

【答案】 A.

【解析】 由题意，三个内角的度数都是质数，且这三个质数之和必须为 180(偶数)，而“奇＋奇＋奇＝奇”，与题意矛盾，因此三个内角的度数中至少有 1 个偶数，形成“偶＋奇＋奇＝偶”.

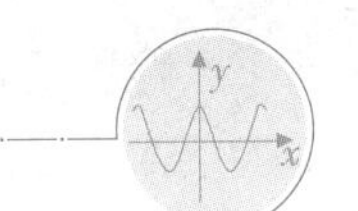

例 10　设 a, b, c 是小于 12 的三个不同质数,且 $|a-b|+|b-c|+|c-a|=8$,则 $a+b+c=$(　　).

A. 10　　B. 12　　C. 14　　D. 15　　E. 19

【答案】 D.

【解析】 不妨设 $a>b>c$,则 $|a-b|+|b-c|+|c-a|=a-b+b-c+a-c=2(a-c)=8$,则 $a-c=4$.

又因为小于 12 的质数分别为 2, 3, 5, 7, 11,得 $a=7$, $b=5$, $c=3$, $a+b+c=15$.

类型四　有理数

例 11　四个不同的整数 a, b, c, d 满足它们的积 $abcd=1\,995$,那么 $a+b+c+d$ 的最大值是(　　).

A. 140　　B. 142　　C. 138　　D. 136　　E. 146

【答案】 B.

【解析】 由题意知 $1\,995=1\times3\times5\times133$,所以 $(a+b+c+d)_{\max}=1+3+5+133=142$.

例 12　一辆出租车有段时间的营运全在东西走向的一条大道上,若规定向东为正,向西为负,且知该车的行驶千米数依次为 -10, 6, 5, -8, 9, -15, 12,则将最后一名乘客送达目的地时,该车所在的位置(　　).

A. 在首次出发的东面 1 千米处　　B. 在首次出发的西面 1 千米处

C. 在首次出发的东面 2 千米处　　D. 在首次出发的西面 2 千米处

【答案】 B.

【解析】 按规定,向东为正,向西为负,则最后一名乘客下车时,该车所在的位置为 $-10+6+5-8+9-15+12=-1$,即在首次出发的西面 1 千米处.

例 13　若 x, y 是有理数,且满足 $(1+2\sqrt{3})x+(1-\sqrt{3})y-2+5\sqrt{3}=0$,则 x, y 的值分别为(　　).

A. 1, 3　　B. -1, 2　　C. -1, 3

D. 1, 2　　E. 以上结论均不正确

【答案】 C.

【解析】 $(1+2\sqrt{3})x+(1-\sqrt{3})y-2+5\sqrt{3}=(x+y-2)+(2x-y+5)\sqrt{3}=0$,所以 $\begin{cases}x+y-2=0,\\2x-y+5=0,\end{cases}$ 即 $\begin{cases}x=-1,\\y=3.\end{cases}$

例 14　$a=\sqrt{5}$, a 的小数部分为 b,则 $a-\dfrac{1}{b}$(　　).

A. 2　　B. 1　　C. 0　　D. -1　　E. -2

【答案】 E.

【解析】 因为 $2<\sqrt{5}<3$,所以 $b=\sqrt{5}-2$,从而

$$a-\frac{1}{b}=\sqrt{5}-\frac{1}{\sqrt{5}-2}=\sqrt{5}-\frac{\sqrt{5}+2}{(\sqrt{5}-2)(\sqrt{5}+2)}=-2.$$

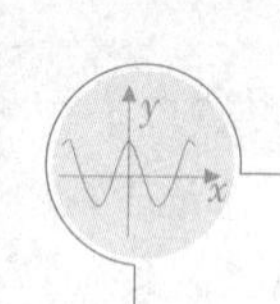
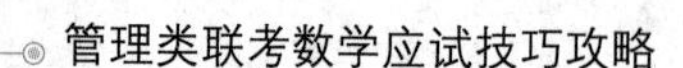

类型五 裂项求和

例 15 $\frac{1}{18}+\frac{1}{54}+\frac{1}{108}+\cdots+\frac{1}{990}=($ $)$.

A. $\frac{11}{98}$ B. $\frac{13}{98}$ C. $\frac{10}{99}$ D. $\frac{13}{99}$ E. $\frac{20}{97}$

【答案】 C.

【解析】 原式$=\frac{1}{3\times6}+\frac{1}{6\times9}+\frac{1}{9\times12}+\cdots+\frac{1}{30\times33}$

$$=\frac{1}{3}\times\left(\frac{1}{3}-\frac{1}{6}+\frac{1}{6}-\frac{1}{9}+\cdots+\frac{1}{30}-\frac{1}{33}\right)=\frac{10}{99}.$$

例 16 已知 $f(x)=\frac{1}{(x+1)(x+2)}+\frac{1}{(x+2)(x+3)}+\cdots+\frac{1}{(x+9)(x+10)}$,则 $f(8)=($ $)$.

A. $\frac{1}{9}$ B. $\frac{1}{10}$ C. $\frac{1}{16}$ D. $\frac{1}{17}$ E. $\frac{1}{18}$

【答案】 E.

【解析】 原式$=\frac{1}{(x+1)}-\frac{1}{(x+2)}+\frac{1}{(x+2)}-\frac{1}{(x+3)}+\cdots+\frac{1}{(x+9)}-\frac{1}{(x+10)}$

$$=\frac{1}{(x+1)}-\frac{1}{(x+10)}=\frac{9}{(x+1)(x+10)}$$,所以 $f(8)=\frac{9}{9\times18}=\frac{1}{18}$.

第三节 ◈ 练 习 与 测 试

1 一次考试有 20 道题,做对一题得 8 分,做错一题扣 5 分,不做不记分. 某同学共得 13 分,则该同学没做的题数是(　　).

A. 4 B. 6 C. 7 D. 8 E. 9

2 若 n 为任意自然数,则 n^2+n 一定(　　).

A. 为偶数 B. 为奇数 C. 与 n 的奇偶性相同
D. 与 n 的奇偶性不同 E. 无法判断

3 已知 n 是偶数,m 是奇数,x, y 为整数且是方程组 $\begin{cases}x-1\,998y=n,\\9x+13y=m\end{cases}$ 的解,那么(　　).

A. x, y 为偶数 B. x, y 为奇数 C. x 为偶数,y 为奇数
D. x 为奇数,y 为偶数 E. 以上选项均不正确

4 已知 3 个质数的倒数和为 $\frac{1\,661}{1\,986}$,则这 3 个质数的和为(　　).

A. 334 B. 335 C. 336 D. 337 E. 338

5 如果 9 121 除以一个质数,余数为 13,那么这个质数是(　　).

A. 7 B. 11 C. 17 D. 23 E. 29

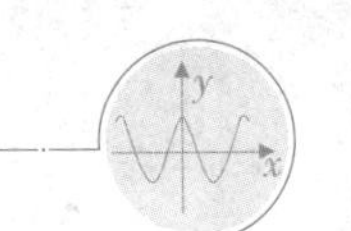

6 三个同学甲、乙、丙沿着某一环形跑道跑步，三个人跑完一圈分别用时 48 秒、1 分 20 秒、1 分整. 三人同向、同地、同时起跑，则当三人第一次在出发点相遇时，他们总共跑了(　　)圈.

A. 12　　B. 24　　C. 26　　D. 28　　E. 30

7 设 a, b 为实数，则下列结论正确的是(　　).

A. 若 a, b 是有理数，则 $a+b$ 也是有理数

B. 若 a, b 是无理数，则 $a+b$ 也是无理数

C. 若 $a+b$ 是无理数，则 ab 也是无理数

D. 若 a 是有理数，b 是无理数，则 ab 是无理数

E. 以上结论均不正确

8 若四个有理数 a, b, c, d 满足 $\frac{1}{a-1\,997}=\frac{1}{b+1\,998}=\frac{1}{c-1\,999}=\frac{1}{d+2\,000}$，则 a, b, c, d 的大小关系是(　　).

A. $a>c>b>d$　　B. $b>d>a>c$　　C. $c>a>b>d$

D. $d>b>a>c$　　E. $d>c>a>b$

9 若直角三角形的三边为整数并构成等差数列，且面积是 98 的倍数，则三角形的斜边最小值为(　　).

A. 14　　B. 21　　C. 35　　D. 49　　E. 98

10 $\left(1-\frac{1}{4}\right)\left(1-\frac{1}{9}\right)\cdots\left(1-\frac{1}{99^2}\right)=$(　　)

A. $\frac{50}{99}$　　B. $\frac{47}{99}$　　C. $\frac{50}{97}$　　D. $\frac{47}{97}$　　E. $\frac{47}{98}$

11 $\dfrac{\frac{1}{2}+\left(\frac{1}{2}\right)^2+\left(\frac{1}{2}\right)^3+\cdots+\left(\frac{1}{2}\right)^8}{0.1+0.2+0.3+0.4+\cdots+0.9}=$(　　).

A. $\frac{85}{768}$　　B. $\frac{85}{512}$　　C. $\frac{85}{384}$

D. $\frac{255}{256}$　　E. 以上结论均不正确

12 $\dfrac{(1+3)(1+3^2)(1+3^4)(1+3^8)\cdots(1+3^{32})+\frac{1}{2}}{3\times3^2\times3^3\times\cdots\times3^{10}}=$(　　).

A. $\frac{1}{2}\times3^{10}+3^{19}$　　B. $\frac{1}{2}+3^{19}$　　C. $\frac{1}{2}\times3^{19}$

D. $\frac{1}{2}\times3^{9}$　　E. 以上结论均不正确

13 一个大于 1 的自然数的算术平方根为 a，则与该自然数左右相邻的两个自然数的算术平方根分别为(　　).

A. $\sqrt{a}-1$, $\sqrt{a}+1$　　B. $a-1$, $a+1$　　C. $\sqrt{a-1}$, $\sqrt{a+1}$

D. $\sqrt{a^2-1}$, $\sqrt{a^2+1}$　　E. a^2-1, a^2+1

14 设$A=\frac{1}{1+\sqrt{2}}+\frac{1}{\sqrt{2}+\sqrt{3}}+\cdots+\frac{1}{\sqrt{49}+\sqrt{50}}$,则$A$的整数部分等于(　　).

A. 4　　B. 5　　C. 6
D. 7　　E. 8

15 $\frac{2^3-4^3+6^3-8^3+10^3-12^3}{3^3-6^3+9^3-12^3+15^3-18^3}=$(　　).

A. $\frac{8}{27}$　　B. $\frac{27}{8}$　　C. $\frac{4}{9}$　　D. $\frac{9}{4}$　　E. $\frac{2}{3}$

16 已知$0<x<1$,那么在x, $\frac{1}{x}$, $\sqrt{x}$, x^2, $\frac{1}{x^2}$中最大的数是(　　).

A. x^2　　B. $\sqrt{x}$　　C. $\frac{1}{x}$　　D. x　　E. $\frac{1}{x^2}$

17 设$\frac{1}{x+y}:\frac{1}{y+z}:\frac{1}{x+z}=4:5:6$,则使$x+y+z=74$成立的$y$是(　　).

A. 34　　B. 36　　C. 24　　D. 26　　E. 14

18 已知$a=\frac{x}{y+z}$, $b=\frac{y}{x+z}$, $c=\frac{z}{y+x}$,则$\frac{a}{1+a}+\frac{b}{1+b}+\frac{c}{1+c}=$(　　).

A. 1　　B. 2　　C. $\frac{2}{3}$　　D. $\frac{1}{2}$　　E. 3

19 已知两数之和是60,它们的最大公约数与最小公倍数之和是84,此两数中较大的那个数为(　　).

A. 36　　B. 38　　C. 40　　D. 42　　E. 48

20 若a, b和c是整数,则$3(a+b)-c$能被3整除.

(1) $a+b$能被3整除.
(2) c能被3整除.

21 设a, b都是正整数,则$a+b=13$.

(1) a, b的最大公约数是1,且$\frac{a}{b}=\frac{5}{8}$.

(2) $a+b\sqrt{3}=9+4\sqrt{3}$.

22 有偶数位来宾.

(1) 聚会时所有来宾都被安排坐在一张圆桌周围,且每位来宾与邻座性别不同.
(2) 聚会时男宾人数是女宾人数的两倍.

23 a, b, c, d都是有理数,且$d\neq 0$, x是无理数,则$S=\frac{ax+b}{cx+d}$为有理数.

(1) $a=0$.
(2) $c=0$.

24 设m, n是正整数,则能确定$m+n$的值.

(1) $\frac{1}{m}+\frac{3}{n}=1$.

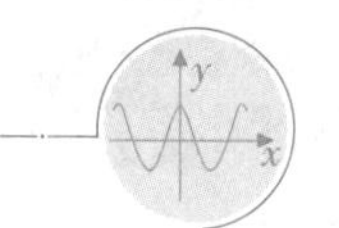

(2) $\frac{1}{m}+\frac{2}{n}=1$.

25 $\frac{m}{6}$一定为整数.

(1) m 与$\frac{17m}{6}$都是整数.

(2) m 与$\frac{32m}{6}$都是整数.

参考答案

1. C. 【解析】设做对 x 道题,做错 y 道题,没做的题目为 z 道,则有 $\begin{cases}8x-5y=13,\\x+y+z=20,\end{cases}$解得 $\begin{cases}x=\dfrac{113-5z}{13},\\y=\dfrac{147-8z}{13}.\end{cases}$ 因为 $113-5z$ 为13的倍数,并且 $5z$ 的末尾为0或5,则 $113-5z$ 的末位数为3或8,且是13的倍数有13,78,而 z 分别为20(舍去)和7,将7代入 $147-8z=91$ 成立,得 $z=7$. 故选C.
2. A. 【解析】$n^2+n=n(n+1)=$奇数$\times$偶数$=$偶数. 故选A.
3. C. 【解析】因为 $1\,998y$ 和 n 都是偶数,所以 $x=n+1\,998y$ 也是偶数,即 $9x$ 也是偶数,从而 $m-9x$ 是奇数,所以 y 是奇数.
4. C. 【解析】$1\,986=2\times3\times331$ 且满足$\frac{1}{2}+\frac{1}{3}+\frac{1}{331}=\frac{1\,661}{1\,986}$,所以3个质数的和为 $2+3+331=336$. 故选C.

   注: 本书中某些题目的解答,单独来看并不严谨,但由于管理类联考数学选择题有且仅有一个正确答案,故有时只要找出一个正确解就够了. 以下类此不再说明.
5. D. 【解析】$9\,121-13=9\,108=2\times2\times3\times3\times11\times23$,又因为余数比除数小,所以这个质数为23.
6. A. 【解析】1分20秒$=$80秒,1分$=$60秒,设跑道周长为 L,则甲、乙、丙的速度分别为: $\frac{L}{48}$, $\frac{L}{80}$, $\frac{L}{60}$. 因为三人同向、同地、同时起跑,则相遇时所经过的时间相同,设相遇时间为 t,相遇时甲、乙、丙跑的圈数分别为 m, n, p,则 $\dfrac{mL}{\frac{L}{48}}=\dfrac{nL}{\frac{L}{80}}=\dfrac{pL}{\frac{L}{60}}$,而48, 80, 60的最小公倍数为240,所以甲: $240\div48=5$(圈),乙: $240\div80=3$(圈),丙: $240\div60=4$(圈). 三人共跑 $5+3+4=12$(圈). 故选A.
7. A. 【解析】设 $a=\sqrt{2}$, $b=-\sqrt{2}$,则 $a+b=0$,故B错误. 设 $a=\sqrt{2}$, $b=\sqrt{2}$, $a+b$ 是无理数但 $ab=2$ 不是无理数,故C错误. 设 $a=0$, $b=\sqrt{2}$, $ab=0$ 不是无理数,故D错误. 根据定理: 有理数的和、差、积、商都是有理数,可知选A.
8. C. 【解析】由题意知, $a-1\,997=b+1\,998=c-1\,999=d+2\,000$,得 $a>b$, $a<c$,

$a>d, b<c, b>d, c>d$，所以 $c>a>b>d$. 故选 C.

9. C. 【解析】直角三角形的三边为整数并构成等差数列，则三边为 $3k, 4k, 5k(k\in \mathbf{Z}^+)$，而 $S=\frac{1}{2}\times 3k\times 4k=98n$，故 $k_{\min}=7$，则斜边为 35，故选 C.

10. A. 【解析】$\left(1-\frac{1}{4}\right)\left(1-\frac{1}{9}\right)\cdots\left(1-\frac{1}{99^2}\right)$

$=\left(1+\frac{1}{2}\right)\left(1-\frac{1}{2}\right)\left(1+\frac{1}{3}\right)\left(1-\frac{1}{3}\right)\cdots\left(1+\frac{1}{99}\right)\left(1-\frac{1}{99}\right)$

$=\frac{3}{2}\times\frac{1}{2}\times\frac{4}{3}\times\frac{2}{3}\times\cdots\times\frac{100}{99}\times\frac{98}{99}=\frac{1}{2}\times\frac{100}{99}=\frac{50}{99}$. 故选 A.

11. C. 【解析】原式 $=\dfrac{\dfrac{\frac{1}{2}-\left(\frac{1}{2}\right)^9}{1-\frac{1}{2}}}{\dfrac{9\times(0.1+0.9)}{2}}=\dfrac{1-\left(\frac{1}{2}\right)^8}{\frac{9}{2}}=\frac{85}{384}$.

12. D. 【解析】分母为 $3^{1+2+\cdots+10}=3^{55}$，分子为 $-\frac{1}{2}\times(1-3)\left[(1+3)(1+3^2)\cdots(1+3^{32})+\frac{1}{2}\right]=-\frac{1}{2}\times\left[(1-3)(1+3)(1+3^2)\cdots(1+3^{32})+(1-3)\times\frac{1}{2}\right]=\frac{1}{2}\times 3^{64}$.

$$\frac{(1+3)(1+3^2)(1+3^4)(1+3^8)\cdots(1+3^{32})+\frac{1}{2}}{3\times 3^2\times 3^3\times\cdots\times 3^{10}}=\frac{\frac{1}{2}\times 3^{64}}{3^{55}}=\frac{1}{2}\times 3^9.$$

13. D. 【解析】由题意知，该数是 a^2. 与它左右相邻的两个自然数的算术平方根分别为 $\sqrt{a^2-1}$，$\sqrt{a^2+1}$.

14. C. 【解析】原式 $=\sqrt{2}-1+\sqrt{3}-\sqrt{2}+\cdots+\sqrt{50}-\sqrt{49}=\sqrt{50}-1$.

15. A. 【解析】$\frac{2^3-4^3+6^3-8^3+10^3-12^3}{3^3-6^3+9^3-12^3+15^3-18^3}=\frac{2^3(1-2^3+3^3-4^3+5^3-6^3)}{3^3(1-2^3+3^3-4^3+5^3-6^3)}=\frac{8}{27}$.

16. E. 【解析】设 $x=\frac{1}{4}$，则 $\frac{1}{x}=4$，$\sqrt{x}=\frac{1}{2}$，$x^2=\frac{1}{16}$，$\frac{1}{x^2}=16$，故选 E.

17. A. 【解析】设 $\frac{1}{x+y}=4k$，$\frac{1}{y+z}=5k$，$\frac{1}{x+z}=6k$，那么 $x+y=\frac{1}{4k}$，$y+z=\frac{1}{5k}$，$x+z=\frac{1}{6k}$，$x+y+z=\frac{1}{2}\left(\frac{1}{4k}+\frac{1}{5k}+\frac{1}{6k}\right)=74$，解得 $k=\frac{1}{240}$，而 $\begin{cases}x+y=60,\\ y+z=48,\\ x+z=40,\end{cases}$ 解得 $\begin{cases}x=26,\\ y=34,\\ z=14.\end{cases}$ 故选 A.

18. A. 【解析】把 $a=\frac{x}{y+z}$，$b=\frac{y}{x+z}$，$c=\frac{z}{y+x}$ 代入 $\frac{a}{1+a}+\frac{b}{1+b}+\frac{c}{1+c}$ 得 $\frac{x}{x+y+z}+\frac{y}{x+y+z}+\frac{z}{x+y+z}=1$. 故选 A.

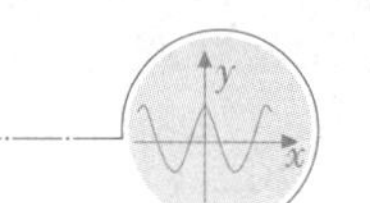

19. A. 【解析】设 $x=ad$，$y=bd$（d 为最大公约数），故最小公倍数为 abd，由题意得 $\begin{cases}ad+bd=60,\\ d+abd=84,\end{cases}$ 即 $\begin{cases}d(a+b)=60,\\ d(1+ab)=84,\end{cases}$ 所以 d 为 60 和 84 的公约数，$d=1, 2, 3, 4, 6, 12$，d 取最大值 12，$\begin{cases}a+b=5,\\ ab=6,\end{cases}$ 则 $\begin{cases}a=3,\\ b=2\end{cases}$ 或 $\begin{cases}a=2,\\ b=3.\end{cases}$ 所以 $x=36$，$y=24$ 或 $x=24$，$y=36$，故较大的数为 36.

20. B. 【解析】对于条件(1)，设 $a=1$，$b=2$，$c=1$，则 $3(a+b)-c=8$ 显然不能被 3 整除，故条件(1) 不充分. 对于条件(2)，设 $c=3k$，则 $3(a+b)-c=3(a+b)-3k=3(a+b-k)$ 能被 3 整除，故条件(2) 充分. 故选 B.

21. D. 【解析】由条件(1)，a，b 的最大公约数是 1，且 $\frac{a}{b}=\frac{5}{8}$，故 $a=5$，$b=8$，条件(1)充分. 由条件(2)，$a+b\sqrt{3}=9+4\sqrt{3}$，而 a，b 都是正整数，则 $a=9$，$b=4$，故条件(2)充分. 故选 D.

22. A. 【解析】条件(1)有男必有女与之相邻，故总人数为偶数，所以条件(1)充分. 由条件(2)，举反例：6 男 3 女，总人数为 9，不是偶数，所以条件(2)不充分.

23. C. 【解析】由条件(1)，$a=0$，设 $c=1$，$b\neq 0$，$S=\frac{ax+b}{cx+d}=\frac{b}{x+d}$ 显然为无理数，条件(1) 不充分. 同理可得条件(2) 也不充分. 联合条件(1)(2)，则 $S=\frac{ax+b}{cx+d}=\frac{b}{d}$ 为有理数，充分. 故选 C.

24. D. 【解析】由条件(1)，$\frac{1}{m}+\frac{3}{n}=1$，$n+3m=mn$，则 $n=mn-3m=m(n-3)$，所以 $n-3=m(n-3)-3$，所以 $3=m(n-3)-(n-3)=(m-1)(n-3)$. 解得 $\begin{cases}m-1=1,\\ n-3=3\end{cases}$ 或 $\begin{cases}m-1=3,\\ n-3=1,\end{cases}$ 即 $\begin{cases}m=2,\\ n=6\end{cases}$ 或 $\begin{cases}m=4,\\ n=4,\end{cases}$ 则确定 $m+n=8$. 故(1) 充分. 同理由条件(2)，$\frac{1}{m}+\frac{2}{n}=1$，$2=(m-1)(n-2)$，即 $\begin{cases}m=2,\\ n=4\end{cases}$ 或 $\begin{cases}m=3,\\ n=3,\end{cases}$ 则确定 $m+n=6$，故(2) 充分. 故选 D.

25. A. 【解析】由条件(1)，m 与 $\frac{17m}{6}$ 都是整数，而$(17, 6)=1$，即 17 和 6 互质(最大公约数为 1)，故 m 能被 6 整除，$\frac{m}{6}$ 一定为整数. 由条件(2)，m 与 $\frac{32m}{6}$ 都是整数，设 $m=3$，$\frac{32m}{6}=16$ 为整数，而 $\frac{m}{6}=\frac{1}{2}$ 不是整数，故条件(2)不充分. 故选 A.

第二章

整式与分式

第一节 ◈ 考点分析

一、公式

(1) 完全平方公式：$(a \pm b)^2 = a^2 \pm 2ab + b^2$.

(2) $(a+b)^3 = a^3 + 3a^2b + 3ab^2 + b^3$.

(3) 二项式定理：$(a+b)^n = C_n^0 a^n + C_n^1 a^{n-1} b + \cdots + C_n^r a^{n-r} b^r + \cdots + C_n^n b^n$.

(4) 立方和公式：$a^3 + b^3 = (a+b)(a^2 - ab + b^2)$；

立方差公式：$a^3 - b^3 = (a-b)(a^2 + ab + b^2)$.

(5) 平方差公式：$a^2 - b^2 = (a+b)(a-b)$.

(6) $(a+b+c)^2 = a^2 + b^2 + c^2 + 2ab + 2ac + 2bc$.

(7) $(a-b)^2 + (b-c)^2 + (a-c)^2 = 2a^2 + 2b^2 + 2c^2 - 2ab - 2ac - 2bc$.

二、整式的除法

1. 竖式

例 1　求 $f(x) = 5x^4 + 3x^3 + 2x - 5$ 除以 $g(x) = x^2 + 2x + 1$ 的商式和余式.

解：

$$
\begin{array}{r|rrrrr}
 & & & 5x^2 & -7x & +9 \\
\hline
x^2+2x+1 & 5x^4 & +3x^3 & & +2x & -5 \\
 & 5x^4 & +10x^3 & +5x^2 & & \\
\hline
 & & -7x^3 & -5x^2 & +2x & \\
 & & -7x^3 & -14x^2 & -7x & \\
\hline
 & & & 9x^2 & +9x & -5 \\
 & & & 9x^2 & +18x & +9 \\
\hline
 & & & & -9x & -14
\end{array}
$$

商式 $q(x) = 5x^2 - 7x + 9$，余式 $r(x) = -9x - 14$.

所以 $f(x) = 5x^4 + 3x^3 + 2x - 5 = (x^2 + 2x + 1)(5x^2 - 7x + 9) - 9x - 14$.

注：$r(x)$ 的次数要低于 $g(x)$.

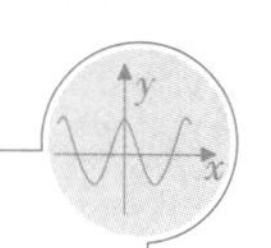

2. 余式定理

是指一个多项式 $f(x)$ 除以一个线性多项式 $x-a$ 的余数是 $f(a)$.

若 $f(a)=0$,则 $x-a$ 为多项式 $f(x)$ 的因式.

例 2　若 x^2+ax-2 能被 $x-2$ 整除,求 a.

解:由题意得 $f(x)=x^2+ax-2=(x-2)\cdot g(x)$,则 $f(2)=4+2a-2=0$,则 $a=-1$.

3. 待定(比较)系数法

一般地,在求一个函数时,如果知道这个函数的一般形式,可先把所求函数写为一般形式,其中系数待定,然后再根据题设条件求出这些待定系数. 这种通过求待定系数来确定变量之间关系的方法叫作待定系数法.

例 3　若 x^3+ax^2+bx+6 含有因式 $x-1$ 和 $x+2$,不求出 a, b,则第三个因式为?

解:由题意得 $x^3+ax^2+bx+6=(x-1)(x+2)(x+c)$,则 $6=(-1)\times 2\times c$,则 $c=-3$,所以第三个因式为 $x-3$.

注:最高次系数相乘得到最高次的系数,常数项相乘才能得到常数项.

例 4　若 x^3-5x^2+6x+a 含有因式 $x-1$,求 a 的值.

解:由题意得 $x^3-5x^2+6x+a=(x-1)(bx^2+cx+d)=bx^3+cx^2+dx-bx^2-cx-d=bx^3+(c-b)x^2+(d-c)x-d$,所以 $\begin{cases}b=1,\\c-b=-5,\\d-c=6,\\-d=a,\end{cases}$ 则 $\begin{cases}a=-2,\\b=1,\\c=-4,\\d=2.\end{cases}$

即:$x^3-5x^2+6x-2=(x-1)(x^2-4x+2)$,则 $a=-2$.

此题也可用余式定理解.

三、因式分解

1. 单十字相乘法

十字左边相乘等于二次项,右边相乘等于常数项,交叉相乘再相加等于一次项. 其实就是运用乘法公式 $(x+a)(x+b)=x^2+(a+b)x+ab$ 的逆运算来进行因式分解.

$$\begin{matrix} x & \diagdown\!\!\!\diagup & a \\ x & & b \end{matrix}$$

2. 双十字相乘法

针对含有 x^2, xy, y^2, x, y 以及常数项的多项式进行因式分解,过程往往比较复杂,可以采取列表格、凑系数的方式进行因式分解,这样的简便方法,我们称为双十字相乘法,具体见例题.

例 5　分解 $x^2-2xy-3y^2+3x-5y+2$.

解法一:设原式 $=(x-3y+A)(x+y+B)=x^2-2xy-3y^2+Ax+Ay+Bx-3By+AB$,即 $\begin{cases}A+B=3,\\A-3B=-5,\end{cases}$ 解得 $\begin{cases}A=1,\\B=2.\end{cases}$

所以因式分解结果 $=(x-3y+1)(x+y+2)$,此方法为待定系数法.

解法二：列表(双十字相乘法).

x	y	常数
1	-3	1
1	1	2

四、迭代

例如 $x^2-3x+1=0$，求 $a_1x^m+a_2x^{m-1}+a_3x^{m-2}+\cdots$.

可写为 $x^2=3x-1$，两边同乘以 x，得 $x^3=3x^2-x=3(3x-1)-x=8x-3$；

两边再同乘以 x，得 $x^4=8x^2-3x=8(3x-1)-3x=21x-8$；

……

依此类推，达到降次的目的.

五、分式

1. 定义

一般地，如果 A，$B(B\neq 0)$ 表示两个整式，且 B 中含有字母，那么式子$\dfrac{A}{B}$就叫作分式，其中 A 称为分子，B 称为分母.

2. 分式的基本性质

分式的分子与分母都乘以(或除以)同一个不等于零的整式，分式的值不变.

字母表示：$\dfrac{A}{B}=\dfrac{A\times M}{B\times M}=\dfrac{A\div M}{B\div M}(M\neq 0,\ B\neq 0)$，其中 A，B，M 都是整式.

注：利用性质变号：当分式的分子、分母的系数是负数时，可以利用分式的基本性质，把负号提到前面，变为比较简单的形式.

分式的变号法则：$-\dfrac{b}{a}=\dfrac{-b}{a}=\dfrac{b}{-a}$.

3. 约分

(1) 约分的定义

根据分式的基本性质，把一个分式的分子与分母的公因式约去，叫作约分.

(2) 确定公因式的方法

① 当分子与分母都是单项式时，先找分子、分母系数的最大公约数，再找相同字母的最低次幂，它们的乘积就是公因式.

② 当分子与分母是多项式时，先把多项式因式分解，再按照①中的方法确定公因式.

最简分式：约分后，分式的分子与分母不再有公因式，我们称这样的分式为最简分式(也叫既约分式).

(3) 约分的步骤

分：把分子与分母分解因式.

找：找出分子与分母的公因式.

约：约去分子与分母中的公因式，化成最简分式.

注：① 约分的依据是分式的基本性质，所以约分是恒等变形，约分前后分式的值不变.

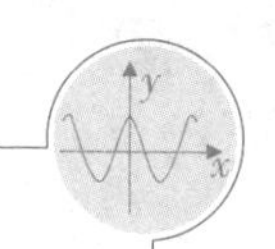

② 约分一定要彻底,直到将分式化为最简分式或整式为止.

4. 通分

(1) 通分的定义

根据分式的基本性质,把几个异分母分式分别化成与原来分式相等的同分母分式的过程叫作通分.

注:通分的结果通常是选择各个分式分母的最简公分母作为通分后各个分式的分母.

(2) 确定最简公分母的方法

① 取各个分母系数的最小公倍数.

② 凡是单独出现的字母连同它的指数为最简公分母的一个因式.

(3) 通分的步骤

分:把分子、分母分解因式.

定:确定最简公分母.

乘:利用分式的基本性质,将各分式分别乘以适当的数(或式子)使各分式的分母化为最简公分母.

5. 分式的乘除法

(1) 分式的乘法:分式乘以分式,用分子的积作为积的分子,用分母的积作为积的分母.

用式子表示为:$\frac{a}{b}\cdot\frac{c}{d}=\frac{a\cdot c}{b\cdot d}$.

(2) 分式的除法:分式除以分式,把除式的分子、分母调换位置后,与被除式相乘.

用式子表示为:$\frac{a}{b}\div\frac{c}{d}=\frac{ad}{bc}$.

6. 分式的乘方法则:分式乘方要把分子、分母分别乘方.

用式子表示为:$\left(\frac{b}{a}\right)^n=\frac{b^n}{a^n}$($n$ 为正整数).

7. 分式加减法

(1) 分式的加减法法则

① 同分母分式相加减,分母不变,把分子相加减.

② 异分母分式相加减,先通分,变为同分母的分式,再相加减.

(2) 分式的混合运算

① 分式混合运算的顺序为:先算乘方,再算乘除,最后算加减,同级运算按照从左到右的顺序进行,如果有括号,先算括号内的.

② 分式的混合运算过程中,要灵活运用交换律、结合律、分配律等,运算结果必须是最简分式或整式.

重点:分式有关概念及分式的基本性质,分式加、减、乘、除及乘方的运算法则.

难点:分式有意义的条件,分式值为 0 的条件,分式混合运算的灵活运算.

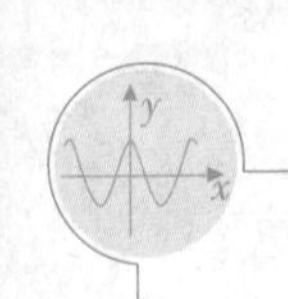

第二节 例题解析

类型一 整式的运算

例 1 若△ABC的三边为a, b, c,并满足$a^2+b^2+c^2=ab+bc+ca$,则△ABC为(　　)三角形.

A. 等腰　　B. 等边　　C. 直角　　D. 钝角　　E. 锐角

【答案】 B.

【解析】 由$a^2+b^2+c^2=ab+bc+ca$得$(a-b)^2+(b-c)^2+(a-c)^2=0$,则$a=b=c$,所以△$ABC$是等边三角形.

例 2 若实数a, b, c满足$a^2+b^2+c^2=9$,则代数式$(a-b)^2+(b-c)^2+(c-a)^2$的最大值为(　　).

A. 21　　B. 27　　C. 29　　D. 32　　E. 39

【答案】 B.

【解析】 $(a-b)^2+(b-c)^2+(c-a)^2=2a^2+2b^2+2c^2-2ab-2ac-2bc=3(a^2+b^2+c^2)-(a^2+b^2+c^2+2ab+2bc+2ac)=3(a^2+b^2+c^2)-(a+b+c)^2=27-(a+b+c)^2\leqslant 27$,所以代数式$(a-b)^2+(b-c)^2+(c-a)^2$的最大值为27.

例 3 $(3-2x)^4$的二项式展开中,x^2的系数是(　　).

A. 126　　B. 148　　C. 205　　D. 216　　E. 264

【答案】 D.

【解析】 根据二项式定理知含x^2的项是$T_{r+1}=C_4^2\cdot 3^2\cdot(-2x)^2=216x^2$,即$x^2$的系数是216.

例 4 在$(x^2+3x+1)^5$的展开式中x^2的系数为(　　).

A. 5　　B. 10　　C. 45　　D. 90　　E. 95

【答案】 E.

【解析】 首先将$(x^2+3x+1)^5$转化为$[(x^2+3x)+1]^5$,根据二项式定理,要想取得x^2的系数,那么只要看$C_5^1\cdot(x^2+3x)\cdot 1$和$C_5^2\cdot(x^2+3x)^2\cdot 1$中$x^2$的系数即可. $C_5^1\cdot(x^2+3x)\cdot 1$中$x^2$的系数为5, $C_5^2\cdot(x^2+3x)^2\cdot 1$中$x^2$的系数为$10\times 9=90$. 所以$x^2$的系数是$5+90=95$.

类型二 整式的除法

例 5 若多项式$f(x)=x^3+a^2x^2+x-3a$能被$x-1$整除,则实数$a=$(　　).

A. 0　　B. 1　　C. 0或1　　D. 2或-1　　E. 2或1

【答案】 E.

【解析】 由余式定理, $f(1)=a^2-3a+2=0$,解得$a=2$或$a=1$.

例 6 二次三项式x^2+x-6是多项式$2x^4+x^3-ax^2+bx+a+b-1$的一个因式.

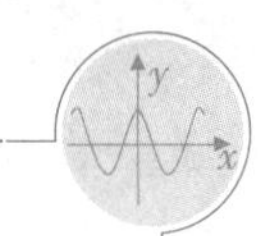

(1) $a=16$.

(2) $b=2$.

【答案】 E.

【解析】 条件(1)和(2)单独显然不充分. 联合起来,有 $x^2+x-6=(x-2)(x+3)$,且 $f(x)=2x^4+x^3-ax^2+bx+a+b-1=2x^4+x^3-16x^2+2x+17$,由奇偶性知$f(2)\neq 0$,所以条件(1) 和(2) 联合起来也不充分.

例 7　多项式 x^3+ax^2+bx-6 的两个因式是 $x-1$ 和 $x-2$,则其第三个一次因式为(　　).

A. $x-6$　　B. $x-3$　　C. $x+1$　　D. $x+2$　　E. $x+3$

【答案】 B.

【解析】 设 $x^3+ax^2+bx-6=(x-1)(x-2)(x+c)$,则$(-1)(-2)c=-6$,解得 $c=-3$.

例 8　已知 $(3x+1)^5=ax^5+bx^4+cx^3+dx^2+ex+f$,则 $a-b+c-d+e-f$ 的值是(　　).

A. -32　　B. 32　　C. 1 024

D. $-1\,024$　　E. 以上结论均不正确

【答案】 B.

【解析】 令 $x=-1$,则有$(-2)^5=-a+b-c+d-e+f$,则 $a-b+c-d+e-f=32$.

类型三　双十字相乘

例 9　$x^2+mxy+6y^2-10y-4=0$ 的图形是两条直线.

(1) $m=7$.

(2) $m=-7$.

【答案】 D.

【解析】 解法一:

双十字相乘,由条件(1)列表,

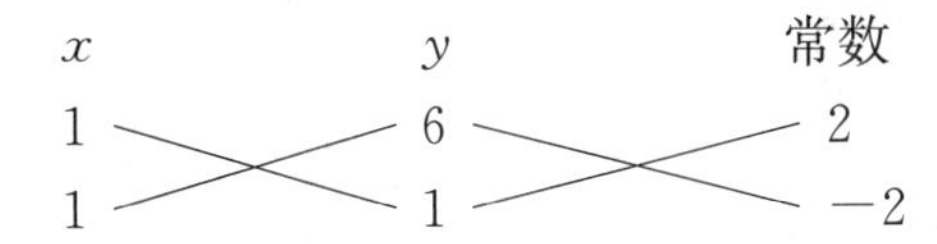

得原式$=(x+6y+2)(x+y-2)$.

同理可得条件(2)也成立.

解法二:

用待定系数法. 因为 $x^2-4=(x+2)(x-2)$,所以根据题干,设 $x^2+mxy+6y^2-10y-4=(x+ay-2)(x+by+2)$,将$(x+ay-2)(x+by+2)$ 展开得

$$x^2+(a+b)xy+aby^2+(2a-2b)y-4,$$

即有$\begin{cases}a+b=m,\\ ab=6,\\ (2a-2b)=-10,\end{cases}$ 解得$\begin{cases}a=-6,\\ b=-1,\\ m=-7\end{cases}$或$\begin{cases}a=1,\\ b=6,\\ m=7.\end{cases}$

所以条件(1)和(2)都充分.

总结：由两种解法可见，解法二较为烦琐.

类型四　迭代

例 10　若 $x^2+3x-1=0$，则 $x^3+5x^2+5x+16=(\quad)$.

A. 0　　B. -10　　C. 10　　D. 18　　E. -20

【答案】 D.

【解析】 利用迭代消元法，由 $x^2+3x-1=0$，可得 $x^2=-3x+1$，两边同乘以 x，得 $x^3=-3x^2+x=-3(-3x+1)+x=10x-3$，从而达到了降次的目的，故原式$=(10x-3)+5(-3x+1)+5x+16=18$.

类型五　分式的运算

例 11　若 $x+\dfrac{1}{x}=3$，则 $\dfrac{x^2}{x^4+x^2+1}=(\quad)$.

A. $-\dfrac{1}{8}$　　B. $\dfrac{1}{6}$　　C. $\dfrac{1}{4}$　　D. $-\dfrac{1}{4}$　　E. $\dfrac{1}{8}$

【答案】 E.

【解析】 解法一：

用迭代法：由 $x+\dfrac{1}{x}=3$，得 $x^2-3x+1=0$，则 $x^2=3x-1$.

两边同乘以 x，得 $x^3=3x^2-x=3(3x-1)-x=8x-3$；

两边再同乘以 x，得 $x^4=8x^2-3x=8(3x-1)-3x=21x-8$.

代入原式可得：$\dfrac{3x-1}{21x-8+3x-1+1}=\dfrac{3x-1}{24x-8}=\dfrac{1}{8}$.

解法二：

原式$=\dfrac{1}{x^2+\dfrac{1}{x^2}+1}=\dfrac{1}{\left(x+\dfrac{1}{x}\right)^2-1}=\dfrac{1}{8}$.

总结：对于分式计算，解法二更为简便.

例 12　$\dfrac{x}{2}=\dfrac{y}{3}=\dfrac{z}{4}$，则 $\dfrac{2x^2-3y^2+z^2}{x^2+2y^2-z^2}=(\quad)$.

A. $\dfrac{1}{4}$　　B. $-\dfrac{1}{4}$　　C. $\dfrac{1}{3}$　　D. $-\dfrac{1}{3}$　　E. $-\dfrac{1}{2}$

【答案】 E.

【解析】 令 $\dfrac{x}{2}=\dfrac{y}{3}=\dfrac{z}{4}=k$，则 $x=2k$，$y=3k$，$z=4k$，从而

$$\frac{2x^2-3y^2+z^2}{x^2+2y^2-z^2}=\frac{8k^2-27k^2+16k^2}{4k^2+18k^2-16k^2}=\frac{-3k^2}{6k^2}=-\frac{1}{2}.$$

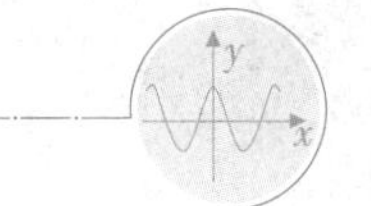

例 13　已知 $a+b+c\neq 0$，$\frac{2a+b}{c}=\frac{2b+c}{a}=\frac{2c+a}{b}=k$，则 k 的值为(　　).

A. 2　　B. 3　　C. -2　　D. -3　　E. 1

【答案】 B.

【解析】 根据题意，有 $\begin{cases}2a+b=kc,\\2b+c=ka,\\2c+a=kb,\end{cases}$ 三式相加，得 $3(a+b+c)=k(a+b+c)$.

由于 $(3-k)(a+b+c)=0$，因为 $a+b+c\neq 0$，所以 $k=3$.

例 14　关于 x 的方程 $\frac{2}{x-2}+\frac{mx}{x^2-4}=\frac{3}{x+2}$ 会产生增根.

(1) $m=-4$.

(2) $m=6$.

【答案】 D.

【解析】 方程两边同乘以 x^2-4，得 $2x+4+mx=3x-6$，整理得 $(m-1)x=-10$.

当 $m\neq 1$ 时，$x=\frac{-10}{m-1}$，若方程有增根，则 $x=2$ 或 $x=-2$.

由条件(1)，$x=\frac{-10}{-4-1}=2$；由条件(2)，$x=\frac{-10}{6-1}=-2$.

因此条件(1)和条件(2)都是充分的.

例 15　若 $\frac{|x|-3}{x^2-2x-3}=0$，则 x 的值为(　　).

A. 3　　B. -3　　C. ± 3　　D. 0　　E. 1

【答案】 B.

【解析】 由 $\begin{cases}|x|-3=0,\\x^2-2x-3\neq 0,\end{cases}$ 则有 $\begin{cases}x=\pm 3,\\(x-3)(x-1)\neq 0,\end{cases}$ 从而 $x=-3$.

例 16　若 $abc=1$，那么 $\frac{a}{ab+a+1}+\frac{b}{bc+b+1}+\frac{c}{ac+c+1}=$(　　).

A. 1　　B. 2　　C. 3　　D. 4　　E. 5

【答案】 A.

【解析】 解法一：

由 $abc=1$，得 $a=\frac{1}{bc}$，所以

$$\frac{a}{ab+a+1}+\frac{b}{bc+b+1}+\frac{c}{ac+c+1}=\frac{\frac{1}{bc}}{\frac{1}{bc}\cdot b+\frac{1}{bc}+1}+\frac{b}{bc+b+1}+\frac{c}{\frac{1}{bc}\cdot c+c+1}$$

$$=\frac{1}{bc+b+1}+\frac{b}{bc+b+1}+\frac{bc}{bc+b+1}=1.$$

解法二：此题也可取特殊值：$a=b=c=1$ 代入原式计算更为简便.

例 17　已知 a，b，c 均是非零实数，有 $a\left(\frac{1}{b}+\frac{1}{c}\right)+b\left(\frac{1}{a}+\frac{1}{c}\right)+c\left(\frac{1}{a}+\frac{1}{b}\right)=-3$.

(1) $a+b+c=0$.

(2) $a+b+c=1$.

【答案】 A.

【解析】 $a\left(\frac{1}{b}+\frac{1}{c}\right)+b\left(\frac{1}{a}+\frac{1}{c}\right)+c\left(\frac{1}{a}+\frac{1}{b}\right)=\frac{a+c}{b}+\frac{b+c}{a}+\frac{a+b}{c}$.

由条件(1),得 $a+b=-c$, $a+c=-b$, $c+b=-a$,从而上式 $=-3$,条件(1)充分.

由条件(2),取特殊值 $a=b=c=\frac{1}{3}$,左侧为正,右侧为负,显然条件(2)不充分,故选 A.

第三节 ◈ 练习与测试

1 已知 $a=1\,999x+2\,000$, $b=1\,999x+2\,001$, $c=1\,999x+2\,002$,则多项式 $a^2+b^2+c^2-ab-bc-ca$ 的值为( ).

A. 0　B. 1　C. 2　D. 3　E. 4

2 设 a, b, c 都不为零,且 $a+b+c=0$,则 $\frac{1}{b^2+c^2-a^2}+\frac{1}{a^2+c^2-b^2}+\frac{1}{a^2+b^2-c^2}$ 的值是( ).

A. 非负数　B. 负数　C. 0　D. 正数　E. 不能确定

3 已知 $x-y=2$,且 $z-y=4$,则 $x^2+y^2+z^2-xy-xz-yz=$( ).

A. 8　B. 10　C. 12　D. 14　E. 16

4 $\left(x^2-\frac{2}{x^3}\right)^5$ 展开式中常数项为( ).

A. 10　B. -10　C. 20　D. 40　E. -40

5 $(1+x)+(1+x)^2+(1+x)^3+\cdots+(1+x)^{10}$ 的展开式中 x^6 项的系数为( ).

A. 340　B. 330　C. 320　D. 310　E. 300

6 $S=(x-1)^4+4(x-1)^3+6(x-1)^2+4x-3$,则 $S=$( ).

A. x^4+1　B. x^4+4　C. $(x-2)^4$　D. x^4-3　E. x^4

7 如果 $4x^3+9x^2+mx+n$ 能被 x^2+2x-3 整除,则( ).

A. $m=10$, $n=3$　B. $m=-10$, $n=3$　C. $m=-10$, $n=-3$

D. $m=10$, $n=-3$　E. 以上答案均不正确

8 设 $f(x)=x^4+3x^3+5x+3$, $g(x)=x^2+x+1$, $f(x)$ 除以 $g(x)$ 所得余式 $r(x)=$( ).

A. $x+1$　B. $x-1$　C. $2x+1$　D. $5x-5$　E. $6x+6$

9 已知 a, b, c, d 为互不相等的非零实数,且 $ac+bd=0$,则 $ab(c^2+d^2)+cd(a^2+b^2)$ 的值为( ).

A. 0　B. 1　C. 2　D. 3　E. 4

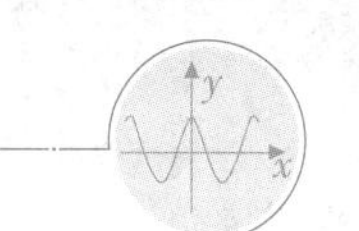

10 若 $x+\frac{1}{x}=3$，则多项式 $x^5-3x^4+2x^3-3x^2+x+2$ 的值为(　　).

A. 1　　B. 0　　C. -1　　D. -2　　E. 2

11 设 $f(x)$ 为实系数多项式，以 $x-1$ 除之，余数为 9，以 $x-2$ 除之，余数为 16，则 $f(x)$ 除以 $(x-1)(x-2)$ 的余式为(　　).

A. $7x+2$　　B. $7x+3$　　C. $7x+4$　　D. $7x+5$　　E. $2x+7$

12 已知多项式 $2x^2+3xy-2y^2-x+8y-6$ 可以分解为 $(x+2y+m)(2x-y+n)$ 的形式，那么 $\frac{m^3+1}{n^2-1}$ 的值是(　　).

A. $\frac{7}{8}$　　B. $-\frac{7}{8}$　　C. $-\frac{2}{3}$　　D. $\frac{2}{3}$　　E. $\frac{1}{3}$

13 已知 $a^2+4a+1=0$ 且 $\frac{a^4+ma^2+1}{3a^3+ma^2+3a}=5$，则 $m=$(　　).

A. $\frac{33}{2}$　　B. $\frac{35}{2}$　　C. $\frac{37}{2}$　　D. $\frac{39}{2}$　　E. $\frac{41}{2}$

14 已知 $\frac{a^3+b^3+c^3-3abc}{a+b+c}=3$，则 $(a-b)^2+(b-c)^2+(c-a)^2$ 的值为(　　).

A. 0　　B. 2　　C. 3　　D. 6　　E. 8

15 设 $a^2b^2+4ab+\sqrt{(a+1)^2}=-4$，那么 $\frac{1}{(a-1)(b+1)}+\frac{1}{(a-2)(b+2)}+\cdots+\frac{1}{(a-2\,016)(b+2\,016)}=$(　　).

A. $-\frac{501}{509}$　　B. $-\frac{502}{509}$　　C. $-\frac{503}{509}$

D. $-\frac{504}{1\,009}$　　E. $-\frac{505}{1\,009}$

16 要使方程 $\frac{x+1}{x+2}-\frac{x}{x-1}=\frac{a}{x^2+x-2}$ 的解是正数，则 a 应满足的条件是(　　).

A. $a=-1$　　B. $a=-2$　　C. $a<-1$　　D. $a>-1$　　E. $a\geqslant-1$

17 $2a^2-5a-2+\frac{3}{a^2+1}=-1$.

(1) a 是方程 $x^2-3x+1=0$ 的根.

(2) $|a|=1$.

18 $\frac{a^2-b^2}{19a^2+96b^2}=\frac{1}{134}$.

(1) a，b 均为实数，且 $|a^2-2|+(a^2-b^2-1)^2=0$.

(2) a，b 均为实数，且 $\frac{a^2b^2}{a^4-2b^4}=1$.

19 已知 $x(1-kx)^3=a_1x+a_2x^2+a_3x^3+a_4x^4$ 对于所有 x 都成立，则 $a_1+a_2+a_3+a_4=-8$.

(1) $a_2=-9$.

(2) $a_3=27$.

20 $\triangle ABC$ 为等边三角形.

(1) $\triangle ABC$ 的三边满足 $a^2+b^2+c^2=ab+bc+ca$.

(2) $\triangle ABC$ 的三边满足 $a^3-a^2b+ab^2+ac^2-b^2-bc^2=0$.

21 ax^2+bx+1 与 $3x^2-4x+5$ 的积不含 x 的一次方项和三次方项.

(1) $a:b=3:4$.

(2) $a=\frac{3}{5}$, $b=\frac{4}{5}$.

22 若 x, y, z 都是不等于 1 的非零实数,那么有 $z+\frac{1}{x}=1$.

(1) $x+\frac{1}{y}=1$.

(2) $y+\frac{1}{z}=1$.

23 $(1+ax)^{10}$ 的展开式中,x^3 项的系数是 x^2 项的系数的 2 倍.

(1) $a=\frac{3}{4}$.

(2) $a=\frac{2}{3}$.

24 已知 $x+y+z\neq 0$,则$\frac{(x+y)(y+z)(x+z)}{xyz}=8$.

(1) $\frac{y+z-x}{x}=\frac{x+z-y}{y}$.

(2) $\frac{x+z-y}{y}=\frac{x+y-z}{z}$.

25 已知 x, y, z 都是实数,有 $x+y+z=0$.

(1) $\frac{x}{a+b}=\frac{y}{b+c}=\frac{z}{c+a}$.

(2) $\frac{x}{a-b}=\frac{y}{b-c}=\frac{z}{c-a}$.

参考答案

1. D. 【解析】因为 $2(a^2+b^2+c^2-ab-bc-ca)=2a^2+2b^2+2c^2-2ab-2bc-2ca=(a-b)^2+(a-c)^2+(b-c)^2$,将 $a=1\,999x+2\,000$, $b=1\,999x+2\,001$, $c=1\,999x+2\,002$ 代入求值:上式$=(1\,999x+2\,000-1\,999x-2\,001)^2+(1\,999x+2\,000-1\,999x-2\,002)^2+(1\,999x+2\,001-1\,999x-2\,002)^2=1+4+1=6$. 所以 $a^2+b^2+c^2-ab-bc-ca=\frac{1}{2}\times 6=3$. 故选 D.

2. C. 【解析】因为 $a+b+c=0$,所以 $b+c=-a$, $b^2+c^2=a^2-2bc$,同理得:$a^2+c^2=$

b^2-2ac，$a^2+b^2=c^2-2ab$. 所以原式 $=\frac{1}{a^2-2bc-a^2}+\frac{1}{b^2-2ac-b^2}+\frac{1}{c^2-2ab-c^2}=-\frac{1}{2bc}-\frac{1}{2ac}-\frac{1}{2ab}=-\left(\frac{a}{2abc}+\frac{b}{2abc}+\frac{c}{2abc}\right)=-\frac{a+b+c}{2abc}=0$.

3. C. 【解析】因为 $x-y=2$，$z-y=4$，所以 $x-z=-2$，所以原式 $=\frac{1}{2}(2x^2+2y^2+2z^2-2xy-2yz-2xz)=\frac{1}{2}[(x-y)^2+(y-z)^2+(x-z)^2]=\frac{1}{2}(4+16+4)=12$.

4. D. 【解析】$T_{r+1}=C_5^r(x^2)^{5-r}\left(-\frac{2}{x^3}\right)^r=(-2)^rC_5^rx^{10-5r}$，$10-5r=0$，$r=2$，故常数项为：$(-2)^rC_5^r=40$.

5. B. 【解析】根据题意可得，原式即首项为 $a_1=1+x$、公比 $q=1+x$ 的等比数列求和，所以 $S_{10}=\frac{a_1(1-q^{10})}{1-q}=\frac{(1+x)[1-(1+x)^{10}]}{1-(1+x)}=\frac{(1+x)^{11}-(1+x)}{x}$. 所以展开式中 x^6 项的系数为 $C_{11}^7=330$. 注：此题分母有 x，故分子求的是 x^7 的系数.

6. E. 【解析】利用二项式定理可得：$S=(x-1)^4+4(x-1)^3+6(x-1)^2+4(x-1)+1=[(x-1)+1]^4=x^4$.

7. C. 【解析】由余式定理，

$$x^2+2x-3=(x+3)(x-1),\begin{cases}f(-3)=-27\times4+9\times9-3m+n=0,\\f(1)=4+9+m+n=0,\end{cases}$$

得 $\begin{cases}m=-10,\\n=-3.\end{cases}$ 故选 C.

8. E. 【解析】作如下的竖式除法：

$$\begin{array}{r|l}
 & x^2+2x-3 \\
x^2+x+1 & x^4+3x^3+0\cdot x^2+5x+3 \\
 & x^4+x^3+x^2 \\ \hline
 & 2x^3-x^2+5x+3 \\
 & 2x^3+2x^2+2x \\ \hline
 & -3x^2+3x+3 \\
 & -3x^2-3x-3 \\ \hline
 & 6x+6
\end{array}$$

9. A. 【解析】解法一：设 $a=1$，$b=2$，$c=-1$，$d=\frac{1}{2}$，则原式 $=2\times\left(1+\frac{1}{4}\right)+\left(-\frac{1}{2}\right)\times(1+4)=0$. 解法二：$ab(c^2+d^2)+cd(a^2+b^2)=abc^2+abd^2+cda^2+cdb^2=ac(bc+ad)+bd(ad+bc)=(ad+bc)(ac+bd)=(ad+bc)\times0=0$，故选 A.

10. E. 【解析】由 $x+\frac{1}{x}=3$ 可知 $x^2+1=3x$，即 $x^2-3x=-1$，所以原式 $=x^3(x^2-3x)+2x^3-3x^2+x+2=x^3(-1)+2x^3-3x^2+x+2=x^3-3x^2+x+2=x(x^2-3x)$

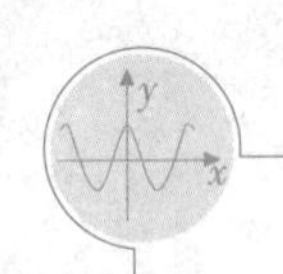

$+x+2=2$.

11. A. 【解析】因为 $f(x)=(x-1)(x-2)q(x)+r(x)$,所以设余式为 $r(x)=ax+b$. 根据题意得 $\begin{cases}f(1)=9,\\f(2)=16,\end{cases}$ 即 $\begin{cases}f(1)=a+b=9,\\f(2)=2a+b=16,\end{cases}$ 解得 $\begin{cases}a=7,\\b=2,\end{cases}$ 所以 $r(x)=7x+2$.

12. B. 【解析】解法一:因为 $(x+2y+m)(2x-y+n)=2x^2-xy+nx+4xy-2y^2+2yn+2mx-my+mn=2x^2+3xy-2y^2+(n+2m)x+(2n-m)y-6$, $\begin{cases}n+2m=-1,\\2n-m=8,\end{cases}$ 解得 $\begin{cases}m=-2,\\n=3,\end{cases}$ 所以 $\frac{m^3+1}{n^2-1}=-\frac{7}{8}$. 解法二:此题还可用双十字相乘法,更为简便.

13. C. 【解析】由 $a^2+4a+1=0$ 可得 $a^2+1=-4a$. 因为 $(a^2+1)^2=16a^2$,所以 $a^4+1=14a^2$,再代入 $\frac{a^4+ma^2+1}{3a^3+ma^2+3a}=5$,得 $\frac{14a^2+ma^2}{3a(-4a)+ma^2}=5$,即 $14a^2+ma^2=-60a^2+5ma^2$,所以 $(74-4m)a^2=0$. 因为 $a\neq 0$,所以 $m=\frac{74}{4}=\frac{37}{2}$.

14. D. 【解析】因为 $\frac{a^3+b^3+c^3-3abc}{a+b+c}=\frac{(a+b+c)\cdot(a^2+b^2+c^2-ab-bc-ac)}{a+b+c}=3$,所以 $2(a^2+b^2+c^2-ab-bc-ac)=2\times 3=6$,即 $(a-b)^2+(b-c)^2+(c-a)^2=6$.

15. D. 【解析】由题意得 $a^2b^2+4ab+4+\sqrt{(a+1)^2}=(ab+2)^2+\sqrt{(a+1)^2}=0$,则 $\begin{cases}ab=-2,\\a=-1,\end{cases}$ 解得 $\begin{cases}a=-1,\\b=2.\end{cases}$ 代入原式,可得:原式 $=\left(-\frac{1}{2}\cdot\frac{1}{3}\right)+\left(-\frac{1}{3}\cdot\frac{1}{4}\right)+\cdots+\left(-\frac{1}{2\,017}\cdot\frac{1}{2\,018}\right)=-\left[\left(\frac{1}{2}-\frac{1}{3}\right)+\left(\frac{1}{3}-\frac{1}{4}\right)+\cdots+\left(\frac{1}{2\,017}-\frac{1}{2\,018}\right)\right]=-\left(\frac{1}{2}-\frac{1}{2\,018}\right)=-\frac{504}{1\,009}$.

16. C. 【解析】去分母得 $(x+1)(x-1)-x(x+2)=a$,所以 $x=\frac{-1-a}{2}$. 因为方程的解为正数,所以 $\frac{-1-a}{2}>0$,即 $a<-1$.

17. A. 【解析】由条件(1)可知:$a^2-3a+1=0$, $a^2+1=3a$, $a+\frac{1}{a}=3$, $a^2-3a=-1$,所以 $2a^2-5a-2+\frac{3}{a^2+1}=2(a^2-3a)-2+a+\frac{1}{a}=-2-2+3=-1$,故条件(1)充分. 由条件(2)可知:$a=\pm 1$. 当 $a=1$ 时,$2a^2-5a-2+\frac{3}{a^2+1}=2-5-2+\frac{3}{2}=-\frac{7}{2}\neq -1$;当 $a=-1$ 时,$2a^2-5a-2+\frac{3}{a^2+1}=2+5-2+\frac{3}{2}=\frac{13}{2}\neq -1$. 所以条件(2)不充分. 故选 A.

18. D. 【解析】由条件(1),因为 $|a^2-2|\geqslant 0$, $(a^2-b^2-1)^2\geqslant 0$,而 $|a^2-2|+(a^2-b^2-1)^2=0$,所以 $a^2=2$, $a^2-b^2-1=0$, $b^2=1$,所以 $\frac{a^2-b^2}{19a^2+96b^2}=\frac{2-1}{38+96}=$

$\frac{1}{134}$，条件(1) 充分. 由条件(2)，设 $\frac{a^2}{b^2}=t$，则 $t>0$，$\frac{a^2b^2}{a^4-2b^4}=\frac{\frac{a^2}{b^2}}{\frac{a^4}{b^4}-2}=\frac{t}{t^2-2}=1$，所以 $t^2-t-2=0$，解得 $t=2$，$t=-1$(舍)，所以 $\frac{a^2-b^2}{19a^2+96b^2}=\frac{1}{134}$. 所以条件(2) 充分. 故选 D.

19. A. 【解析】因为 $x(1-kx)^3=x(1-3kx+3k^2x^2-k^3x^3)=x(a_1+a_2x+a_3x^2+a_4x^3)$，所以 $a_1=1$，$a_2=-3k$，$a_3=3k^2$，$a_4=-k^3$. 由条件(1)可得：$a_2=-9$，即 $3k=9$，则 $k=3$，所以 $a_1+a_2+a_3+a_4=-8$，条件(1) 充分. 由条件(2)可得：$a_3=27$，即 $3k^2=27$，则 $k=\pm3$，显然条件(2) 不充分. 故选 A.

20. A. 【解析】由条件(1)可得：$2(a^2+b^2+c^2-ab-bc-ca)=0$，所以 $(a-b)^2+(a-c)^2+(b-c)^2=0$，所以 $a=b=c$，所以条件(1) 充分. 由条件(2)可得：$a^3-a^2b+ab^2+ac^2-b^2-bc^2=(a^3-a^2b)+(ab^2-b^2)+(ac^2-bc^2)=a^2(a-b)+b^2(a-1)+c^2(a-b)=(a^2+c^2)(a-b)+b^2(a-1)$. 取特殊值：$a=1$，$b=1$，$c=1.5$，不能构成等边三角形，所以条件(2) 不充分. 故选 A.

21. B. 【解析】$(ax^2+bx+1)(3x^2-4x+5)=3ax^4+(3b-4a)x^3+(5a+3-4b)x^2+(5b-4)x+5$，由题意可得 $3b-4a=0$，$5b-4=0$，所以 $a=\frac{3}{5}$，$b=\frac{4}{5}$. 所以条件(1) 不充分，条件(2)充分，故选 B.

22. C. 【解析】因为 $x+\frac{1}{y}=1$，所以 $\frac{1}{x}=\frac{y}{y-1}$，不能推出 $z+\frac{1}{x}=1$，所以条件(1) 不充分. 因为 $y+\frac{1}{z}=1$，所以 $z=\frac{1}{1-y}$，不能推出 $z+\frac{1}{x}=1$，所以条件(2) 不充分. 若联合，则 $z=\frac{1}{1-y}$，$\frac{1}{x}=\frac{y}{y-1}$，所以 $z+\frac{1}{x}=1$，所以条件(1) 和条件(2) 联合起来充分. 故选 C.

23. A. 【解析】根据题意得：$C_{10}^3a^3=2C_{10}^2a^2$，则 $\frac{10\times9\times8}{3\times2\times1}\cdot a=2\times\frac{10\times9}{2\times1}$，所以 $a=\frac{3}{4}$. 故选 A.

24. C. 【解析】设 $\frac{y+z-x}{x}=\frac{x+z-y}{y}=k$，则 $y+z=(k+1)x$，$x+z=(k+1)y$，不能推出 $\frac{(x+y)(y+z)(z+x)}{xyz}=8$，所以条件(1) 不充分. 设 $\frac{x+z-y}{y}=\frac{x+y-z}{z}=k$，则 $x+z=(k+1)y$，$x+y=(k+1)z$，不能推出 $\frac{(x+y)(y+z)(z+x)}{xyz}=8$，所以条件(2) 不充分. 联合条件(1)(2)，若 $x+y=(k+1)z$，$x+z=(k+1)y$，$y+z=(k+1)x$，相加可得 $2(x+y+z)=(k+1)(x+y+z)$，所以 $k=1$，所以 $\frac{(x+y)(y+z)(x+z)}{xyz}=(k+1)^3=8$，所以条件(1) 和条件(2) 联合起来充分. 故选 C.

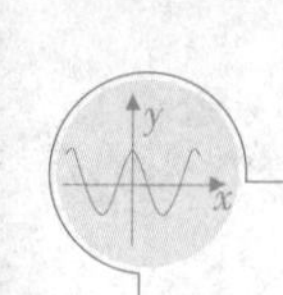

25. B. 【解析】设$\frac{x}{a+b}=\frac{y}{b+c}=\frac{z}{c+a}=k$,所以$x=(a+b)k$, $y=(b+c)k$, $z=(c+a)k$,不能推出$x+y+z=0$,所以条件(1)不充分. 设$\frac{x}{a-b}=\frac{y}{b-c}=\frac{z}{c-a}=m$,所以$x=(a-b)m$, $y=(b-c)m$, $z=(c-a)m$,所以$x+y+z=am-bm+bm-cm+cm-am=0$,则条件(2)充分. 故选B.

第三章

平均值与绝对值

第一节◈考 点 分 析

一、平均值

1. 算术平均值

设 $x_1, x_2, \cdots, x_n$ 为 n 个数，称 $\frac{x_1+x_2+\cdots+x_n}{n}$ 为这 n 个数的算术平均值，记为 $\bar{x}=\frac{1}{n}\sum_{i=1}^{n}x_i$.

2. 几何平均值

设 $x_1, x_2, \cdots, x_n$ 为 n 个正数，称 $\sqrt[n]{x_1x_2\cdots x_n}$ 为这 n 个数的几何平均值，记为 $x_g=\sqrt[n]{\prod_{i=1}^{n}x_i}$.

3. 加权平均值

加权平均值即将各数值乘以相应的权数，然后加总求和得到总体值，再除以总的单位数.加权平均值的大小不仅取决于总体中各单位的数值(变量值)的大小，而且取决于各数值出现的次数(频数)，由于各数值出现的次数对其在平均数中的影响起着权衡轻重的作用，因此叫作权数(也叫权重).

例如，假设以下是小明某科的考试成绩：

平时测验	期中考试	期末考试
80	90	95

学校规定的学科综合成绩的计算方式是：

平时测验占比	期中考试占比	期末考试占比
20%	30%	50%

(注：在这里，每个成绩所占的比重叫作权重)

那么，加权平均值(综合成绩)$=80\times20\%+90\times30\%+95\times50\%=90.5$.

4. 均值不等式

两个正数的均值不等式：$\frac{a+b}{2} \geqslant \sqrt{ab}$（当且仅当 $a=b$ 时取“=”）.

三个正数的均值不等式：$\frac{a+b+c}{3} \geqslant \sqrt[3]{abc}$（当且仅当 $a=b=c$ 时取“=”）.

n 个正数的均值不等式：$\frac{a_1+a_2+\cdots+a_n}{n} \geqslant \sqrt[n]{a_1a_2\cdots a_n}$（当且仅当 $a_1=a_2=\cdots=a_n$ 时取“=”）.

注：用基本不等式求最值的要点是“一正、二定、三相等”.

(1) 若积为定值，和有最小值.

$x+y \geqslant 2\sqrt{xy}$，当且仅当 $x=y$ 时取到最小值.

例如：$\sqrt{x}+\frac{1}{\sqrt{x}} \geqslant 2$.

(2) 若和为定值，积有最大值.

$xy \leqslant \left(\frac{x+y}{2}\right)^2$，当且仅当 $x=y$ 时取到最大值.

例如：$x(1-x) \leqslant \left(\frac{1}{2}\right)^2 = \frac{1}{4}$.

二、绝对值

1. 绝对值的定义

绝对值是指一个数在数轴上所对应的点到原点的距离，用“|　|”来表示.

$|b-a|$ 或 $|a-b|$ 表示数轴上点 a 和点 b 的距离.

$$|a|=\begin{cases} a, & \text{当 } a>0 \text{ 时}, \\ 0, & \text{当 } a=0 \text{ 时}, \\ -a, & \text{当 } a<0 \text{ 时}. \end{cases}$$

2. 绝对值的几何意义

(1) 数轴上的表示

数轴上表示到原点 O 的距离为 a 的点（如图 3.1）.

(2) 绝对值函数（分段函数）图像

$y=|x|$（如图 3.2）.

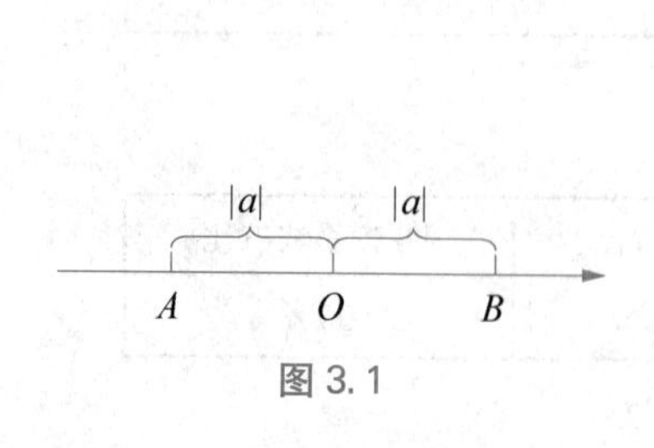

图 3.1

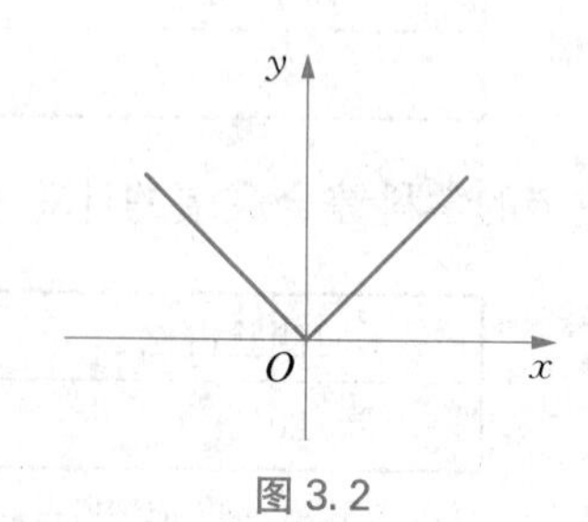

图 3.2

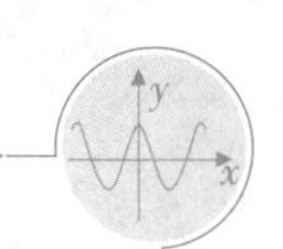

3. 绝对值的非负性

一个正实数的绝对值是它本身. 一个负实数的绝对值是它的相反数. 零的绝对值是零.

4. 三角不等式

如果 a, b 是实数,则 $|a|-|b| \leqslant |a+b| \leqslant |a|+|b|$.

5. 绝对值方程与不等式

解绝对值方程的方法:

(1)定义法;(2)平方法;(3)零点分区法;(4)数轴法.

解绝对值不等式的方法:

(1)同解原理;(2)平方法;(3)图像法;(4)数形结合法;(5)零点分段讨论法.

6. $f(x)=|x-a|+|x-b|$ 的最小值为 $|b-a|$

解法一:假设 $a<b$,分三种情况讨论:

当 $x<a$ 时,$f(x)=-x+a-x+b=-2x+a+b$.

当 $a \leqslant x \leqslant b$ 时,$f(x)=x-a-x+b=b-a$.

当 $x>b$ 时,$f(x)=x-a+x-b=2x-a-b$.

所以 $f(x)=\begin{cases}-2x+a+b, & x<a, \\ b-a, & a \leqslant x \leqslant b, \\ 2x-a-b, & x>b.\end{cases}$

最后作出图 3.3(平底锅),得到结论.

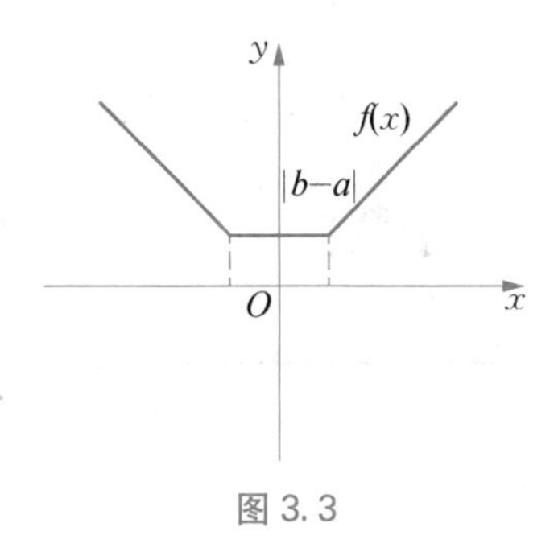

图 3.3

解法二:

(1) 若 $x<a$,则 x 到 a 与 b 的距离和大于 $b-a$(即两点间的距离,见图 3.4).

(2) 若 $x>b$,则 x 到 a 与 b 的距离和也大于 $b-a$.

(3) 若 $a<x<b$,则 x 到 a 与 b 的距离和恒等于 $b-a$.

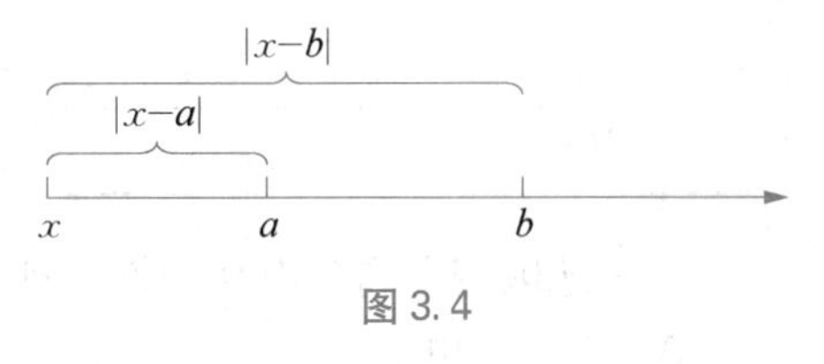

图 3.4

综上:此函数有最小值,为 a 与 b 间的距离,即 $y \geqslant |b-a|$.

记忆这个结论,做此题型不必作图.

第二节 ◈ 例题解析

类型一　平均值

例 1　a, b, c 的算术平均值是 $\frac{14}{3}$,而几何平均值是 4.

(1) a, b, c 是满足 $a>b>c>1$ 的三个整数,$b=4$.

(2) a, b, c 是满足 $a>b>c>1$ 的三个整数,$b=2$.

【答案】 E.

【解析】 由条件(1),a, b, c 是满足 $a>b>c>1$ 的三个整数,$b=4$ 且 a, b, c 的算

术平均值是$\frac{14}{3}$,得$\begin{cases}c=2,\\a=8\end{cases}$或$\begin{cases}c=3,\\a=7.\end{cases}$

所以 a, b, c 的几何平均值为 4 或$\sqrt[3]{84}$,即条件(1)不充分.

由条件(2), $b=2$,则满足 $a>b>c>1$ 的整数 c 不存在,所以条件(2) 也不充分.

又条件(1)和条件(2)无法联合,故选 E.

例 2 已知 x_1, x_2, x_3 的算术平均值为 a, y_1, y_2, y_3 的算术平均值为 b,则 $2x_1+3y_1$, $2x_2+3y_2$, $2x_3+3y_3$ 的算术平均值为( ).

A. $2a+3b$　　B. $\frac{2}{3}a+b$　　C. $6a+9b$

D. $2a+b$　　E. 以上结论均不正确

【答案】 A.

【解析】 由题意知 $\frac{x_1+x_2+x_3}{3}=a$, $\frac{y_1+y_2+y_3}{3}=b$,那么

$$\frac{2x_1+3y_1+2x_2+3y_2+2x_3+3y_3}{3}=\frac{2(x_1+x_2+x_3)}{3}+\frac{3(y_1+y_2+y_3)}{3}=2a+3b.$$

例 3 甲、乙、丙三个地区的公务员参加一次测评,其人数和考分情况如表 3.1:

表 3.1

地区 \ 人数 \ 分数	6	7	8	9
甲	10	10	10	10
乙	15	15	10	20
丙	10	10	15	15

三个地区按平均分由高到低的排名顺序为( ).

A. 乙、丙、甲　　B. 乙、甲、丙　　C. 甲、丙、乙

D. 丙、甲、乙　　E. 丙、乙、甲

【答案】 E.

【解析】 根据题意,得 $\bar{x}_{甲}=\frac{6\times10+7\times10+8\times10+9\times10}{40}=\frac{300}{40}=7.5.$

$$\bar{x}_{乙}=\frac{6\times15+7\times15+8\times10+9\times20}{60}=\frac{455}{60}\approx7.58.$$

$$\bar{x}_{丙}=\frac{6\times10+7\times10+8\times15+9\times15}{50}=\frac{385}{50}=7.7.$$

所以按平均分由高到低的排名顺序为:丙、乙、甲.

类型二　均值不等式

例 4 设 $x>0$,则 $x^2+\frac{6}{x}$ 的最小值为( ).

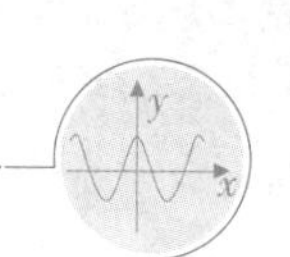

A. $3\sqrt[3]{9}$　　B. $2\sqrt[3]{9}$　　C. $\sqrt[3]{9}$　　D. $3\sqrt{3}$　　E. $2\sqrt{3}$

【答案】 A.

【解析】 $x^2+\frac{6}{x}=x^2+\frac{3}{x}+\frac{3}{x}\geqslant 3\cdot\sqrt[3]{x^2\cdot\frac{3}{x}\cdot\frac{3}{x}}=3\cdot\sqrt[3]{9}$.

例 5 若 $y^2-2\left(\sqrt{x}+\frac{1}{\sqrt{x}}\right)y+3<0$ 对一切正实数 x 恒成立,则 y 的取值范围是(　　).

A. $1<y<3$　　B. $2<y<4$　　C. $1<y<4$

D. $3<y<5$　　E. $2<y<5$

【答案】 A.

【解析】 由 $y^2+3<2\left(\sqrt{x}+\frac{1}{\sqrt{x}}\right)y$,得 $y>0$,所以有 $y+\frac{3}{y}<2\left(\sqrt{x}+\frac{1}{\sqrt{x}}\right)$.

又 $\sqrt{x}+\frac{1}{\sqrt{x}}\geqslant 2\cdot\sqrt{\sqrt{x}\cdot\frac{1}{\sqrt{x}}}=2$,所以 $y+\frac{3}{y}<4$,即有 $y^2-4y+3<0$,解得 $1<y<3$.

例 6 $\frac{1}{a}+\frac{1}{b}+\frac{1}{c}>\sqrt{a}+\sqrt{b}+\sqrt{c}$.

(1) $abc=1$.

(2) a, b, c 为不全相等的正数.

【答案】 C.

【解析】 取 $a=b=c=1$,条件(1) 不充分;取 $a=b=1$, $c=2$,条件(2) 也不充分.

联合起来有 $\frac{1}{a}+\frac{1}{b}+\frac{1}{c}=\frac{bc+ac+ab}{abc}=bc+ac+ab=\frac{ab+ac}{2}+\frac{bc+ab}{2}+\frac{bc+ac}{2}$ $\geqslant\sqrt{a^2bc}+\sqrt{ab^2c}+\sqrt{abc^2}=\sqrt{a}+\sqrt{b}+\sqrt{c}$.

因为 a, b, c 为不全相等的正数,故取不到等号. 所以条件(1)和条件(2)联合起来充分.

类型三　非负性

例 7 若 $x^2+2x+y^2-6y+10=0$,则 $x-y=$(　　).

A. -4　　B. 3　　C. 4　　D. -2　　E. 0

【答案】 A.

【解析】 $x^2+2x+y^2-6y+10=(x^2+2x+1)+(y^2-6y+9)=(x+1)^2+(y-3)^2=0$,解得 $x=-1$, $y=3$,即 $x-y=-4$.

例 8 若实数 a, b, c 满足 $|a-3|+\sqrt{3b+5}+(5c-4)^2=0$,则 $abc=$(　　).

A. -4　　B. $-\frac{5}{3}$　　C. $-\frac{4}{3}$　　D. $\frac{4}{5}$　　E. 3

【答案】 A.

【解析】 根据题意,有$\begin{cases}a-3=0,\\3b+5=0,\\5c-4=0,\end{cases}$解得$\begin{cases}a=3,\\b=-\dfrac{5}{3},\\c=\dfrac{4}{5},\end{cases}$所以有 $abc=-4$.

例 9 $2^{x+y}+2^{a+b}=17$.

(1) a, b, x, y 满足 $y+|\sqrt{x}-\sqrt{3}|=1-a^2+\sqrt{3}b$.

(2) a, b, x, y 满足 $|x-3|+\sqrt{3}b=y-1-b^2$.

【答案】 C.

【解析】 条件(1)中,取 $x=3$, $a=1$, $b=0$, $y=0$,则 $2^{x+y}+2^{a+b}=10$,所以条件(1) 不充分. 条件(2) 中未知量 a 的值不确定,所以条件(2) 不充分.

联合条件(1)和条件(2),有 $a^2+b^2+|x-3|+|\sqrt{x}-\sqrt{3}|=0$,所以有 $a=0$, $b=0$, $x=3$, $y=1$,即 $2^{x+y}+2^{a+b}=17$,即条件(1) 和条件(2) 联合起来充分.

类型四 绝对值

例 10 x, y 是实数, $|x|+|y|=|x-y|$.

(1) $x>0$, $y<0$.

(2) $x<0$, $y>0$.

【答案】 D.

【解析】 在绝对值三角不等式 $|x-y|\leqslant|x|+|y|$ 中,当且仅当 x 与 y 异号或一项为 0 时(即 $xy\leqslant 0$) 等号成立,所以条件(1) 充分,条件(2) 也充分.

例 11 $\dfrac{b+c}{|a|}+\dfrac{c+a}{|b|}+\dfrac{a+b}{|c|}=1$.

(1) 实数 a, b, c 满足 $a+b+c=0$.

(2) 实数 a, b, c 满足 $abc>0$.

【答案】 C.

【解析】 条件(1)中,取 $a=b=c=0$,显然题干中的公式无意义,所以条件(1) 不充分.

条件(2)中,取 $a=b=c=1$,则$\dfrac{b+c}{|a|}+\dfrac{c+a}{|b|}+\dfrac{a+b}{|c|}=6$,所以条件(2) 不充分.

联合条件(1)和条件(2),已知 a, b, c 三个实数中两个为负数,一个为正数,即可设 $a<0$, $b<0$, $c>0$,则$\dfrac{b+c}{|a|}+\dfrac{c+a}{|b|}+\dfrac{a+b}{|c|}=\dfrac{-a}{-a}+\dfrac{-b}{-b}+\dfrac{-c}{c}=1$ 成立. 故选 C.

类型五 $f(x)=|x-a|+|x-b|$

例 12 如果关于 x 的方程 $|x+1|+|x-1|=a$ 有实根,那么实数 a 的取值范围为(　　).

A. $a\geqslant 0$　　B. $a>0$　　C. $a\geqslant 1$

D. $a\geqslant 2$　　E. 以上答案均不正确

【答案】 D.

【解析】 解法一：令 $f(x)=|x+1|+|x-1|$，则 $f(x)=\begin{cases}-2x, & x<-1, \\ 2, & -1\leqslant x\leqslant 1, \\ 2x, & x>1,\end{cases}$ 其图像如图 3.5 所示. 所以若方程 $|x+1|+|x-1|=a$ 有实根，则 $a\geqslant 2$.

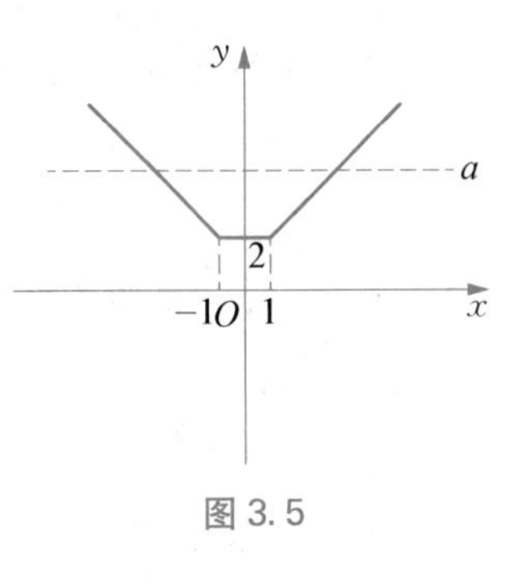

图 3.5

解法二：（见考点分析 6 解法二）由题意得，两点之间最小值为 2，则 $a\geqslant 2$ 时有实根.

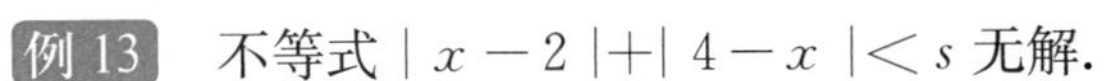

例 13　不等式 $|x-2|+|4-x|<s$ 无解.

(1) $s\leqslant 2$.

(2) $s>2$.

【答案】 A.

【解析】 解法一：令 $f(x)=|x-2|+|4-x|$，则 $f(x)=\begin{cases}-2x+6 & x<2, \\ 2, & 2\leqslant x\leqslant 4, \\ 2x-6, & x>4,\end{cases}$ 其图像如图 3.6 所示.

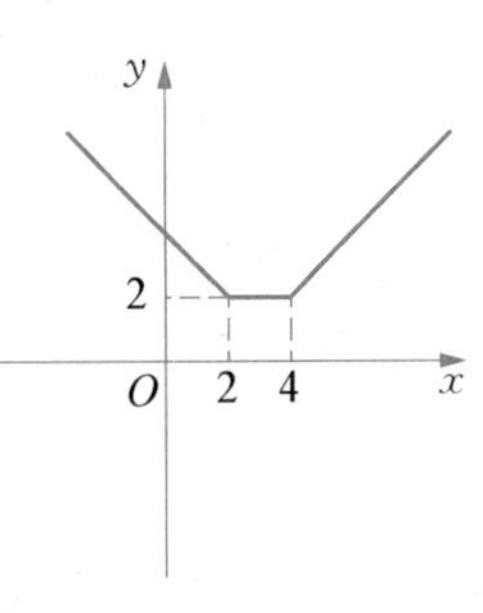

图 3.6

所以若 $s\leqslant 2$，则不等式 $|x-2|+|4-x|<s$ 无解. 即条件 (1) 充分，条件 (2) 不充分.

解法二：（见考点分析 6 解法二）由题意得，两点间的最小值为 $4-2=2$，则当 $s\leqslant 2$ 时无解.

第三节 ◈ 练习与测试

1　设变量 $x_1, x_2, \cdots, x_{10}$ 的算术平均值为 $\bar{x}$，若 $\bar{x}$ 为定值，则 $x_i(i=1, 2, \cdots, 10)$ 中可以任意取值的变量有（　　）.

A. 10 个　　B. 9 个　　C. 8 个　　D. 2 个　　E. 1 个

2　$x_1, x_2+1, x_3+2, x_4+3, x_5+4$ 的算术平均值是 $\bar{x}+2$.

(1) 如果 x_1, x_2, x_3, x_4, x_5 的算术平均值是 $\bar{x}$.

(2) 如果 x_1, x_2, x_3, x_4, x_5 的算术平均值是 $\bar{x}+1$.

3　如果 x_1, x_2, x_3 三个数的算术平均值为 $a-2\,012$，则 $x_1+2, x_2-3, x_3+6, 2\,012-a, 2\,014-a$ 的算术平均值为 1，那么 $a=$（　　）.

A. 2 010　　B. 2 012　　C. 2 014　　D. 2 015　　E. 2 016

4　设 $x>0, y>0$ 且 $\frac{2}{x}+\frac{8}{y}=1$，那么 $xy=$（　　）.

A. 有最小值 $\frac{1}{4}$　　B. 有最小值 64　　C. 有最大值 8

D. 有最大值 64　　E. 无法确定最值

5　函数 $y=\sqrt{x^2+4x+4}+\sqrt{x^2-2x+1}+\sqrt{x^2}+\sqrt{x^2-6x+9}$ 的最小值为（　　）.

A. 1　　B. 6　　C. 4　　D. 9　　E. 5

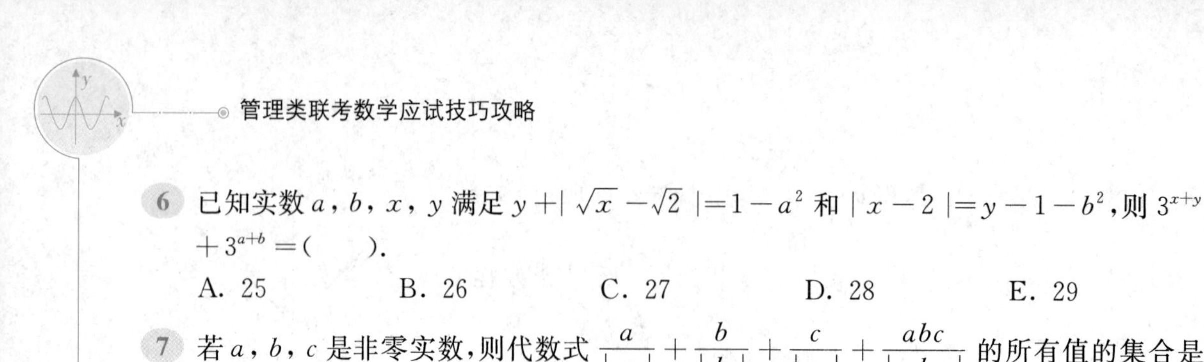

6 已知实数 a，b，x，y 满足 $y+|\sqrt{x}-\sqrt{2}|=1-a^2$ 和 $|x-2|=y-1-b^2$，则 $3^{x+y}+3^{a+b}=$（　　）.

A. 25　　B. 26　　C. 27　　D. 28　　E. 29

7 若 a，b，c 是非零实数，则代数式 $\frac{a}{|a|}+\frac{b}{|b|}+\frac{c}{|c|}+\frac{abc}{|abc|}$ 的所有值的集合是（　　）.

A. $\{-4, -2, 2, 4\}$　　B. $\{-4, 0, 4\}$　　C. $\{-4, -2, 0, 4\}$

D. $\{-3, 0, 2\}$　　E. 以上答案均不正确

8 已知 $g(x)=\begin{cases}1, & x>0,\\ -1, & x<0,\end{cases}$ $f(x)=|x-1|-g(x)|x+1|+|x-2|+|x+2|$，则 $f(x)$ 是与 x 无关的常数.

(1) $-1<x<0$.

(2) $1<x<2$.

9 如果方程 $|x|=ax+1$ 有一个负根，那么 a 的取值范围是（　　）.

A. $a<1$　　B. $a=1$　　C. $a>-1$

D. $a<-1$　　E. 以上结论均不正确

10 设 $y=|x-2|+|x+2|$，则下列结论中正确的是（　　）.

A. y 没有最小值

B. 只有一个 x 使 y 取到最小值

C. 有无穷多个 x 使 y 取到最大值

D. 有无穷多个 x 使 y 取到最小值

E. 以上结论均不正确

11 已知函数 $f(x)=|2x+1|+|2x-3|$，若关于 x 的不等式 $f(x)>a$ 恒成立，则实数 a 的取值范围为（　　）.

A. $a<4$　　B. $a\geqslant 4$　　C. $a\leqslant 4$　　D. $a>4$　　E. $a<5$

12 已知 $(a+b)^2+|b+5|=b+5$，且 $|2a-b-1|=0$，则 $ab=$（　　）.

A. 25　　B. -25　　C. $\frac{1}{9}$　　D. $-\frac{1}{9}$　　E. 0

13 $x\in\mathbf{R}$，则 $|x-1|+|x-2|+\cdots+|x-2\,020|$ 的最小值为（　　）.

A. 2 020　　B. 1 010　　C. $2\,020^2$　　D. $1\,010^2$　　E. $2\,021^2$

14 已知 $|x|=3x+1$，则 $(64x^2+48x+9)^{2\,019}$ 的值为（　　）.

A. 0　　B. 1　　C. -1　　D. 2　　E. -2

15 已知有理数 a，b，c 均不为 0，且 $a+b+c=0$，$abc>0$，设 $x=\frac{|a|}{b+c}+\frac{|b|}{a+c}+\frac{|c|}{a+b}$，则代数式 $x^{19}-99x+2\,000$ 的值为（　　）.

A. 2 098　　B. 1 902　　C. 1 090　　D. 2 000　　E. 2 001

16 已知 $\sqrt{x^2-4}+\sqrt{2x+y}=0$，则 $x-y$ 的值为（　　）.

A. 2　　B. 6　　C. 2 或 -2　　D. 6 或 -6　　E. 0

17 含有绝对值的方程 $|2x-1|-|x|=2$ 的不同实数解共有(　　)个.

A. 1　　B. 2　　C. 3　　D. 4　　E. 无数

18 方程组 $\begin{cases}|x|+y=12,\\ x+|y|=6\end{cases}$ 的解的个数为(　　).

A. 1　　B. 2　　C. 3　　D. 4　　E. 无数

19 $a-b=\frac{3}{2}$.

(1) $a,b\in\mathbf{R}$,且 $|a-1|+b^2+2b=-1$.

(2) $a,b\in\mathbf{R}$,且 $|a-1|+4b^2+4b=-1$.

20 $\frac{a+b+c}{3}\geqslant\frac{3}{\frac{1}{a}+\frac{1}{b}+\frac{1}{c}}$.

(1) $abc>0$.

(2) $a>b>c>0$.

21 $\frac{x^2}{y+2z}+\frac{y^2}{z+2x}+\frac{z^2}{x+2y}\geqslant\frac{1}{3}$.

(1) $x>0,y>0,z>0$.

(2) $x+y+z=1$.

22 $4x^2-4xy+4y^2-2|x-z|-4yz+4z^2-4xz=290$.

(1) $x-y=5$.

(2) $z-y=10$.

23 a 的最小值为 8.

(1) $a=6x+\frac{2}{x^3}(x>0)$.

(2) $|x-3|+|x+5|\leqslant a$ 有解.

24 $f(x)$有最小值 2.

(1) $f(x)=\left|x-\frac{5}{12}\right|+\left|x-\frac{1}{12}\right|$.

(2) $f(x)=|x-2|+|4-x|$.

25 已知$\{a_n\}$,$\{b_n\}$分别为等比数列与等差数列,$a_1=b_1=1$,则 $b_2\geqslant a_2$.

(1) $a_2>0$.

(2) $a_{10}=b_{10}$.

参考答案

1. B.　【解析】根据题意可得:$\bar{x}=\frac{x_1+x_2+\cdots+x_{10}}{10}$,且 $\bar{x}$ 为定值,则其中最多可以任意取值的变量为 9 个,另一个变量为应变量,随着其他变量的改变而相应变化,才能使得 $\bar{x}$ 为定值.

2. A.　【解析】由条件(1),$\frac{x_1+x_2+x_3+x_4+x_5}{5}=\bar{x}$,可得 $x_1+x_2+x_3+x_4+x_5=5\bar{x}$,

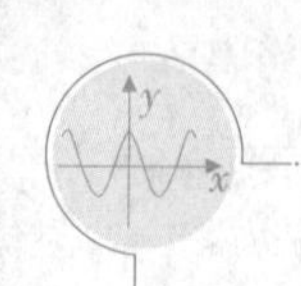

所以$\frac{x_1+x_2+1+x_3+2+x_4+3+x_5+4}{5}=\frac{5\bar{x}+10}{5}=\bar{x}+2$,所以条件(1) 充分,条件(2) 不充分. 故选 A.

3. A. 【解析】由题意得 $\frac{x_1+x_2+x_3}{3}=a-2\,012$, $x_1+x_2+x_3=3(a-2\,012)$. 因为 $\frac{x_1+2+x_2-3+x_3+6+2\,012-a+2\,014-a}{5}=1$,所以 $x_1+x_2+x_3+5+2\,012+2\,014-2a=5$, $3a-6\,036+4\,031-2a=5$, 即 $a-2\,005=5$,解得 $a=2\,010$.

4. B. 【解析】因为 $x>0$, $y>0$,所以$\frac{2}{x}+\frac{8}{y}\geqslant 2\sqrt{\frac{16}{xy}}$,解得 $xy\geqslant 64$,所以 xy 有最小值 64.

5. B. 【解析】由题意可得: $y=|x+2|+|x-1|+|x|+|x-3|$. 当 $x\leqslant -2$ 时, $y=-4x+2$,当 $x=-2$ 时, $y_{\min}=10$; 当 $-2<x\leqslant 0$ 时, $y=-2x+6$,当 $x=0$ 时, $y_{\min}=6$; 当 $0<x<1$ 时, $y=6$; 当 $1\leqslant x<3$ 时, $y=2x+4$,当 $x=1$ 时, $y_{\min}=6$; 当 $x\geqslant 3$ 时, $y_{\min}=4x-2$,当 $x=3$ 时, $y_{\min}=10$. 综上, $y_{\min}=6$.

6. D. 【解析】由题意可得 $y+|\sqrt{x}-\sqrt{2}|+|x-2|=1-a^2+y-1-b^2$,即 $a^2+b^2+|\sqrt{x}-\sqrt{2}|+|x-2|=0$,则 $a=0$, $b=0$, $x=2$, $y=1$,所以 $3^{x+y}+3^{a+b}=3^3+3^0=28$.

7. B. 【解析】当 $a>0$, $b>0$, $c>0$ 时,原式$=1+1+1+1=4$; 当 $a>0$, $b>0$, $c<0$ 时,原式$=1+1-1-1=0$; 当 $a>0$, $b<0$, $c<0$ 时,原式$=1-1-1+1=0$; 当 $a<0$, $b<0$, $c<0$ 时,原式$=-1-1-1-1=-4$; 当 $a<0$, $b<0$, $c>0$ 时,原式$=-1-1+1+1=0$; 当 $a<0$, $b>0$, $c>0$,原式$=-1+1+1-1=0$. 所以原式的值只有-4, 0, 4 三种可能.

8. D. 【解析】由条件(1),当 $-1<x<0$ 时, $f(x)=1-x+x+1+2-x+x+2=6$,所以条件(1) 充分. 由条件(2),当 $1<x<2$ 时, $f(x)=x-1-x-1+2-x+x+2=2$,所以条件(2) 也充分. 故选 D.

9. C. 【解析】由题意,令 $x<0$,则 $-x=ax+1$,解得 $x=\frac{-1}{1+a}$,又因为 $x<0$,所以 $a>-1$.

10. D. 【解析】当 $x\leqslant -2$ 时, $y=-2x$,当 $x=-2$ 时, $y_{\min}=4$; 当 $-2<x<2$ 时, $y=4$; 当 $x\geqslant 2$ 时, $y=2x$, 当 $x=2$ 时, $y_{\min}=4$. 故选 D. 注: 见考点分析 6 解法二,可迅速得到答案.

11. A. 【解析】当 $x\leqslant -\frac{1}{2}$ 时, $f(x)=-4x+2$,当 $x=-\frac{1}{2}$ 时, $f(x)_{\min}=4$; 当 $-\frac{1}{2}<x<\frac{3}{2}$ 时, $f(x)=4$; 当 $x\geqslant\frac{3}{2}$ 时, $f(x)=4x-2$,当 $x=\frac{3}{2}$ 时, $f(x)_{\min}=4$. 综上: $f(x)_{\min}=4$,所以 $a<4$.

12. D. 【解析】由题意可得 $2a-b-1=0$,则 $b=2a-1$,所以 $(3a-1)^2+|2a+4|=2a+4$. 当 $2a+4\geqslant 0$,即 $a\geqslant -2$ 时, $3a-1=0$,解得 $a=\frac{1}{3}$, $b=-\frac{1}{3}$,所以 $ab=-\frac{1}{9}$. 当 $a<-2$

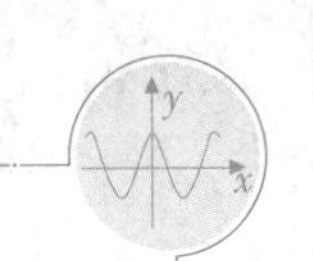

时，$9a^2-10a-7=0$，解得 $a=\frac{5+2\sqrt{22}}{9}$ 或 $a=\frac{5-2\sqrt{22}}{9}$，显然与 $a<-2$ 不符，所以这种情况不存在. 故选 D.

13. D. 【解析】当 $1\,010\leqslant x\leqslant 1\,011$ 时，到 $|x-1\,010|+|x-1\,011|$ 的最小距离为 1；同时到 $|x-1\,009|+|x-1\,012|$ 的最小距离为 3；……同时到 $|x-1|+|x-2\,020|$ 的最小距离为 2 019. 所以，当 $1\,010\leqslant x\leqslant 1\,011$ 时，到 $|x-1|+|x-2|+\cdots+|x-2\,020|$ 的最小距离为 $1+3+\cdots+2\,019=\frac{1}{2}(1+2\,019)\times 1\,010=1\,010^2$. 故选 D.

14. B. 【解析】由题意可得 $x=3x+1$ 或 $x=-3x-1$，解得 $x=-\frac{1}{2}$ 或 $x=-\frac{1}{4}$. $(64x^2+48x+9)^{2019}=[(8x+3)^2]^{2019}$，当 $x=-\frac{1}{2}$ 时，原式 $=[(-1)^2]^{2019}=1$；当 $x=-\frac{1}{4}$ 时，原式 $=1$. 故选 B.

15. B. 【解析】因为 $a+b+c=0$，所以 $b+c=-a$，$a+c=-b$，$a+b=-c$. 又因为 $abc>0$，所以 a，b，c 为一正两负，则 $x=\frac{|a|}{-a}+\frac{|b|}{-b}+\frac{|c|}{-c}=1+1-1=1$. 将 $x=1$ 代入原式，得 $x^{19}-99x+2\,000=1-99+2\,000=1\,902$.

16. D. 【解析】因为 $\sqrt{x^2-4}+\sqrt{2x+y}=0$，而 $\sqrt{x^2-4}\geqslant 0$，$\sqrt{2x+y}\geqslant 0$，所以 $x^2-4=0$，$2x+y=0$，解得 $x=2$，$y=-4$ 或 $x=-2$，$y=4$，所以 $x-y=6$ 或 -6.

17. B. 【解析】当 $x\leqslant 0$ 时，$1-2x+x=2$，解得 $x=-1$；当 $0<x<\frac{1}{2}$ 时，$1-2x-x=2$，解得 $x=-\frac{1}{3}$，与条件不符，舍去；当 $x\geqslant\frac{1}{2}$ 时，$2x-1-x=2$，解得 $x=3$. 综上：$x=-1$ 或 $x=3$.

18. A. 【解析】当 $x>0$，$y>0$ 时，方程组无解；当 $x\leqslant 0$，$y\geqslant 0$ 时，$\begin{cases}-x+y=12,\\x+y=6,\end{cases}$ 解得 $\begin{cases}x=-3,\\y=9;\end{cases}$ 当 $x\geqslant 0$，$y\leqslant 0$ 时，$\begin{cases}x+y=12,\\x-y=6,\end{cases}$ 解得 $\begin{cases}x=9,\\y=3,\end{cases}$ 与条件不符，舍去；当 $x\leqslant 0$，$y\leqslant 0$ 时，$\begin{cases}-x+y=12,\\x-y=6,\end{cases}$ 此方程组无解. 故选 A.

19. B. 【解析】由条件(1)可得 $|a-1|+(b+1)^2=0$. 又因为 $|a-1|\geqslant 0$，$(b+1)^2\geqslant 0$，所以 $|a-1|=0$，$(b+1)^2=0$，得 $a=1$，$b=-1$，所以 $a-b=2$，所以条件(1)不充分. 由条件(2)可得 $|a-1|+(2b+1)^2=0$. 又因为 $|a-1|\geqslant 0$，$(2b+1)^2\geqslant 0$，所以 $|a-1|=0$，$(2b+1)^2=0$，得 $a=1$，$b=-\frac{1}{2}$，所以 $a-b=\frac{3}{2}$，所以条件(2)充分. 故选 B.

20. B. 【解析】由条件(1)，取 $a=-1$，$b=-1$，$c=\frac{1}{4}$，则 $\frac{a+b+c}{3}=-\frac{7}{12}$，而 $\frac{3}{\frac{1}{a}+\frac{1}{b}+\frac{1}{c}}=\frac{3}{2}$，所以条件(1)不充分. 由条件(2)，$(a+b+c)\left(\frac{1}{a}+\frac{1}{b}+\frac{1}{c}\right)=3+\frac{b}{a}$

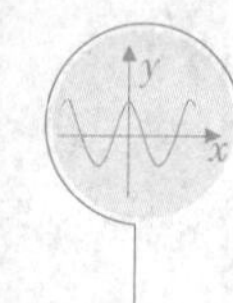

$+\frac{a}{b}+\frac{c}{a}+\frac{a}{c}+\frac{c}{b}+\frac{b}{c}$. 又因为 $a>b>c>0$，根据均值不等式，上式 $\geqslant 3+2\sqrt{\frac{b}{a}\cdot\frac{a}{b}}+2\sqrt{\frac{c}{a}\cdot\frac{a}{c}}+2\sqrt{\frac{c}{b}\cdot\frac{b}{c}}=9$，所以 $(a+b+c)\left(\frac{1}{a}+\frac{1}{b}+\frac{1}{c}\right)\geqslant 9$，即 $\frac{a+b+c}{3}\geqslant\frac{3}{\frac{1}{a}+\frac{1}{b}+\frac{1}{c}}$，所以条件(2) 充分. 故选 B.

21. C. 【解析】条件(1)或条件(2)都不能推出 $\frac{x^2}{y+2z}+\frac{y^2}{z+2x}+\frac{z^2}{x+2y}\geqslant\frac{1}{3}$，所以条件(1)不充分，条件(2)不充分. 联合条件(1)和条件(2)，因为 $x+y+z=1$，由柯西不等式可得 $\frac{1}{3}\left(\frac{x^2}{y+2z}+\frac{y^2}{z+2x}+\frac{z^2}{x+2y}\right)(y+2z+z+2x+x+2y)\geqslant\frac{1}{3}(x+y+z)^2=\frac{1}{3}$. 故选 C.

22. C. 【解析】条件(1)和条件(2)都缺少一个变量，所以单独都不充分. 联合条件(1)和条件(2)，可得 $x=5+y$，$z=10+y$，代入原式可得：$4(25+10y+y^2)-4(5+y)y+4y^2-2\times 5-4y(10+y)+4(10+y)^2-4(5+y)(10+y)=290$. 故选 C.

23. D. 【解析】由条件(1)，根据均值不等式可得 $a=6x+\frac{2}{x^3}=2x+2x+2x+\frac{2}{x^3}\geqslant 4\sqrt[4]{2x\cdot 2x\cdot 2x\cdot\frac{2}{x^3}}=8$，所以条件(1) 充分. 由条件(2)可得：当 $x\leqslant -5$ 时，$y=3-x-5-x=-2-2x$，当 $x=-5$ 时，$y_{\min}=8$；当 $-5<x<3$ 时，$y=3-x+x+5=8$；当 $x\geqslant 3$ 时，$y=x-3+x+5=2x+2$，当 $x=3$ 时，$y_{\min}=8$. 所以 $a\geqslant 8$，所以条件(2) 充分. 注：根据例题解析中结论，条件(2)可迅速得到答案.

24. B. 【解析】由条件(1)可得：当 $x\leqslant\frac{1}{12}$ 时，$f(x)=\frac{1}{2}-2x$，当 $x=\frac{1}{12}$ 时，$f(x)_{\min}=\frac{1}{3}$；当 $\frac{1}{12}<x<\frac{5}{12}$ 时，$f(x)=\frac{1}{3}$；当 $x\geqslant\frac{5}{12}$ 时，$f(x)=2x-\frac{1}{2}$，当 $x=\frac{5}{12}$ 时，$f(x)_{\min}=\frac{1}{3}$. 综上：$f(x)_{\min}=\frac{1}{3}$. 所以条件(1) 不充分. 由条件(2)可得：当 $x\leqslant 2$ 时，$f(x)=6-2x$，当 $x=2$ 时，$f(x)_{\min}=2$；当 $2<x<4$ 时，$f(x)=2$；当 $x\geqslant 4$ 时，$f(x)=2x-6$，当 $x=4$ 时，$f(x)_{\min}=2$. 综上：$f(x)_{\min}=2$. 所以条件(2) 充分. 故选 B.

25. C. 【解析】设等差数列 $\{b_n\}$ 的公差为 d，等比数列 $\{a_n\}$ 的公比为 q. 因为 $b_2\geqslant a_2$，所以 $1+d\geqslant q$. 由条件(1)，只能得出 $q>0$. 所以条件(1) 不充分. 由条件(2)，得 $q^9=1+9d\Rightarrow d=\frac{q^9-1}{9}$，取特殊值：$q=-10$，$d=\frac{(-10)^9-1}{9}$，显然 $1+d<q$. 所以条件(2)也不充分. 联合(1)(2)，有 $1+d=\frac{q^9+8}{9}=\frac{q^9+1+1+1+1+1+1+1+1}{9}\geqslant\sqrt[9]{q^9\cdot 1\cdot 1\cdot\cdots\cdot 1}=q$，所以联合条件(1)(2) 充分. 故选 C.

第四章

一元二次方程、不等式、指数函数、对数函数

第一节◈考点分析

一、一元二次方程

1. 定义

只含有一个未知数，并且未知数的最高次数是2，这样的整式方程就是一元二次方程.

一般表达式为 $ax^2+bx+c=0(a\neq 0)$.

注：$a\neq 0$ 是一元二次方程成立的前提条件.

2. 解的求法

(1) 因式分解

把方程变形为一边是零，另一边的二次三项式分解成两个一次因式积的形式，让两个一次因式分别等于零，得到两个一元一次方程，解这两个一元一次方程所得到的根，就是原方程的两个根. 这种解一元二次方程的方法叫作因式分解法.

$(x-x_1)(x-x_2)=0\rightarrow x=x_1,\ x=x_2$.

(2) 十字相乘

十字相乘法：十字左边相乘等于二次项，右边相乘等于常数项，交叉相乘再相加等于一次项. 其实就是运用乘法公式 $(x+a)(x+b)=x^2+(a+b)x+ab$ 的逆运算来进行因式分解.

(3) 公式法

$$x=\frac{-b\pm\sqrt{b^2-4ac}}{2a}.$$

3. 判别式 $\Delta=b^2-4ac$

若 $\Delta=b^2-4ac>0$，则方程有两个不相等的实数根；

若 $\Delta=b^2-4ac=0$，则方程有两个相等的实数根；

若 $\Delta=b^2-4ac<0$，则方程无实数根.

4. 韦达定理(根与系数的关系)

$x_1+x_2=-\frac{b}{a}$，$x_1x_2=\frac{c}{a}$；对于 $ax^2+bx+c=0$ 有实数根的情形，要考虑 $a\neq 0$，$\Delta\geqslant 0$ 时参数的范围.

(1) 常见的公式变形

① $x_1^2+x_2^2=(x_1+x_2)^2-2x_1x_2$;

② $\dfrac{1}{x_1}+\dfrac{1}{x_2}=\dfrac{x_1+x_2}{x_1x_2}$;

③ $x_1^3+x_2^3=(x_1+x_2)(x_1^2-x_1x_2+x_2^2)=(x_1+x_2)[(x_1+x_2)^2-3x_1x_2]$;

④ $|x_1-x_2|=\sqrt{(x_1-x_2)^2}=\sqrt{(x_1+x_2)^2-4x_1x_2}$.

(2) 判断根的正负性

① 两正根$\Leftrightarrow\begin{cases}\Delta\geqslant 0,\\ x_1+x_2>0,\\ x_1\cdot x_2>0;\end{cases}$ ② 两负根$\Leftrightarrow\begin{cases}\Delta\geqslant 0,\\ x_1+x_2<0,\\ x_1\cdot x_2>0;\end{cases}$ ③ 一正一负两根$\Leftrightarrow x_1\cdot x_2<0$.

5. 已知根的范围,求参数满足的条件

(1) 一根在(a,b)之间,一根在(b,c)之间

若$a>0$,则根据零点定理可得:$\begin{cases}f(a)>0,\\ f(b)<0,\\ f(c)>0.\end{cases}$见图 4.1.

零点定理:如果函数 $y=f(x)$ 在区间$[a,b]$上连续,并且有 $f(a)\cdot f(b)<0$,则函数 $y=f(x)$ 在区间(a,b)内有零点,即存在$c\in(a,b)$,使得 $f(c)=0$,即c也就是方程$f(x)=0$的根. 见图 4.2.

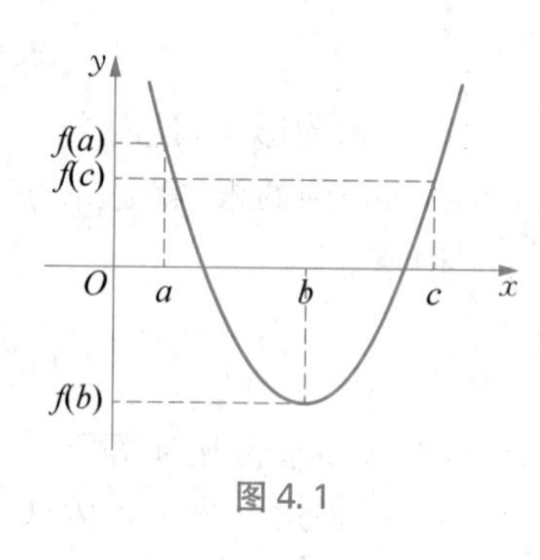

图 4.1

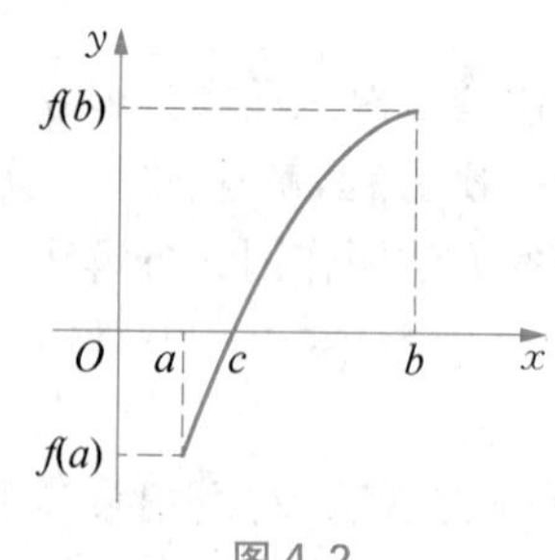

图 4.2

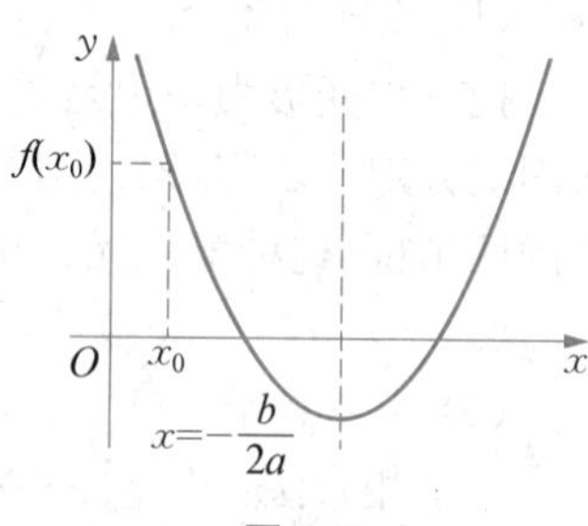

图 4.3

(2) 两根在 x_0 同侧

若$a>0$,则$\begin{cases}\Delta\geqslant 0,\\ -\dfrac{b}{2a}>x_0,\\ f(x_0)>0.\end{cases}$见图 4.3.

(3) 两根同时在(m,n)之间

若$a>0$,则$\begin{cases}\Delta\geqslant 0,\\ m<-\dfrac{b}{2a}<n,\\ f(m)>0,\\ f(n)>0.\end{cases}$见图 4.4.

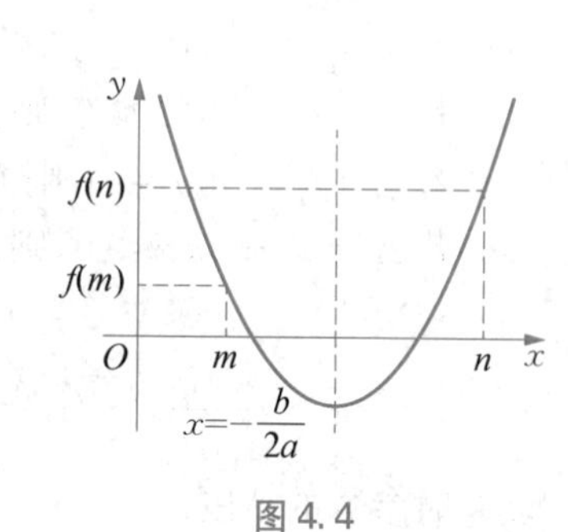

图 4.4

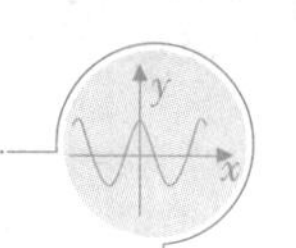

方法：根据图像得出在临界点处函数的取值，再利用对称轴的范围、Δ 的取值列出不等式限定范围.

二、一元二次不等式

1. 图像（$a>0$）

<table>
<tr><td rowspan="5">$a>0$</td><td colspan="2">$\Delta=b^2-4ac$</td><td>$\Delta>0$</td><td>$\Delta=0$</td><td>$\Delta<0$</td></tr>
<tr><td colspan="2">一元二次方程
$ax^2+bx+c=0$
的根</td><td>有两个相异实根，
$x_{1,2}=\dfrac{-b\pm\sqrt{b^2-4ac}}{2a}$
（取 $x_1<x_2$）</td><td>有两个相等实根，
$x_1=x_2=-\dfrac{b}{2a}$</td><td>没有实根</td></tr>
<tr><td rowspan="2">一元二次不等式的解集</td><td>$ax^2+bx+c>0$</td><td>$(-\infty,x_1)\cup(x_2,+\infty)$，
$x<x_1$ 或 $x>x_2$</td><td>$\left(-\infty,-\dfrac{b}{2a}\right)\cup\left(-\dfrac{b}{2a},+\infty\right)$，
$x\in\mathbf{R}$ 且 $x\neq-\dfrac{b}{2a}$</td><td>$(-\infty,+\infty)$，
实数集 $\mathbf{R}$</td></tr>
<tr><td>$ax^2+bx+c<0$</td><td>(x_1,x_2)，
$x_1<x<x_2$</td><td>无解</td><td>无解</td></tr>
<tr><td colspan="2">二次函数
$y=ax^2+bx+c$
的图像</td><td></td><td></td><td></td></tr>
</table>

2. 一元二次不等式求解

(1) 解一元二次不等式的步骤

将二次项系数化为正数，解对应的一元二次方程，根据方程的根结合不等号方向及二次函数的图像得出不等式的解集.

(2) 一元二次不等式解集的求法

若 $ax^2+bx+c=0(a>0)$ 有两根 x_1，$x_2(x_1<x_2)$，则①$ax^2+bx+c>0$ 的解集可记为 $x<x_1$ 或 $x>x_2$；②$ax^2+bx+c<0$ 的解集可记为 $x_1<x<x_2$.

3. 高次不等式求解(穿线法)

不等式对应的函数零点标在数轴上，依循奇穿偶不穿的原则穿线，由线所在的位置得不等式的解集. 具体解题方式参考例题解析.

4. 顶点坐标

$\left(-\dfrac{b}{2a},\dfrac{4ac-b^2}{4a}\right)$.

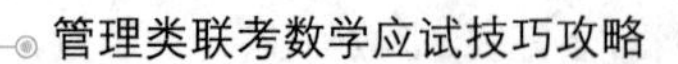

5. 奇函数与偶函数

(1) 奇函数：$f(-x)=-f(x)$；

(2) 偶函数：$f(-x)=f(x)$.

6. 单调性

设 $x_1<x_2$，若有 $f(x_1)<f(x_2)$，则函数单调递增；若有 $f(x_1)>f(x_2)$，则函数单调递减.

三、指数函数 $y=a^x$ $(0<a<1$ 或 $a>1)$

1. 图像

见图 4.5.

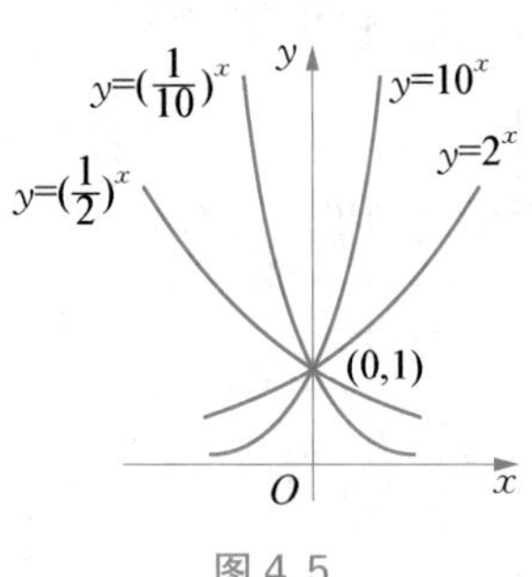

图 4.5

2. 性质

(1) 定义域为 **R**.

(2) 值域为 $(0, +\infty)$.

(3) 过点 $(0, 1)$，即 $x=0$ 时，$y=1$.

(4) 当 $a>1$ 时，在 **R** 上是增函数；当 $0<a<1$ 时，在 **R** 上是减函数.

四、对数函数

1. 图像

见图 4.6.

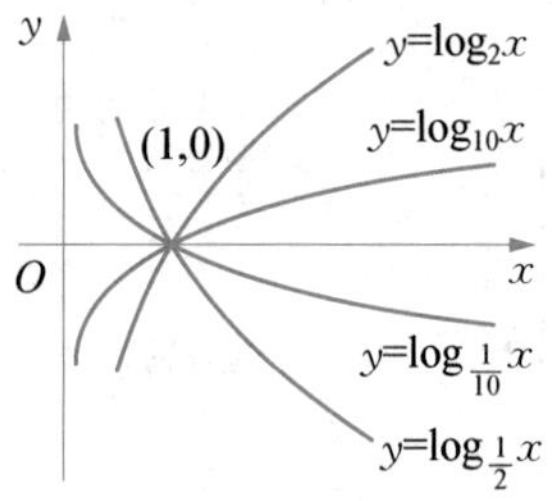

图 4.6

2. 性质

一般地，对数函数 $y=\log_a x$ $(a>0$ 且 $a\neq 1)$ 具有下列性质：

(1) 函数的定义域是 $(0, +\infty)$，值域为 **R**.

(2) 当 $x=1$ 时，函数值 $y=0$.

(3) 当 $a>1$ 时，函数在 $(0, +\infty)$ 内是增函数；当 $0<a<1$ 时，函数在 $(0, +\infty)$ 内是减函数.

3. 基本公式

对数运算的性质：

以下运算需要满足条件：$a>0$ 且 $a\neq 1$，$M>0$，$N>0$，$n\in \mathbf{R}$.

(1) $\log_a(M\cdot N)=\log_a M+\log_a N$；

(2) $\log_a \dfrac{M}{N}=\log_a M-\log_a N$；

(3) $\log_a M^n=n\log_a M$；

(4) $\log_{a^n} M=\dfrac{1}{n}\log_a M$.

换底公式：

$$\log_a b=\frac{\log_c b}{\log_c a}\ (a>0 \text{ 且 } a\neq 1,\ c>0 \text{ 且 } c\neq 1,\ b>0).$$

4. 对数正负性结论

$\log_a x$ 的 a 和 x 有四个区间：$0<a<1$，$a>1$，$0<x<1$，$x>1$.

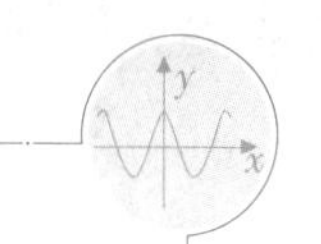

(1) a 和 x 若在同一区间，则 $\log_a x>0$. 如：$\log_{\frac{1}{2}}\frac{1}{3}>0$，$\log_2 3>0$.

(2) a 和 x 若不在同一区间，则 $\log_a x<0$. 如：$\log_{\frac{1}{2}}3<0$，$\log_2\frac{1}{3}<0$.

第二节 ◈ 例 题 解 析

类型一　一元二次方程

例 1　已知关于 x 的一元二次方程 $k^2x^2-(2k+1)x+1=0$ 有两个相异实根，则 k 的取值范围为(　　).

A. $k>\frac{1}{4}$　　B. $k\geqslant\frac{1}{4}$　　C. $k>-\frac{1}{4}$ 且 $k\neq0$

D. $k\geqslant\frac{1}{4}$ 且 $k\neq0$　　E. $k>-\frac{1}{4}$

【答案】 C.

【解析】 根据题意，有 $\Delta=[-(2k+1)]^2-4k^2=4k+1>0$，得 $k>-\frac{1}{4}$.

由一元二次方程二次项系数 $k^2\neq0$，得 $k\neq0$.

所以 k 的取值范围为 $k>-\frac{1}{4}$，$k\neq0$.

例 2　已知二次函数 $f(x)=ax^2+bx+c$，则方程 $f(x)=0$ 有两个不同实根.

(1) $a+c=0$.

(2) $a+b+c=0$.

【答案】 A.

【解析】 因为 $f(x)=ax^2+bx+c$ 是二次函数，所以 $a\neq0$.

由条件(1)，$a+c=0\Rightarrow a=-c$，那么 $\Delta=b^2-4ac>0$. 所以方程 $f(x)=0$ 有两个不同实根，即条件(1)充分.

由条件(2)，取 $a=c=1$，$b=-2$，则方程 $f(x)=x^2-2x+1=0\Rightarrow x_1=x_2=1$. 所以条件(2)不充分.

类型二　韦达定理

例 3　若三次方程 $ax^3+bx^2+cx+d=0$ 的三个不同实根 x_1，x_2，x_3 满足 $x_1+x_2+x_3=0$，$x_1x_2x_3=0$，则下列关系中恒成立的是(　　).

A. $ac=0$　　B. $ac<0$　　C. $ac>0$　　D. $a+c<0$　　E. $a+c>0$

【答案】 B.

【解析】 因为 $x_1+x_2+x_3=0$，$x_1x_2x_3=0$ 且 x_1，x_2，x_3 为三个互不相同的实数，所以 x_1，x_2，x_3 中一定有一个为 0.

令 $x_1=0$，那么 x_2，x_3 互为相反数，将 $x_1=0$ 代入方程，得 $d=0$. 所以原方程变为

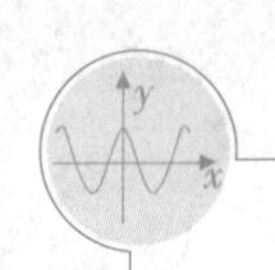

$x(ax^2+bx+c)=0$,即 x_2, x_3 是 $ax^2+bx+c=0$ 的两根,根据韦达定理,有 $x_2\cdot x_3=\frac{c}{a}<0$,所以 $ac<0$.

例 4　已知方程 $2x^2+mx+2m-1=0$ 的两实根的平方和等于 $3\frac{1}{4}$,则 $m=$(　　).

A. -1　　B. -1 或 9　　C. 1 或 -9　　D. 1 或 9　　E. 1

【答案】 A.

【解析】 设 x_1, x_2 是方程的两个根,则有 $\begin{cases}x_1+x_2=-\frac{m}{2},\\x_1x_2=\frac{2m-1}{2}.\end{cases}$

由已知 $x_1^2+x_2^2=3\frac{1}{4}$,即 $(x_1+x_2)^2-2x_1x_2=\left(-\frac{m}{2}\right)^2-(2m-1)=3\frac{1}{4}$,整理得 $m^2-8m-9=0$,得 $m=9$ 或 $m=-1$. 由于当 $m=9$ 时,$\Delta=9^2-4\times2\times17<0$,所以 $m=-1$.

例 5　已知方程 $x^3+2x^2-5x-6=0$ 的根为 $x_1=-1$, x_2, x_3,则 $\frac{1}{x_2}+\frac{1}{x_3}=$(　　).

A. $\frac{1}{6}$　　B. $\frac{1}{5}$　　C. $\frac{1}{4}$　　D. $\frac{1}{3}$　　E. $\frac{1}{2}$

【答案】 A.

【解析】 因为方程 $x^3+2x^2-5x-6=0$ 的一个根为 -1,所以 $x+1$ 是 x^3+2x^2-5x-6 的一个因式.

因为 $x^3+2x^2-5x-6=(x+1)(x^2+x-6)$,所以 x_2, x_3 是方程 $x^2+x-6=0$ 的两根,根据韦达定理,有 $\begin{cases}x_2+x_3=-1,\\x_2\cdot x_3=-6,\end{cases}$ 所以 $\frac{1}{x_2}+\frac{1}{x_3}=\frac{x_2+x_3}{x_2\cdot x_3}=\frac{1}{6}$.

例 6　已知方程 $x^2-6x-7=0$ 的两个根为 x_1, x_2,则 $x_1^2+x_2^2=$(　　).

A. 18　　B. 22　　C. 50　　D. 36　　E. 40

【答案】 C.

【解析】 解法一:

根据韦达定理,得 $\begin{cases}x_1+x_2=-\frac{b}{a}=6,\\x_1x_2=\frac{c}{a}=-7,\end{cases}$ 则 $x_1^2+x_2^2=(x_1+x_2)^2-2x_1x_2=36+14=50$.

解法二:

通过因式分解得 $x^2-6x-7=(x-7)(x+1)=0$,求得两根 $x_1=7$, $x_2=-1$,则 $x_1^2+x_2^2=7^2+(-1)^2=50$.

例 7　$\alpha^2+\beta^2$ 的最小值是 $\frac{1}{2}$.

(1) α 与 β 是方程 $x^2-2ax+(a^2+2a+1)=0$ 的两个实根.

(2) $\alpha\beta=\frac{1}{4}$.

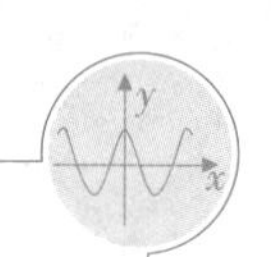

【答案】 D.

【解析】 由条件(1)，$\Delta=(-2a)^2-4(a^2+2a+1)\geqslant 0$，得 $a\leqslant -\frac{1}{2}$.

根据韦达定理，有 $x_1+x_2=2a$，$x_1x_2=a^2+2a+1$. 因此

$$\alpha^2+\beta^2=(\alpha+\beta)^2-2\alpha\beta=(2a)^2-2(a^2+2a+1)=2a^2-4a-2=2(a-1)^2-4.$$

如图 4.7 所示，当 $a=-\frac{1}{2}$ 时，$\alpha^2+\beta^2$ 有最小值，最小值为 $\frac{1}{2}$，即条件(1)充分.

由条件(2)，$\alpha^2+\beta^2\geqslant 2\alpha\beta=\frac{1}{2}$，所以当 $\alpha=\beta=\frac{1}{2}$ 时，$\alpha^2+\beta^2$ 有最小值，最小值为 $\frac{1}{2}$，即条件(2)也充分.

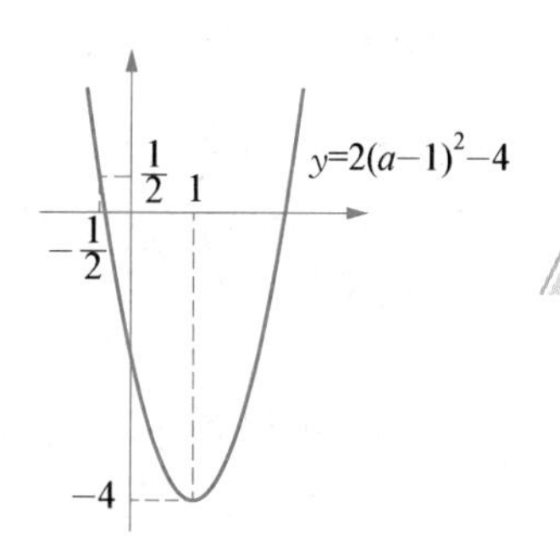

图 4.7

类型三　根的范围(零点定理)

例 8　方程 $2ax^2-2x-3a+5=0$ 的一个根大于 1，另一个根小于 1.

(1) $a>3$.

(2) $a<0$.

【答案】 D.

【解析】 令 $f(x)=2ax^2-2x-3a+5$，则由题干得 $af(1)<0$，即 $a(2a-2-3a+5)=a(-a+3)<0$，解得 $a<0$ 或 $a>3$.

所以条件(1) 充分，条件(2) 也充分.

例 9　要使方程 $3x^2+(m-5)x+m^2-m-2=0$ 的两根分别满足 $0<x_1<1$ 和 $1<x_2<2$，则实数 m 的取值范围是(　　).

A. $-2<m<-1$　　B. $-4<m<-1$　　C. $-4<m<-2$

D. $\frac{-1-\sqrt{65}}{2}<m<-1$　　E. $-3<m<-1$

【答案】 A.

【解析】 令 $f(x)=3x^2+(m-5)x+m^2-m-2$，则 $f(x)$ 是开口向上的抛物线，它与 x 轴交于 x_1 和 x_2，要使方程的两根分别满足 $0<x_1<1$ 和 $1<x_2<2$，则有 $\begin{cases}f(0)=m^2-m-2>0,\\ f(1)=m^2-4<0,\\ f(2)=m^2+m>0\end{cases}$ 成立，解得 $-2<m<-1$.

例 10　已知 $f(x)=x^2+ax+b$，则 $0\leqslant f(1)\leqslant 1$.

(1) $f(x)$ 在区间[0, 1] 中有两个零点.

(2) $f(x)$ 在区间[1, 2] 中有两个零点.

【答案】 D.

【解析】 解法一：由条件(1)，$f(1)\geqslant 0$ 且 $\Delta=a^2-4b\geqslant 0$.

对称轴满足 $0\leqslant -\frac{a}{2}\leqslant 1$,得 $b\leqslant \frac{a^2}{4}$, $0\leqslant a+2\leqslant 2$.

由条件(2), $f(1)\geqslant 0$ 且 $\Delta = a^2-4b\geqslant 0$.

对称轴满足 $1\leqslant -\frac{a}{2}\leqslant 2$,得 $b\leqslant \frac{a^2}{4}$, $-2\leqslant a+2\leqslant 0$.

由于 $f(1)=1+a+b\leqslant 1+a+\frac{a^2}{4}=\frac{1}{4}(a+2)^2$,由条件(1)和(2)都有 $f(1)\leqslant 1$ 成立,故两个条件单独都充分.

解法二:设 $f(x)=(x-x_1)(x-x_2)=0$,故方程的两根分别为 x_1 和 x_2.

由条件(1), $0\leqslant x_1\leqslant 1$, $0\leqslant x_2\leqslant 1$,所以 $0\leqslant 1-x_1\leqslant 1$, $0\leqslant 1-x_2\leqslant 1$,所以 $0\leqslant f(1)=(1-x_1)(1-x_2)\leqslant 1$,条件(1)充分.

同理可得条件(2)也充分.

注:改变解题思路是本题关键,学会重新设置函数形式,比传统方式更为简便.

类型四　一元二次不等式的解

例 11　一元二次不等式 $3x^2-4ax+a^2<0(a<0)$ 的解集为(　　).

A. $\frac{a}{3}<x<a$　　B. $x>a$ 或 $a<\frac{a}{3}$　　C. $a<x<\frac{a}{3}$

D. $x>\frac{a}{3}$ 或 $x<a$　　E. $a<x<3a$

【答案】 C.

【解析】 由 $3x^2-4ax+a^2=0$,解得 $x_1=\frac{a}{3}$, $x_2=a$,如图 4.8 所示.

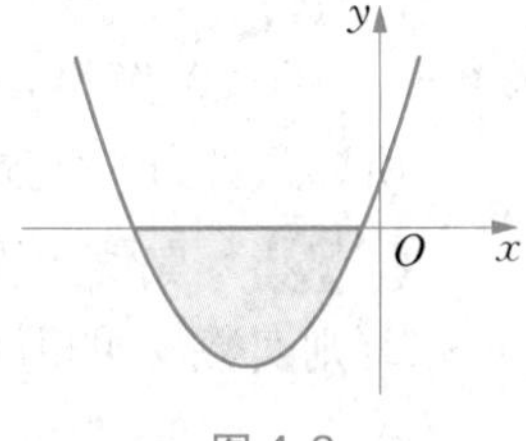

图 4.8

因为 $a<0$,所以不等式 $3x^2-4ax+a^2<0$ 的解集为 $a<x<\frac{a}{3}$.

注:只有两实数根时,可不用穿线法.

例 12　满足不等式 $(x+4)(x+6)+3>0$ 的所有实数 x 的集合是(　　).

A. $[4, +\infty)$　　B. $(4, +\infty)$　　C. $(-\infty, -2]$

D. $(-\infty, -1)$　　E. $(-\infty, +\infty)$

【答案】 E.

【解析】 原不等式可化为 $x^2+10x+27=0$,由于 $\Delta=10^2-4\times 27<0$ 且 x^2 的系数为 $1>0$,所以无论 x 为何值,不等式 $(x+4)(x+6)+3>0$ 恒成立.

例 13　$(x^2-2x-8)(2-x)(2x-2x^2-6)>0$.

(1) $x\in(-3, -2)$.

(2) $x\in[2, 3]$.

【答案】 E.

【解析】 题干中不等式可化为

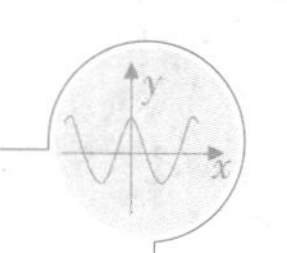

$$(x^2-2x-8)(x-2)(2x^2-2x+6)=2(x-4)(x+2)(x-2)(x^2-x+3)>0.$$

因为 x^2-x+3 中 $\Delta<0$，所以 x^2-x+3 恒大于 0.

所以题干中不等式的解集等价于不等式 $(x^2-2x-8)(x-2)>0$ 的解集，根据穿线法，即不等式的解集为 $-2<x<2$ 或 $x>4$，如图 4.9，所以条件(1)和条件(2)单独不充分，联合起来也不充分.

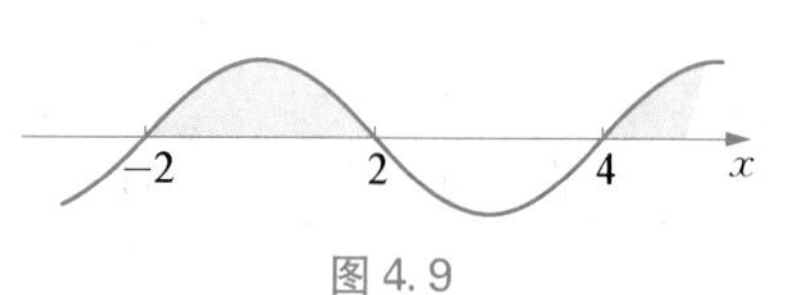

图 4.9

例 14　不等式 $\dfrac{2x^2+x+14}{x^2+6x+8}\leqslant 1$ 的解集为(　　).

A. $-4\leqslant x\leqslant -2$ 或 $2\leqslant x\leqslant 3$　　B. $-4<x<-2$ 或 $2\leqslant x\leqslant 3$

C. $-4<x<-2$　　D. $2\leqslant x\leqslant 3$

E. 以上答案均不正确

【答案】 B.

【解析】 $\dfrac{2x^2+x+14}{x^2+6x+8}\leqslant 1\Leftrightarrow \dfrac{2x^2+x+14}{x^2+6x+8}-1\leqslant 0\Leftrightarrow \dfrac{x^2-5x+6}{x^2+6x+8}\leqslant 0\Leftrightarrow \dfrac{(x-2)(x-3)}{(x+2)(x+4)}\Leftrightarrow$

$$\begin{cases}(x-2)(x-3)(x+2)(x+4)\leqslant 0,\\(x+2)(x+4)\neq 0.\end{cases}$$

如图 4.10 所示(穿线法)，不等式的解集 为 $-4<x<-2$ 或 $2\leqslant x\leqslant 3$.

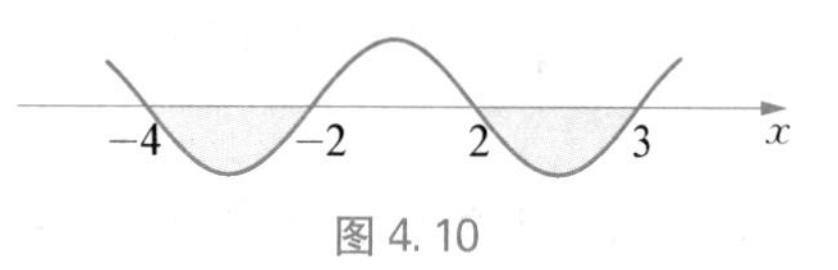

图 4.10

类型五　指对数函数

例 15　不等式 $2^{x^2-2x-3}<\left(\dfrac{1}{2}\right)^{3(x-1)}$ 的解集为(　　).

A. $-2<x<3$　B. $x<-3$　C. $x<3$　D. $2<x<3$　E. $-3<x<2$

【答案】 E.

【解析】 原式可变为 $2^{x^2-2x-3}<2^{-3(x-1)}$，因为 $y=2^x$ 是单调递增函数，所以 $x^2-2x-3<-3(x-1)\Rightarrow(x+3)(x-2)<0$，则原不等式的解集为 $-3<x<2$.

例 16　实数 a，b，c 成等比数列.

(1) 一元二次方程 $(a^2+c^2)x^2-2c(a+b)x+b^2+c^2=0(c\neq 0)$ 有实根.

(2) $5^{\lg a}$，$5^{\lg b}$，$5^{\lg c}$ 成等比数列.

【答案】 B.

【解析】 由条件(1)，有 $\Delta=[-2c(a+b)]^2-4(a^2+c^2)(b^2+c^2)=4(-a^2b^2+2abc^2-c^4)\geqslant 0$. 化简，得 $(ab-c^2)^2\leqslant 0\Rightarrow ab-c^2=0\Rightarrow ab=c^2$，所以实数 a，c，b 成等比数列，即条件(1)不充分.

由条件(2)，$(5^{\lg b})^2=5^{\lg a}\cdot 5^{\lg c}\Rightarrow \lg b^2=\lg ac\Rightarrow b^2=ac$，所以实数 a，b，c 成等比数列，即条件(2)充分.

例 17　$|\log_a x|>1$.

(1) $x\in[2,4]$，$\dfrac{1}{2}<a<1$.

(2) $x\in[4,6]$，$1<a<2$.

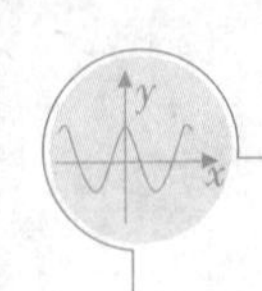

【答案】 D.

【解析】 题干要求推出：若 $a>1$ 且 $x>1$，有 $\log_a x>1=\log_a a$，即 $x>a$；

若 $0<a<1$ 且 $x>1$，有 $\log_a x<-1=\log_a \frac{1}{a}$，即 $x>\frac{1}{a}$.

由条件(1)，当 $x=\frac{1}{a}$ 时，$\log_a x=-1$. 显然当 $x\in[2, 4]$时，则必有 $\log_a x<-1$ 成立，所以条件(1)充分.

由条件(2)，当 $x=a$ 时，$\log_a x=1$，显然当 $x\in[4, 6]$时，则必有 $\log_a x>1$ 成立，所以条件(2)充分.

类型六　其他函数

例 18　函数 $f(x)=\max\{x^2, -x^2+8\}$ 的最小值为(　　).

A. 8　　B. 7　　C. 6　　D. 5　　E. 4

【答案】 E.

【解析】 如图 4.11 所示，$f(x)=\begin{cases}x^2, & x<-2,\\ -x^2+8, & -2\leqslant x\leqslant 2,\\ x^2, & x>2,\end{cases}$即

所求 $f(x)$的最小值为两曲线交点的纵坐标.

由 $x^2=-x^2+8$ 得 $x=\pm 2$，即 $x^2=4$ 为 $f(x)$的最小值.

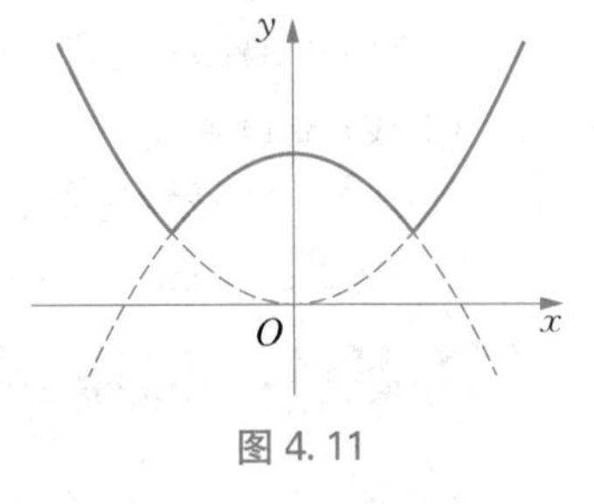

图 4.11

例 19　设函数 $f(x)=x^2+ax$，则 $f(x)$的最小值与 $f[f(x)]$的最小值相等.

(1) $a\geqslant 2$.

(2) $a\leqslant 0$.

【答案】 D.

【解析】 因为 $f(x)=x^2+ax=\left(x+\frac{a}{2}\right)^2-\frac{a^2}{4}$，则 $f[f(x)]=\left(x^2+ax+\frac{a}{2}\right)^2-\frac{a^2}{4}$.

要使 $f(x)$的最小值与 $f[f(x)]$的最小值相等，则须 $x^2+ax+\frac{a}{2}=0$ 有实数根，即 $\Delta=a^2-2a\geqslant 0$ 成立，得 $a\leqslant 0$ 或 $a\geqslant 2$. 因此条件(1)(2)都充分.

第三节 ◆ 练 习 与 测 试

1　要使方程 $x^2-4x+m=0$ 在闭区间$[-1, 1]$上恰好有一个解，则 m 的取值范围为(　　).

A. $(-3, 5)$　　B. $[3, 5]$　　C. $[-5, 3]$　　D. $(3, 5)$　　E. $(-5, 3)$

2　已知 x_1，x_2 是一元二次方程 $2x^2-2x+m+1=0$ 的两个实数根，如果 x_1，x_2 满足不等式 $7+4x_1x_2>x_1^2+x_2^2$，且 m 为整数，则 m 的值为(　　).

A. 2　　B. 2 或 1　　C. -2　　D. -1　　E. -2 或 -1

3　若方程 $x^2+px+1=0$ 的两根之差为 1，则 p 的值为(　　).

A. ± 2　　B. ± 4　　C. $\pm\sqrt{3}$　　D. $\pm\sqrt{5}$　　E. $\pm\frac{\sqrt{2}}{2}$

4 方程 $x^2+(m-2)x+5-m=0$ 的两根都大于2，则实数 m 的取值范围是(　　).

A. $(-5, -4]$　　B. $(-\infty, -4]$　　C. $(-\infty, -2)$

D. $(-\infty, -5)\cup(-5, -4)$　　E. 以上答案均不正确

5 已知不等式 $ax^2+2x+c>0$ 的解集是 $\left(-\frac{1}{3}, \frac{1}{2}\right)$，则 $a=$(　　).

A. -12　　B. 6　　C. 0

D. 12　　E. 以上答案均不正确

6 设 $0<x<1$，则不等式 $\frac{3x^2-2}{x^2-1}>1$ 的解是(　　).

A. $0<x<\frac{1}{\sqrt{2}}$　　B. $\frac{1}{\sqrt{2}}<x<1$　　C. $0<x<\sqrt{\frac{2}{3}}$

D. $\sqrt{\frac{2}{3}}<x<1$　　E. 以上答案均不正确

7 $x\in\mathbf{R}$ 时，不等式 $\frac{3x^2+2x+2}{x^2+x+1}>k$ 恒成立，k 的范围是(　　).

A. $k>2$　　B. $k<2$　　C. $1<k<2$

D. $0<k<2$　　E. $k>1$ 或 $k<-2$

8 已知 x，y 为正实数，$2x+3y=6$，则 $\log_{\frac{3}{2}}x+\log_{\frac{3}{2}}y$(　　).

A. 有最大值1　　B. 有最小值1　　C. 有最大值 $\frac{3}{2}$

D. 有最小值 $\frac{3}{2}$　　E. 无最大最小值

9 $x\in\mathbf{R}$，方程 $\frac{3}{x^2+3x}=2+x^2+3x$ 所有根的和为(　　).

A. 0　　B. 3　　C. 6　　D. -3　　E. -6

10 设实数 a，b 分别满足 $19a^2+99a+1=0$，$b^2+99b+19=0$，且 $ab\neq 1$，则 $\frac{ab+4a+1}{b}$ 的值为(　　).

A. -2　　B. 5　　C. -5　　D. 1　　E. -3

11 方程 $x^2-3mx+m^2=0$ 的两根位于2的两侧.

(1) $-1<m<4$.

(2) $1<m<6$.

12 $a-b=-10$.

(1) 不等式 $ax^2+bx+2>0$ 的解集为 $\left(-\frac{1}{2}, \frac{1}{3}\right)$.

(2) 不等式 $ax^2+bx+2<0$ 的解集为 $\left(-\infty, -\frac{1}{2}\right)\cup\left(\frac{1}{3}, +\infty\right)$.

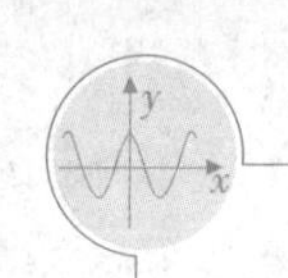

13 已知关于 x 的方程 $3x^2+px-2=0$,可以确定 p 的值.

(1) 已知方程有一根 $x=2$.

(2) 设该方程的两根为 x_1, x_2,而 $\frac{1}{x_1}+\frac{1}{x_2}=3$.

14 关于 x 的方程 $\frac{a}{2}x^2+x-(a^2+2)=0$ 和 $\frac{a}{2}x^2-x-(a^2-2)=0$ 有非零公共根.

(1) $a=0$.

(2) $a=2$.

15 直线 $y=ax+b$ 与抛物线 $y=x^2$ 有两个交点.

(1) $a^2>4b$.

(2) $b>0$.

16 直线 $y=x+b$ 是抛物线 $y=x^2+a$ 的切线.

(1) $y=x+b$ 与 $y=x^2+a$ 有且仅有一个交点.

(2) $x^2-x\geqslant b-a(x\in\mathbf{R})$.

17 方程 $x^2+ax+2=0$ 与 $x^2-2x-a=0$ 有一个公共实数解.

(1) $a=-2$.

(2) $a=3$.

18 设 a, b 为非负实数,则 $a+b\leqslant\frac{5}{4}$.

(1) $ab\leqslant\frac{1}{16}$.

(2) $a^2+b^2\leqslant1$.

19 一元二次方程 $ax^2+bx+c=0$ 无实根.

(1) a, b, c 成等比数列,且 $b\neq0$.

(2) a, b, c 成等差数列.

20 已知实数 a, b, c, d 满足 $a^2+b^2=1$, $c^2+d^2=1$,则 $|ac+bd|<1$.

(1) 直线 $ax+by=1$ 与 $cx+dy=1$ 仅有一个交点.

(2) $a\neq c$, $b\neq d$.

21 $x^2+(2m+1)x+m^2-4=0$ 有两个异号实根,并且负根绝对值大.

(1) $m=0$.

(2) $m=-2$.

22 $x^2+2mx-\frac{m+1}{2}$在闭区间$[0, 1]$上的最小值为-2.

(1) $m=3$.

(2) $m=-\frac{5}{3}$.

23 $m=4$.

(1) m 是整数,且方程 $3x^2+mx-2=0$ 的两根都大于 $-\frac{9}{5}$,而小于 $\frac{3}{7}$.

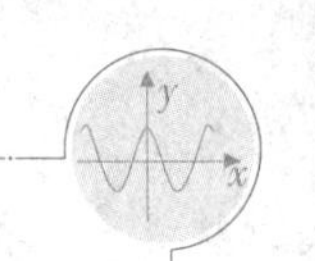

(2) 从某班里抽出 m 位同学围成一圈，使这 m 位同学中每位同学的一侧是一位同性同学，另外一侧是两位异性同学.

24 若 $\triangle ABC$ 的三边长分别为 a, b, c，则 $\triangle ABC$ 为直角三角形.

(1) $ax^2+bx+c=0$ 的一根是另外一根的 2 倍.

(2) $a(1+x^2)+2bx-c(1-x^2)=0$ 有两个相等的实根.

25 若二次函数 $f(x)=ax^2+bx+c$，则 $f(2)<f(-1)<f(5)$.

(1) $ax^2+bx+c>0$ 的解为 $x>4$ 或 $x<-2$.

(2) $ax^2+bx+c=0$ 的解为 $x=4$ 或 $x=-2$.

参考答案

1. C. 【解析】设 $f(x)=x^2-4x+m$，因为 $a=1>0$，所以该二次函数图像开口向上. 因为关于 x 的方程 $x^2-4x+m=0$ 在 $[-1, 1]$ 上恰好有一个解，则根据零点定理，$f(-1)\cdot f(1)<0$，即 $(5+m)(-3+m)<0$，则 $-5<m<3$. 特别地，当 $m=-5$ 时，$x^2-4x-5=(x-5)(x+1)=0$，则 $x=-1$ 或 $x=5$，符合题意；当 $m=3$ 时，$x^2-4x+3=(x-3)\cdot(x-1)=0$，则 $x=1$ 或 $x=3$，也符合题意. 综上所述：$-5\leqslant m\leqslant 3$.

2. E. 【解析】根据题意，由韦达定理得 $\begin{cases} x_1+x_2=1, \\ x_1x_2=\dfrac{m+1}{2}. \end{cases}$ 又因为 $7+4x_1x_2>x_1^2+x_2^2$，所以 $7+4\times\dfrac{m+1}{2}>1^2-2\times\dfrac{m+1}{2}$，解得 $m>-3$. 因为 $\Delta=(-2)^2-4\times 2\times(m+1)\geqslant 0$，则 $m\leqslant -\dfrac{1}{2}$. 综上：$-3<m\leqslant -\dfrac{1}{2}$，$m$ 为整数，则 m 的值为 -2 或 -1.

3. D. 【解析】设方程 $x^2+px+1=0$ 的两根为 x_1, x_2，则根据韦达定理，$x_1+x_2=-p$，$x_1x_2=1$. 又因为 $|x_1-x_2|=1$，所以 $(x_1-x_2)^2=(x_1+x_2)^2-4x_1x_2=p^2-4=1$，解得 $p=\pm\sqrt{5}$.

4. A. 【解析】由题意可得 $\begin{cases} \Delta\geqslant 0, \\ -\dfrac{b}{2a}>2, \\ f(2)>0, \end{cases}$ 解得 $\begin{cases} m\geqslant 4 \text{ 或 } m\leqslant -4, \\ m<-2, \\ m>-5, \end{cases}$ 所以 m 的取值为 $(-5, -4]$，故选 A.

5. A. 【解析】因为不等式 $ax^2+2x+c>0$ 的解集为 $\left(-\dfrac{1}{3}, \dfrac{1}{2}\right)$，所以 $\begin{cases} -\dfrac{2}{a}=-\dfrac{1}{3}+\dfrac{1}{2}=\dfrac{1}{6}, \\ \dfrac{c}{a}=-\dfrac{1}{3}\times\dfrac{1}{2}=-\dfrac{1}{6}, \end{cases}$ 解得 $\begin{cases} a=-12, \\ c=2. \end{cases}$

6. A. 【解析】因为 $0<x<1$，所以 $x^2-1<0$，从而 $\dfrac{3x^2-2}{x^2-1}>1\Rightarrow 3x^2-2<x^2-1$，解得 $-\dfrac{1}{\sqrt{2}}<x<\dfrac{1}{\sqrt{2}}$. 又因为 $0<x<1$，所以 $0<x<\dfrac{1}{\sqrt{2}}$.

7. B. 【解析】因为 $x^2+x+1>0$ 恒成立,所以不等式等价为 $3x^2+2x+2>k(x^2+x+1)$,即 $(3-k)x^2+(2-k)x+2-k>0$ 恒成立. 若 $k=3$,则不等式等价为 $-x-1>0$,即 $x<-1$,不满足条件;若 $k\neq3$,要使不等式恒成立,则满足 $\begin{cases}3-k>0,\\ \Delta=(2-k)^2-4(3-k)(2-k)<0,\end{cases}$ 解得 $\begin{cases}k<3,\\ k>\dfrac{10}{3}\text{或}k<2,\end{cases}$ 即 $k<2$.

8. A. 【解析】$x>0$, $y>0$, $2x+3y\geqslant2\sqrt{6xy}$, $\sqrt{6xy}\leqslant3$,两边平方化简得 $xy\leqslant\dfrac{3}{2}$. 因为 $\log_{\frac{3}{2}}x+\log_{\frac{3}{2}}y=\log_{\frac{3}{2}}xy$,且底数 $\dfrac{3}{2}\geqslant1$,所以 $\log_{\frac{3}{2}}xy\leqslant\log_{\frac{3}{2}}\dfrac{3}{2}\leqslant1$.

9. D. 【解析】设 $x^2+3x=t$,则有 $\dfrac{3}{t}=2+t$,即 $t^2+2t-3=0$,解得 $t_1=-3$, $t_2=1$. 当 $t_1=-3$ 时,$x^2+3x=-3$,此方程无实根;当 $t_2=1$ 时,$x^2+3x=1$, $x_1+x_2=-3$.

10. C. 【解析】在 $b^2+99b+19=0$ 两边同除以 b^2,得 $19\left(\dfrac{1}{b}\times\dfrac{1}{b}\right)+99\ \dfrac{1}{b}+1=0$,所以 a, $\dfrac{1}{b}$ 是一元二次方程的两个根. 所以 $a+\dfrac{1}{b}=-\dfrac{99}{19}$, $\dfrac{a}{b}=\dfrac{1}{19}$,所以 $\dfrac{ab+4a+1}{b}=\dfrac{4a}{b}+a+\dfrac{1}{b}=-\dfrac{99}{19}+\dfrac{4}{19}=-\dfrac{95}{19}=-5$.

11. C. 【解析】根据零点定理, $f(2)=4-6m+m^2<0$,解得 $3-\sqrt{5}<m<3+\sqrt{5}$. 在条件(1) 下,方程不满足以上条件,所以条件(1) 不充分. 在条件(2) 下,方程不满足以上条件,所以条件(2) 不充分. 联合条件(1)(2), $1<m<4$,充分,故选 C.

12. D. 【解析】条件(1) 中,因为不等式 $ax^2+bx+2>0$ 的解集为 $\left(-\dfrac{1}{2},\ \dfrac{1}{3}\right)$,所以 $-\dfrac{1}{2}$, $\dfrac{1}{3}$ 为方程 $ax^2+bx+2=0$ 的两个实数根,所以根据韦达定理,$\begin{cases}-\dfrac{1}{2}+\dfrac{1}{3}=-\dfrac{b}{a},\\ -\dfrac{1}{2}\times\dfrac{1}{3}=\dfrac{2}{a},\end{cases}$ 解得 $a=-12$, $b=-2$,所以 $a-b=-10$,条件(1) 充分. 同理可知条件(2) 也充分. 故选 D.

13. D. 【解析】条件(1) 中,因为 $x=2$,所以将 $x=2$ 代入,$12+2p-2=0$,得 $p=-5$,条件(1)充分. 条件(2) 中,该方程的两根为 x_1, x_2,而 $\dfrac{1}{x_1}+\dfrac{1}{x_2}=3$,得 $\dfrac{x_1+x_2}{x_1x_2}=3$,所以 $x_1+x_2=3x_1x_2$, $x_1+x_2=-\dfrac{b}{a}=-\dfrac{p}{3}$, $x_1x_2=\dfrac{c}{a}=-\dfrac{2}{3}$,所以 $-\dfrac{p}{3}=3\times\left(-\dfrac{2}{3}\right)$,得 $p=6$,条件(2)充分. 故选 D.

14. D. 【解析】条件(1) 中,当 $a=0$ 时,关于 x 的方程 $\dfrac{a}{2}x^2+x-(a^2+2)=0$ 和 $\dfrac{a}{2}x^2-x-(a^2-2)=0$ 分别为 $x-2=0$ 和 $-x+2=0$,即 $x=2$,条件(1) 充分. 条件(2) 中,当

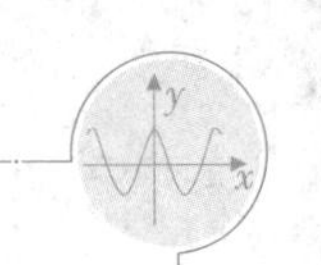

$a=2$ 时，方程 $\frac{a}{2}x^2+x-(a^2+2)=0$ 解得 $x_1=-3$，$x_2=2$，方程 $\frac{a}{2}x^2-x-(a^2-2)=0$ 解得 $x_3=2$，$x_4=-1$，公共根为 $x=2$，条件(2)充分. 故选 D.

15. B.　【解析】在条件(1)下，将直线方程和抛物线方程联立得 $ax+b=x^2$，移项得 $x^2-ax-b=0$. 因为 $a^2>4b$，所以 $\Delta=a^2+4b>4b+4b=8b$，不能判断是否大于 0，所以条件(1)不充分. 在条件(2)下，因为 $a^2\geqslant 0$ 且 $\Delta=a^2+4b>0$，所以条件(2)充分，故选 B.

16. A.　【解析】在条件(1)下，如果一直线与一抛物线有且仅有一个交点，且不与抛物线对称轴平行，则该直线为该抛物线的切线，条件(1)充分. 在条件(2)下，联立两线方程得 $x^2+a=x+b$，因为该直线为抛物线的切线，所以方程仅有一个实数根，即 $x^2-x-b+a=0$，化简得 $x^2-x=b-a$，所以条件(2)不充分. 故选 A.

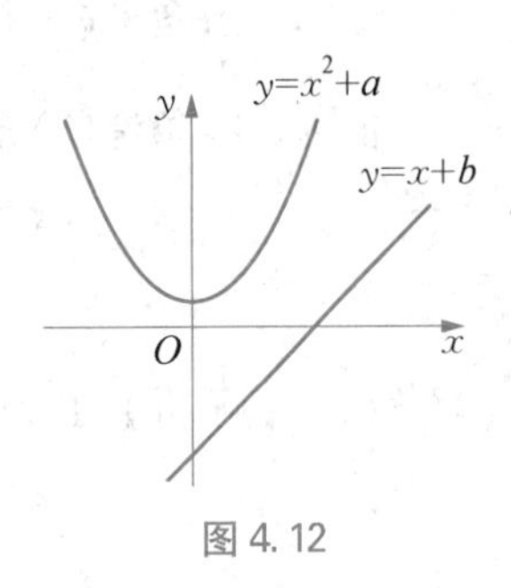

图 4.12

17. B.　【解析】在条件(1)中，当 $a=-2$ 时，得方程 $x^2-2x+2=0$ 和 $x^2-2x+2=0$，解得两方程都没有实数根，所以条件(1)不充分. 在条件(2)中，当 $a=3$ 时，方程 $x^2+3x+2=0$ 的根为 $x=-2$ 或 $x=-1$，$x^2-2x-3=0$ 的根为 $x=3$ 或 $x=-1$，有一个公共根为 $x=-1$，条件(2)充分. 故选 B.

18. C.　【解析】在条件(1)下，取特殊值 $a=\frac{1}{256}$，$b=16$，则 $a+b>\frac{5}{4}$，显然条件(1)不充分. 在条件(2)下，取特殊值 $a=b=\frac{\sqrt{2}}{2}$，则 $a+b=\sqrt{2}>\frac{5}{4}$，显然条件(2)也不充分. 联合条件(1)(2)，$ab\leqslant\frac{1}{16}\Rightarrow 2ab\leqslant\frac{1}{8}$，$a^2+b^2+2ab\leqslant 1+\frac{1}{8}=\frac{9}{8}$，即 $(a+b)^2\leqslant\frac{9}{8}$，而 a，b 为非负实数，所以 $a+b\leqslant\sqrt{\frac{9}{8}}=\sqrt{\frac{18}{16}}<\sqrt{\frac{25}{16}}=\frac{5}{4}$，成立，故选 C.

19. A.　【解析】在条件(1)下，因为 a，b，c 成等比数列，且 $b\neq 0$，所以 $b^2=ac$，而 $\Delta=b^2-4ac=b^2-4b^2=-3b^2<0$，所以条件(1)充分. 在条件(2)下，$a$，$b$，$c$ 成等差数列，取特殊值：$a=1$，$b=0$，$c=-1$，则方程化为 $x^2-1=0$，显然有两实根，所以条件(2)不充分. 故选 A.

20. A.　【解析】因为 $(ac+bd)^2=a^2c^2+b^2d^2+2abcd=(a^2+b^2)(c^2+d^2)-a^2d^2-b^2c^2+2abcd=1-(ad-bc)^2\leqslant 1$，所以当 $ad-bc\neq 0$ 时，有 $|ac+bd|<1$. 由条件(1)，$-\frac{a}{b}\neq-\frac{c}{d}\Rightarrow ad-bc\neq 0$，所以条件(1)充分. 条件(2)中，取 $a=-\frac{\sqrt{2}}{2}$，$b=\frac{\sqrt{2}}{2}$，$c=\frac{\sqrt{2}}{2}$，$d=-\frac{\sqrt{2}}{2}$，满足 $a\neq c$，$b\neq d$，且 $a^2+b^2=1$，$c^2+d^2=1$，但 $ac+bd=-\frac{1}{2}-\frac{1}{2}=-1$，有 $|ac+bd|=1$，所以条件(2)不充分. 故选 A.

21. A.　【解析】在条件(1)下，方程为 $x^2+x-4=0$，解得 $x_1=\frac{-1-\sqrt{17}}{2}$，$x_2=\frac{-1+\sqrt{17}}{2}$，$|x_1|=\frac{\sqrt{17}+1}{2}>\frac{-1+\sqrt{17}}{2}=|x_2|$. 或直接用韦达定理：$x_1+x_2=-\frac{b}{a}=$

-1，$x_1 \cdot x_2=\frac{c}{a}=-4$，可知，方程有两个异号实根且负根绝对值大，所以条件(1)充分. 在条件(2)下，方程为 $x^2-3x=0$，解得 $x_1=3$，$x_2=0$. 或直接用韦达定理：$x_1+x_2=-\frac{b}{a}=3$，$x_1 \cdot x_2=0$，方程无两个异号实根，所以条件(2)不充分. 故选 A.

22. D. 【解析】在条件(1)下，当 $m=3$ 时，原式 $=(x+3)^2-11$，在闭区间 $[0, 1]$ 上的最小值为 -2，条件(1)充分. 在条件(2)下，原式 $=\left(x-\frac{5}{3}\right)^2-\frac{22}{9}$，在闭区间 $[0, 1]$ 上的最小值为 -2，条件(2)充分.

23. A. 【解析】由条件(1)可得 $\begin{cases}\Delta \geqslant 0, \\ -\frac{9}{5}<-\frac{b}{2a}<\frac{3}{7}, \\ f\left(-\frac{9}{5}\right)>0, \\ f\left(\frac{3}{7}\right)>0,\end{cases}$ 即 $\begin{cases}m^2+24 \geqslant 0, \\ -\frac{9}{5}<-\frac{m}{2 \times 3}<\frac{3}{7}, \\ 3 \times \frac{81}{25}+\left(-\frac{9}{5}\right)m-2>0, \\ 3 \times \frac{9}{49}+\frac{3}{7}m-2>0,\end{cases}$ 解得 $3\frac{8}{21}<m<4\frac{13}{45}$，由于 m 是整数，则 $m=4$，故条件(1)充分. 由条件(2)，m 可取 4，8，12，…，故条件(2)不充分. 故选 A.

24. B. 【解析】由条件(1)，设 $x_2=2x_1$，则 $\begin{cases}x_1+x_2=3x_1=-\frac{b}{a}, \\ x_1 \cdot x_2=2x_1^2=\frac{c}{a},\end{cases}$ 则 $2 \times\left(-\frac{b}{3a}\right)^2=\frac{c}{a}$，$2b^2=9ac$，条件(1)不充分. 由条件(2)，$a(1+x^2)+2bx-c(1-x^2)=(a+c)x^2+2bx+a-c=0$，

$$\begin{aligned}\Delta &=(2b)^2-4(a+c)(a-c)=4[b^2-(a+c)(a-c)] \\ &=4(b^2-a^2+c^2)=0,\end{aligned}$$

所以 $b^2+c^2=a^2$，所以条件(2)充分. 故选 B.

25. A. 【解析】在条件(1)下，$ax^2+bx+c>0$ 的解为 $x>4$ 或 $x<-2$，得方程 $ax^2+bx+c=0$ 的两个根分别为 $x_1=-2$，$x_2=4$，且图像开口向上，所以得该函数的对称轴为 $x=1$，如图 4.13，则有 $f(2)<f(-1)<f(5)$，所以是充分的. 条件(2)由于不知道图像的开口方向，所以无法判断函数值的大小关系，条件(2)不充分. 故选 A.

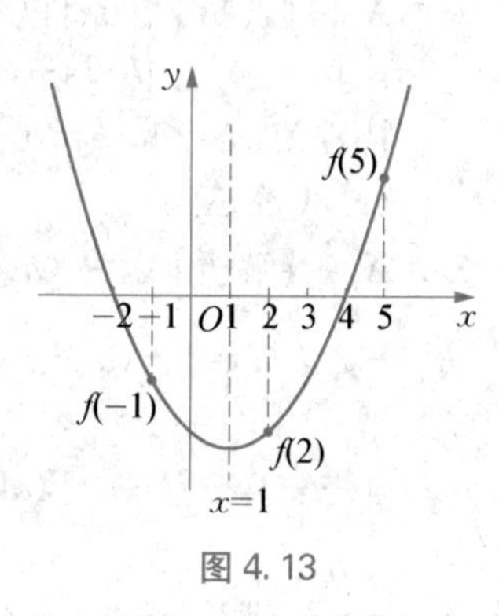

图 4.13

第五章

数　列

第一节　考点分析

一、数列的定义

1. 数列及通项定义

(1) 数列的定义

依一定次序排列的一列数称为数列. 数列中的每一个数称为数列的项，第 n 个数称为这个数列的第 n 项(第 1 项称为数列的首项)，通常用 a_n 表示.

若数列的项数是有限的，则称它为有穷数列，否则称为无穷数列.

(2) 数列的通项公式

数列的一般形式可以写成 $a_1, a_2, a_3, \cdots, a_n, a_{n+1}, \cdots$，简记为 $\{a_n\}$，其中 a_n 叫作数列 $\{a_n\}$ 的通项，自然数 n 叫作 a_n 的序号. 如果通项 a_n 与 n 之间的函数关系可以用一个公式 $a_n=f(n)$ 来表示，这个公式就叫作数列 $\{a_n\}$ 的通项公式，例如：若数列为 2，4，6，8，…，则通项公式为 $a_n=2n$.

2. 已知 S_n，求 a_n

数列 $\{a_n\}$ 的前 n 项的和记为 S_n，即 $S_n=a_1+a_2+a_3+\cdots+a_n$，所以通项公式 a_n 可以由数列的前 n 项和 S_n 求得，即有 $a_n=\begin{cases}S_1, & n=1, \\ S_n-S_{n-1}, & n\geqslant 2.\end{cases}$

二、等差数列

(1) 定义：一般地，如果一个数列从第 2 项起，每一项与它的前一项的差等于同一个常数，这个数列就叫作等差数列，这个常数叫作等差数列的公差，公差通常用字母 d 表示. 即 $\{a_n\}$ 是等差数列 $\Leftrightarrow a_{n+1}-a_n=d$ (常数)，d 为等差数列 $\{a_n\}$ 的公差.

等差数列的一般表达形式为 $a_1, a_1+d, a_1+2d, \cdots, a_1+(n-1)d, \cdots$.

(2) 通项公式：$a_n=a_1+(n-1)d$.

(3) 求和公式：$S_n=\dfrac{(a_1+a_n)\cdot n}{2}\left[\text{或 } S_n=na_1+\dfrac{n(n-1)}{2}d\right]$.

(4) 等差中项：由三个数 a, A, b 组成的等差数列堪称最简单的等差数列. 这时，A 叫

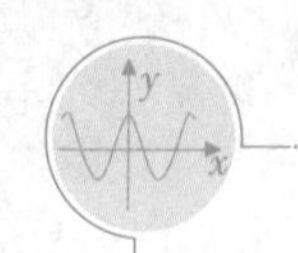

作 a 与 b 的等差中项，且 $A=\frac{a+b}{2}$.

(5) 若 $m+n=s+t$，则有 $a_m+a_n=a_s+a_t$.

(6) 对任意的 $n\in\mathbf{N}^*$，有 S_n, $S_{2n}-S_n$, $S_{3n}-S_{2n}$, …成等差数列.

三、等比数列

(1) 定义：一般地，如果一个数列从第 2 项起，每一项与它的前一项的比等于同一个常数，这个数列就叫作等比数列. 这个常数叫作等比数列的公比，公比通常用字母 q 表示. 即 $\{a_n\}$ 为等比数列 $\Leftrightarrow \frac{a_{n+1}}{a_n}=q$(常数)，其中 q 为公比.

(2) 通项公式：$a_n=a_1\cdot q^{n-1}$.

(3) 求和公式：

当 $q\neq 1$ 时，等比数列的前 n 项和的公式为 $S_n=\frac{a_1(1-q^n)}{1-q}$；

当 $q=1$ 时，等比数列的前 n 项和的公式为 $S_n=na_1$.

(4) 等比中项：如果在 a 与 b 中间插入一个数 G，使 a, G, b 成等比数列，那么 G 叫作 a 与 b 的等比中项，且有 $G^2=ab$ 或 $G=\pm\sqrt{ab}$.

(5) 若 $m+n=s+t$，则有 $a_m\cdot a_n=a_s\cdot a_t$.

(6) 对任意的 $n\in\mathbf{N}^*$，有 S_n, $S_{2n}-S_n$, $S_{3n}-S_{2n}$, …成等比数列.

第二节 ◈ 例 题 解 析

类型一　求数列的通项

例 1　数列 $\{a_n\}$ 的前 n 项和 $S_n=4n^2+n-2$，则它的通项公式 $a_n=$(　　).

A. $3n-2$　　B. $4n+1$　　C. $8n-2$

D. $8n-1$　　E. 以上结论均不正确

【答案】 E.

【解析】 当 $n=1$ 时，$a_1=S_1=3$. 所以 A, B, C, D 均不符合，故选 E.

注：若要求出 a_n，则须讨论.

当 $n=1$ 时，$a_1=S_1=3$.

当 $n\geqslant 2$ 时，$a_n=S_n-S_{n-1}=4n^2+n-2-[4(n-1)^2+(n-1)-2]=8n-3$.

将 $n=1$ 代入 $a_n=8n-3$，得 $a_1=5\neq S_1$，所以 $a_n=\begin{cases}3, & n=1,\\ 8n-3, & n\geqslant 2.\end{cases}$ 故选 E.

例 2　已知数列 $\{a_n\}$ 满足 $a_{n+1}=\frac{a_n+2}{a_n+1}(n=1, 2, 3, \cdots)$，则 $a_2=a_3=a_4$.

(1) $a_1=\sqrt{2}$.

(2) $a_1=-\sqrt{2}$.

【答案】 D.

【解析】 由条件(1)，$a_1=\sqrt{2}$，$a_2=\dfrac{a_1+2}{a_1+1}=\dfrac{2+\sqrt{2}}{1+\sqrt{2}}=\sqrt{2}$，同理 $a_3=a_4=\sqrt{2}$. 所以条件(1)充分.

由条件(2)，$a_1=-\sqrt{2}$，$a_2=\dfrac{a_1+2}{a_1+1}=\dfrac{2-\sqrt{2}}{1-\sqrt{2}}=-\sqrt{2}$，$a_3=a_4=-\sqrt{2}$. 所以条件(2)也充分.

例 3 已知各项为正数的数列$\{a_n\}$的前 n 项和 $S_n=\dfrac{1}{4}a_n(a_n+2)$，则这个数列的通项公式 $a_n=$(　　).

A. $a_n=n+1$　　B. $a_n=n^2+1$　　C. $a_n=2\cdot 2^{n-1}$

D. $a_n=\begin{cases}2, & n=1,\\ 2^n-1, & n\geqslant 2.\end{cases}$　　E. $a_n=2n$

【答案】 E.

【解析】 解法一：由 $a_1=S_1=\dfrac{1}{4}a_1(a_1+2)$，得 $a_1=2$.

$a_1+a_2=S_2=\dfrac{1}{4}a_2(a_2+2)$，得 $a_2=4$.

$a_1+a_2+a_3=S_3=\dfrac{1}{4}a_3(a_3+2)$，得 $a_3=6$. 因此 $a_n=2n$.

解法二：由于 $a_n=S_n-S_{n-1}(n\geqslant 2)$，所以 $a_n=\dfrac{1}{4}a_n(a_n+2)-\dfrac{1}{4}a_{n-1}(a_{n-1}+2)$，则 $4a_n=a_n^2+2a_n-(a_{n-1}^2+2a_{n-1})$，$a_{n-1}^2+2a_{n-1}+1=a_n^2-2a_n+1$，$(a_{n-1}+1)^2=(a_n-1)^2$，由于各项均为正数，则 $a_n-a_{n-1}=2$，结合上面证明了数列的首项为 2，则该数列是公差及首项均为 2 的等差数列.

类型二　等差数列

例 4 数列$\{a_n\}$为等差数列，公差为 d，$a_1+a_2+a_3+a_4=12$，则 $a_4=0$.

(1) $d=-2$.

(2) $a_2+a_4=4$.

【答案】 D.

【解析】 设此等差数列的首项为 a_1，公差为 d.

题干中给出 $a_1+a_2+a_3+a_4=12\Rightarrow a_1+a_1+d+a_1+2d+a_1+3d=12$，即 $2a_1+3d=6$.

由条件(1)，有 $\begin{cases}2a_1+3d=6,\\ d=-2,\end{cases}$ 解得 $a_1=6$，所以 $a_4=a_1+3d=6+3\times(-2)=0$，所以条件(1)充分.

由条件(2)，有 $\begin{cases}2a_1+3d=6,\\ a_1+d+a_1+3d=4\end{cases}\Rightarrow\begin{cases}a_1=6,\\ d=-2.\end{cases}$ 所以 $a_4=a_1+3d=6+3\times(-2)=0$，所以条件(2)也充分.

例 5 $a_1a_8<a_4a_5$.

(1) $\{a_n\}$ 为等差数列,且 $a_1>0$.

(2) $\{a_n\}$ 为等差数列,且公差 $d\neq 0$.

【答案】 B.

【解析】 由条件(1),设 $a_n=1$,那么 $a_1=1>0$,但 $a_1a_8=a_4a_5$,所以条件(1)不充分.

由条件(2),$a_1a_8=a_1(a_1+7d)=a_1^2+7a_1d$,$a_4a_5=(a_1+3d)(a_1+4d)=a_1^2+7a_1d+12d^2$,所以 $a_1a_8-a_4a_5=-12d^2<0$. 即条件(2)充分.

例 6 若数列 $\{a_n\}$ 中,$a_n\neq 0(n\geqslant 1)$,$a_1=\frac{1}{2}$,前 n 项和 S_n 满足 $a_n=\frac{2S_n^2}{2S_n-1}(n\geqslant 2)$,则 $\left\{\frac{1}{S_n}\right\}$ 是( ).

A. 首项为 2,公比为 $\frac{1}{2}$ 的等比数列　　B. 首项为 2,公比为 2 的等比数列

C. 既非等差数列也非等比数列　　D. 首项为 2,公差为 $\frac{1}{2}$ 的等差数列

E. 首项为 2,公差为 2 的等差数列

【答案】 E.

【解析】 当 $n=1$ 时,$\frac{1}{S_1}=\frac{1}{a_1}=2$.

当 $n\geqslant 2$ 时,有 $a_n=S_n-S_{n-1}=\frac{2S_n^2}{2S_n-1}$,整理得 $-S_n-2S_nS_{n-1}+S_{n-1}=0$,两边同时除以 S_nS_{n-1},得 $\frac{1}{S_n}-\frac{1}{S_{n-1}}=2$,所以 $\left\{\frac{1}{S_n}\right\}$ 是首项为 2,公差为 2 的等差数列.

例 7 等差数列 $\{a_n\}$ 中,$a_5<0$,$a_6>0$,且 $a_6>|a_5|$,前 n 项和为 S_n,则( ).

A. S_1,S_2,S_3 均小于 0,而 S_4,S_5,… 均大于 0

B. S_1,S_2,…,S_5 均小于 0,而 S_6,S_7,… 均大于 0

C. S_1,S_2,…,S_9 均小于 0,而 S_{10},S_{11},… 均大于 0

D. S_1,S_2,…,S_{10} 均小于 0,而 S_{11},S_{12},… 均大于 0

E. 以上答案均不正确

【答案】 C.

【解析】 因为 $a_5<0$,$a_6>0$,且 $a_6>|a_5|$. 所以 $a_5+a_5<0$,$a_6+a_5>0$.

那么有 $S_9=\frac{9(a_1+a_9)}{2}=9a_5<0$,$S_{10}=\frac{10(a_1+a_{10})}{2}=5(a_5+a_6)>0$.

例 8 等差数列 $\{a_n\}$ 中,$a_1<0$,S_n 为 $\{a_n\}$ 的前 n 项和,且 $S_3=S_{16}$,则 S_n 取最小值时,n 的值为( ).

A. 9　　B. 10　　C. 11　　D. 9 或 10　　E. 10 或 11

【答案】 D.

【解析】 由 $S_3=S_{16}$ 得 $3a_1+3d=16a_1+120d\Rightarrow a_1=-9d$. 因为 $a_1<0$,所以 $d>0$.

因为 S_n 取得最小值的充要条件为 $\begin{cases}a_n\leqslant 0,\\ a_{n+1}\geqslant 0,\end{cases}$ 所以 $\begin{cases}a_n=a_1+(n-1)d\leqslant 0,\\ a_{n+1}=a_1+nd\geqslant 0,\end{cases}$ 解得 $9\leqslant n\leqslant$

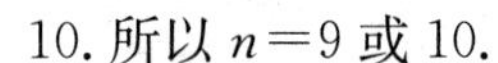

10. 所以 $n=9$ 或 10.

例 9　$\{a_n\}$ 的前 n 项和 S_n 与 $\{b_n\}$ 的前 n 项和 T_n 满足 $S_{19}:T_{19}=3:2$.

(1) $\{a_n\}$ 和 $\{b_n\}$ 是等差数列.

(2) $a_{10}:b_{10}=3:2$.

【答案】 C.

【解析】 条件(1) 和条件(2) 显然单独不充分.

条件(1) 和条件(2) 联合起来有 $\dfrac{S_{19}}{T_{19}}=\dfrac{\dfrac{19(a_1+a_{19})}{2}}{\dfrac{19(b_1+b_{19})}{2}}=\dfrac{a_{10}}{b_{10}}=\dfrac{3}{2}$,所以联合起来充分.

注:$S_{2n-1}=a_n\times(2n-1)$.

例 10　$\{a_n\}$ 为等差数列.

(1) 前 n 项和 $S_n=2n^2+n$.

(2) 前 n 项和 $S_n=2n^2+n-1$.

【答案】 A.

【解析】 由条件(1), $a_1=S_1=2\cdot 1^2+1=3$;

从第二项开始, $a_n=S_n-S_{n-1}=2n^2+n-[2(n-1)^2+(n-1)]=4n-1$,且 $a_1=3$ 符合此通项公式,故为等差数列,条件(1)充分.

由条件(2), $a_1=S_1=2\times1^2+1-1=2$;

$a_1+a_2=S_2=2\times2^2+2-1=9$,得 $a_2=7$;

$a_1+a_2+a_3=S_3=2\times3^2+3-1=20$,得 $a_3=11$;

从而数列为 2, 7, 11, …,不是等差数列. 条件(1) 充分,而条件(2) 不充分.

例 11　设 $2^a=3$, $2^b=6$, $2^c=12$,则数列 a, b, c(　　).

A. 是等差数列,但不是等比数列　　B. 是等比数列,但不是等差数列

C. 既是等差数列,又是等比数列　　D. 既不是等差数列,也不是等比数列

E. 以上答案均不正确

【答案】 A.

【解析】 因为 $(2^b)^2=36$, $2^a\cdot2^c=3\times12=36$,即 $(2^b)^2=2^a\cdot2^c=2^{a+c}\Rightarrow2b=a+c$.

所以 a, b, c 是等差数列. 又 a, b, c 互不相等,所以 a, b, c 不是等比数列.

例 12　已知 $\{a_n\}$ 为等差数列,若 a_2 与 a_{10} 是方程 $x^2-10x-9=0$ 的两个根,则 $a_5+a_7=$(　　).

A. -10　　B. -9　　C. 9　　D. 10　　E. 12

【答案】 D.

【解析】 因为 a_2 与 a_{10} 是方程 $x^2-10x-9=0$ 的两个根,所以根据韦达定理可得 $a_2+a_{10}=10$.

又 $\{a_n\}$ 为等差数列,所以有 $a_5+a_7=a_2+a_{10}=10$.

例 13　等差数列 $\{a_n\}$ 的公差 d 的取值范围为 $\dfrac{2}{21}<d\leqslant\dfrac{3}{28}$.

(1) 首项 $a_1=\frac{1}{7}$.

(2) 第 10 项开始比 1 大.

【答案】 C.

【解析】 条件(1) 和条件(2) 单独不充分. 联合起来，有 $\begin{cases}a_9=a_1+8d\leqslant 1,\\a_{10}=a_1+9d>1\end{cases}\Rightarrow\frac{2}{21}<d\leqslant\frac{3}{28}$. 所以条件(1)和条件(2)联合起来充分.

类型三　等比数列

例 14 在等比数列 $\{a_n\}$ 中，已知 $a_1a_9=64$，$a_3+a_7=20$，且 $a_7>a_3$，则 $a_{15}=$(　　).

A. 254　　B. 256　　C. 258　　D. 260　　E. 262

【答案】 B.

【解析】 设首项为 a_1，公比为 q，由于 $\begin{cases}a_3a_7=a_1a_9=64,\\a_3(20-a_3)=64,\end{cases}$ 解得 $\begin{cases}a_3=16,\\a_7=4\end{cases}$ 或 $\begin{cases}a_3=4,\\a_7=16.\end{cases}$ 由于 $a_7>a_3$，则 $a_3=4$，$a_7=16$，即 $\begin{cases}a_1q^2=4,\\a_1q^6=16,\end{cases}$ 得 $\begin{cases}q^4=4,\\a_1=2,\end{cases}$ $a_{15}=a_1q^{14}=2\cdot 2^7=256$.

例 15 数列 $\{a_n^2\}$ 的前 n 项和 $S_n=\frac{1}{3}(4^n-1)$.

(1) 数列 $\{a_n\}$ 是等比数列，公比 $q=2$，首项 $a_1=1$.

(2) 数列 $\{a_n\}$ 的前 n 项和 $S_n=2^n-1$.

【答案】 D.

【解析】 由条件(1)，得 $a_1^2=1$，$q^2=4$，则 $\{a_n^2\}$ 的前 n 项和 $S_n=\frac{1\cdot(1-4^n)}{1-4}=\frac{1}{3}(4^n-1)$，所以条件(1)充分.

由条件(2)，当 $n=1$ 时，有 $a_1=S_1=1$.

当 $n\geqslant 2$ 时，$a_n=S_n-S_{n-1}=2^n-1-2^{n-1}+1=2^{n-1}$，将 $n=1$ 代入 $a_n=2^{n-1}$ 中，得 $a_1=1$，与 $a_1=S_1=1$ 相符，所以 $a_n=2^{n-1}$，即 $\{a_n^2\}$ 是首项为 1、公比为 4 的等比数列. 与条件(1)相同，所以条件(2) 也充分.

例 16 $a_1^2+a_2^2+a_3^2+\cdots+a_n^2=\frac{1}{3}(4^n-1)$.

(1) 数列 $\{a_n\}$ 的通项公式为 $a_n=2^n$.

(2) 在数列 $\{a_n\}$ 中，对任意正整数 n，有 $a_1+a_2+a_3+\cdots+a_n=2^n-1$.

【答案】 B.

【解析】 由条件(1) 得 $\frac{a_{n+1}}{a_n}=2$，$\frac{a_{n+1}^2}{a_n^2}=4$(常数). 所以 $\{a_n^2\}$ 是首项为 $a_1^2=4$，公比为 $q^2=4$ 的等比数列，可得 $S_n=\frac{4\cdot(1-4^n)}{1-4}=\frac{4}{3}(4^n-1)$，即条件(1) 不充分.

条件(2) 中，当 $n=1$ 时，$a_1=S_1=2-1=1$.

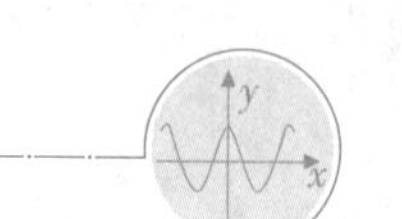

当 $n\geqslant 2$ 时，$a_n=S_n-S_{n-1}=2^n-2^{n-1}=2^{n-1}$，将 $n=1$ 代入 $a_n=2^{n-1}$ 中，得 $a_1=1$，与 $a_1=S_1=1$ 相符，可得 $a_n=2^{n-1}$.

所以 $\{a_n^2\}$ 是首项为 $a_1^2=1$、公比为 $q^2=4$ 的等比数列，可得 $S_n=\frac{1\cdot(1-4^n)}{1-4}=\frac{1}{3}(4^n-1)$，即条件(2)充分.

例 17　P 是以 a 为边长的正方形，P_1 是以 P 的四边中点为顶点的正方形，P_2 是以 P_1 的四边中点为顶点的正方形，P_i 是以 P_{i-1} 的四边中点为顶点的正方形，则 P_6 的面积是(　　).

A. $\frac{a^2}{16}$　　B. $\frac{a^2}{32}$　　C. $\frac{a^2}{40}$　　D. $\frac{a^2}{48}$　　E. $\frac{a^2}{64}$

【答案】 E.

【解析】 因为正方形 P 的边长为 a，所以面积为 a^2，正方形 P_1 的边长为 $\sqrt{\left(\frac{a}{2}\right)^2+\left(\frac{a}{2}\right)^2}=\frac{\sqrt{2}}{2}a$，面积为 $\frac{1}{2}a^2$. 正方形 P_2 的边长为 $\sqrt{\left(\frac{\sqrt{2}a}{4}\right)^2+\left(\frac{\sqrt{2}a}{4}\right)^2}=\frac{1}{2}a$，面积为 $\frac{1}{2^2}a^2$……依次下去，正方形 P_6 的面积为 $\frac{1}{2^6}a^2=\frac{a^2}{64}$.

例 18　$S_6=126$.

(1) 数列 $\{a_n\}$ 的通项公式是 $a_n=10(3n+4)(n\in\mathbf{N}^*)$.

(2) 数列 $\{a_n\}$ 的通项公式是 $a_n=2^n(n\in\mathbf{N}^*)$.

【答案】 B.

【解析】 由条件(1)，得 $\{a_n\}$ 是首项 $a_1=70$，$d=30$ 的等差数列，所以 $S_6=6\times 70+\frac{6\times 5}{2}\times 30=870$，即条件(1)不充分.

由条件(2)，得 $\{a_n\}$ 是首项 $a_1=2$，$q=2$ 的等比数列，所以 $S_n=\frac{2\cdot(1-2^6)}{1-2}=2\cdot(2^6-1)=126$，即条件(2)充分.

第三节 ◈ 练习与测试

1　若方程 $(a^2+c^2)x^2-2c(a+b)x+b^2+c^2=0$ 有实根，则(　　).

A. a，b，c 成等比数列　　B. a，c，b 成等比数列　　C. b，a，c 成等比数列

D. a，b，c 成等差数列　　E. b，a，c 成等差数列

2　已知等差数列 $\{a_n\}$ 中，$a_{30}=-45$，$a_{50}=-85$，前 n 项和为 S_n，当 S_n 取得最大值时，n 的值为(　　).

A. 3　　B. 4　　C. 5　　D. 6　　E. 7

3　若等差数列 $\{a_n\}$ 的公差为 -2，且 $a_1+a_4+a_7+\cdots+a_{97}=50$，则 $a_3+a_6+a_9+\cdots+a_{99}=$(　　).

A. -182　　B. -78　　C. -148　　D. -82　　E. 182

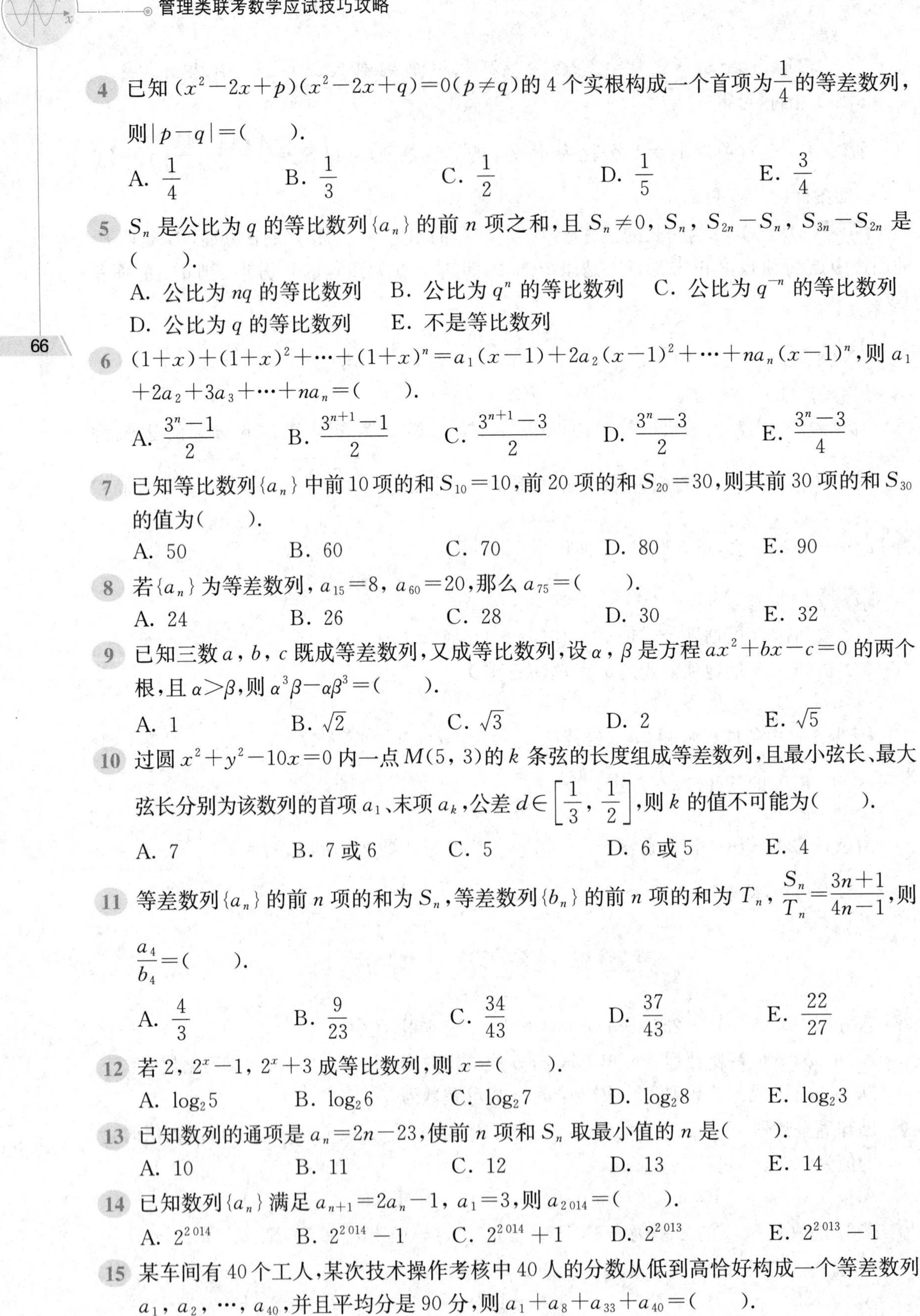

4 已知$(x^2-2x+p)(x^2-2x+q)=0(p\neq q)$的4个实根构成一个首项为$\frac{1}{4}$的等差数列，则$|p-q|=($　　$)$.

A. $\frac{1}{4}$　　B. $\frac{1}{3}$　　C. $\frac{1}{2}$　　D. $\frac{1}{5}$　　E. $\frac{3}{4}$

5 S_n是公比为q的等比数列$\{a_n\}$的前n项之和，且$S_n\neq 0$，S_n，$S_{2n}-S_n$，$S_{3n}-S_{2n}$是(　　).

A. 公比为nq的等比数列　B. 公比为q^n的等比数列　C. 公比为q^{-n}的等比数列

D. 公比为q的等比数列　E. 不是等比数列

6 $(1+x)+(1+x)^2+\cdots+(1+x)^n=a_1(x-1)+2a_2(x-1)^2+\cdots+na_n(x-1)^n$，则$a_1+2a_2+3a_3+\cdots+na_n=($　　$)$.

A. $\frac{3^n-1}{2}$　　B. $\frac{3^{n+1}-1}{2}$　　C. $\frac{3^{n+1}-3}{2}$　　D. $\frac{3^n-3}{2}$　　E. $\frac{3^n-3}{4}$

7 已知等比数列$\{a_n\}$中前10项的和$S_{10}=10$，前20项的和$S_{20}=30$，则其前30项的和S_{30}的值为(　　).

A. 50　　B. 60　　C. 70　　D. 80　　E. 90

8 若$\{a_n\}$为等差数列，$a_{15}=8$，$a_{60}=20$，那么$a_{75}=($　　$)$.

A. 24　　B. 26　　C. 28　　D. 30　　E. 32

9 已知三数a，b，c既成等差数列，又成等比数列，设α，β是方程$ax^2+bx-c=0$的两个根，且$\alpha>\beta$，则$\alpha^3\beta-\alpha\beta^3=($　　$)$.

A. 1　　B. $\sqrt{2}$　　C. $\sqrt{3}$　　D. 2　　E. $\sqrt{5}$

10 过圆$x^2+y^2-10x=0$内一点$M(5, 3)$的k条弦的长度组成等差数列，且最小弦长、最大弦长分别为该数列的首项a_1、末项a_k，公差$d\in\left[\frac{1}{3}, \frac{1}{2}\right]$，则$k$的值不可能为(　　).

A. 7　　B. 7或6　　C. 5　　D. 6或5　　E. 4

11 等差数列$\{a_n\}$的前n项的和为S_n，等差数列$\{b_n\}$的前n项的和为T_n，$\frac{S_n}{T_n}=\frac{3n+1}{4n-1}$，则$\frac{a_4}{b_4}=($　　$)$.

A. $\frac{4}{3}$　　B. $\frac{9}{23}$　　C. $\frac{34}{43}$　　D. $\frac{37}{43}$　　E. $\frac{22}{27}$

12 若2，2^x-1，2^x+3成等比数列，则$x=($　　$)$.

A. $\log_2 5$　　B. $\log_2 6$　　C. $\log_2 7$　　D. $\log_2 8$　　E. $\log_2 3$

13 已知数列的通项是$a_n=2n-23$，使前n项和S_n取最小值的n是(　　).

A. 10　　B. 11　　C. 12　　D. 13　　E. 14

14 已知数列$\{a_n\}$满足$a_{n+1}=2a_n-1$，$a_1=3$，则$a_{2014}=($　　$)$.

A. 2^{2014}　　B. $2^{2014}-1$　　C. $2^{2014}+1$　　D. 2^{2013}　　E. $2^{2013}-1$

15 某车间有40个工人，某次技术操作考核中40人的分数从低到高恰好构成一个等差数列a_1，a_2，…，a_{40}，并且平均分是90分，则$a_1+a_8+a_{33}+a_{40}=($　　$)$.

A. 260 分　　B. 320 分　　C. 360 分　　D. 240 分　　E. 340 分

16 已知$\{a_n\}$，$\{b_n\}$分别为等比数列与等差数列，$a_1=b_1=1$,则$b_2\geqslant a_2$.

(1) $a_2>0$.

(2) $a_{10}=b_{10}$.

17 b是a，c的等比中项.

(1) $b^2=ac$成立($b\neq0$).

(2) $\lg b=\frac{1}{2}(\lg a+\lg c)$.

18 已知数列$\{a_n\}$中，$a_1+a_3=10$,则a_4的值一定是1.

(1) $\{a_n\}$是等差数列,且$a_4+a_6=2$.

(2) $\{a_n\}$是等比数列,且$a_4+a_6=\frac{5}{4}$.

19 设等差数列$\{a_n\}$的前n项的和为S_n,则当$n=21$时,S_n取最大值.

(1) $a_1>0$，$S_3=S_{11}$.

(2) $a_1>0$，$3a_4=5a_{11}$.

20 若$\{a_n\}$是各项均为正数的等比数列,则$\lg a_1+\lg a_2+\cdots+\lg a_{20}=30$.

(1) $a_9\cdot a_{12}=10^3$.

(2) $a_7^2\cdot a_{14}^2=10^6$.

21 $\frac{a}{b}=\frac{1}{2}$.

(1) a，x，b，$2x$是等差数列中相邻四项.

(2) a，x，b，$2x$是等比数列中相邻四项.

22 a_1b_2的值为-15.

(1) -9，a_1，-1成等差数列.

(2) -9，b_1，b_2，b_3，-1成等比数列.

23 将一骰子连续抛掷三次,则$P=\frac{1}{36}$.

(1) 它落地后向上的点数依次成等差数列的概率为P.

(2) 它落地后向上的点数依次成等比数列的概率为P.

24 实数x，y，z成等差数列.

(1) $(z-x)^2-4(x-y)(y-z)=0$.

(2) $\frac{1}{x}$，$\frac{1}{y}$，$\frac{1}{z}$成等差数列.

25 数列$\{a_n\}$成等比数列.

(1) S_n满足关系式$S_n=3^n+2$.

(2) S_n满足关系式$\lg(S_n+1)=n$.

参考答案

1. B.　【解析】由方程有实根可得$\Delta\geqslant0$,则$[-2c(a+b)]^2-4(a^2+c^2)(b^2+c^2)\geqslant0$,化简可

得$(c^2-ab)^2\leqslant 0\Rightarrow(c^2-ab)^2=0$,则$c^2=ab$,故$a$,$c$,$b$成等比数列.

2. E. 【解析】因为$d=\dfrac{a_{50}-a_{30}}{50-30}=-2$,所以$a_8=a_{30}+(8-30)d=-1<0$,而$a_7=a_{30}+(7-30)d=1>0$,所以$S_7$为最大值.

3. D. 【解析】由题意可得$a_3+a_6+a_9+\cdots+a_{99}=(a_1+2d)+(a_4+2d)+(a_7+2d)+\cdots+(a_{97}+2d)=a_1+a_4+a_7+\cdots+a_{97}+66d=50+66\times(-2)=-82$.

4. C. 【解析】设4个根分别为x_1,x_2,x_3,x_4,则$x_1+x_2=2$,$x_3+x_4=2$,由等差数列性质,当$m+n=p+q$时,$a_m+a_n=a_p+a_q$. 设x_1为第1项,x_2必为第4项,可得数列为:$\dfrac{1}{4}$,$\dfrac{3}{4}$,$\dfrac{5}{4}$,$\dfrac{7}{4}$,所以$p=\dfrac{7}{16}$,$q=\dfrac{15}{16}$,故$|p-q|=\dfrac{1}{2}$.

5. B. 【解析】因为$S_n=\dfrac{a_1(1-q^n)}{1-q}$,所以

$$S_{2n}-S_n=\frac{a_1(1-q^{2n})}{1-q}-\frac{a_1(1-q^n)}{1-q}=\frac{a_1(q^n-q^{2n})}{1-q}=q^n\cdot\frac{a_1(1-q^n)}{1-q}=q^n\cdot S_n.$$

同理$S_{3n}-S_{2n}=q^{2n}\cdot\dfrac{a_1(1-q^n)}{1-q}=q^n(S_{2n}-S_n)$. 所以$S_n$,$S_{2n}-S_n$,$S_{3n}-S_{2n}$是公比为$q^n$的等比数列.

6. C. 【解析】将$x=2$代入题中式得$3+3^2+\cdots+3^n=a_1+2a_2+\cdots+na_n$,即$a_1+2a_2+3a_3+\cdots+na_n=\dfrac{3-3^{n+1}}{1-3}=\dfrac{3^{n+1}-3}{2}$.

7. C. 【解析】根据题意可得,在等比数列$\{a_n\}$中,若前10项的和$S_{10}=10$,则$a_1+a_2+\cdots+a_{10}=10$;若前20项的和$S_{20}=30$,则有$S_{20}-S_{10}=a_{11}+a_{12}+\cdots+a_{20}=q^{10}(a_1+a_2+\cdots+a_{10})=30-10=20$,可得$q^{10}=2$,则$S_{30}-S_{20}=a_{21}+a_{22}+\cdots+a_{30}=q^{20}(a_1+a_2+\cdots+a_{10})=4\times 10=40$,又由$S_{20}=30$,得$S_{30}=70$,故选C.

8. A. 【解析】由条件可得$a_{15}=a_1+14d$,$a_{60}=a_1+59d$,建立方程组可得$a_1=\dfrac{64}{15}$,$d=\dfrac{4}{15}$,$a_{75}=a_1+74d=24$.

9. E. 【解析】因为a,b,c三个数既成等差数列,又成等比数列,所以$a=b=c$,所以方程是:$x^2+x-1=0$,所以$\alpha+\beta=-1$,$\alpha\beta=-1$,故$\alpha^3\beta-\alpha\beta^3=\alpha\beta(\alpha^2-\beta^2)=\alpha\beta(\alpha+\beta)\cdot(\alpha-\beta)=\alpha-\beta$. 而$(\alpha-\beta)^2=(\alpha+\beta)^2-4\alpha\beta=1+4=5$,所以$\alpha-\beta=\sqrt{5}$,故$\alpha^3\beta-\alpha\beta^3=\sqrt{5}$.

10. E. 【解析】圆化为标准方程:$(x-5)^2+y^2=25$,圆心$C(5,0)$,半径$r=5$. 当CM垂直于弦时,弦最短. 由于$CM=3$,所以由勾股定理可得$\left(\dfrac{a_1}{2}\right)^2=r^2-CM^2=16$,$a_1=8$. 最大弦长为直径,从而$a_k=2r=10$. 由于$a_k=a_1+(k-1)d$,得$k=\dfrac{2}{d}+1$,因为公差$d\in\left[\dfrac{1}{3},\dfrac{1}{2}\right]$,所以$k\in[5,7]$.

11. E. 【解析】因为$\{a_n\}$,$\{b_n\}$为等差数列,所以$a_n=\dfrac{a_1+a_{2n-1}}{2}(n\in\mathbf{N}^*)$,$b_n=$

$\frac{b_1+b_{2n-1}}{2}(n\in\mathbf{N}^*)$，那么有$\frac{a_n}{b_n}=\frac{\frac{(a_1+a_{2n-1})(2n-1)}{2}}{\frac{(b_1+b_{2n-1})(2n-1)}{2}}=\frac{S_{2n-1}}{T_{2n-1}}=\frac{6n-2}{8n-5}$，则$\frac{a_4}{b_4}=\frac{22}{27}$.

12. A. 【解析】因为 2，2^x-1，2^x+3 成等比数列，所以$(2^x-1)^2=2\times(2^x+3)$，$(2^x)^2-4\times 2^x-5=0$. 令 $t=2^x$，$t>0$，$t^2-4t-5=0$，所以 $t=5$ 或 $t=-1$(舍)，所以 $2^x=5$，即 $x=\log_2 5$.

13. B. 【解析】因为 $a_n=2n-23$，$a_{11}=-1<0$，$a_{12}=1>0$，所以 S_{11} 为最小值. 所以 $S_{11}=\frac{11(a_1+a_{11})}{2}=-121$，此时 $n=11$.

14. C. 【解析】设 λ 使得 $a_{n+1}+\lambda=2(a_n+\lambda)$，由此可得 $\lambda=-1$. 所以 $a_{n+1}-1=2(a_n-1)$，即$\frac{a_{n+1}-1}{a_n-1}=2$. 所以 $\{a_n-1\}$ 为等比数列，且首项为 2，公比也为 2. 故 $a_{2\,014}-1=2\times 2^{2\,013}=2^{2\,014}$，所以 $a_{2\,014}=2^{2\,014}+1$.

15. C. 【解析】由条件可得 $\frac{a_1+a_2+\cdots+a_{40}}{40}=90$，所以 $a_1+a_2+\cdots+a_{40}=3\,600$. 由等差数列性质可得 $a_1+a_{40}=a_2+a_{39}=\cdots=a_8+a_{33}=\cdots=a_{20}+a_{21}=\frac{S_{40}}{20}=\frac{3\,600}{20}=180$，所以 $a_1+a_8+a_{33}+a_{40}=360$.

16. C. 【解析】设等差数列 $\{b_n\}$ 的公差为 d，等比数列 $\{a_n\}$ 的公比为 q. 因为 $b_2\geqslant a_2$，所以 $1+d\geqslant q$. 由条件(1)，只能得出 $q>0$. 所以条件(1) 不充分. 由条件(2)，得 $q^9=1+9d\Rightarrow d=\frac{q^9-1}{9}$，取特殊值：$q=-10$，$d=\frac{(-10)^9-1}{9}$，显然 $1+d<q$. 所以条件(2)也不充分. 联合(1)(2)，有 $1+d=\frac{q^9+8}{9}=\frac{q^9+1+1+1+1+1+1+1+1}{9}\geqslant\sqrt[9]{q^9\cdot 1\cdot 1\cdot\cdots\cdot 1}=q$，所以联合条件(1)(2)充分. 故选 C.
注：本题同第三章“练习与测试”的最后一题. 管理类联考数学，往往一个题目考查的知识点有多个，需要读者全面学习大纲中要求的所有数学知识点，并熟练掌握，正如我们一直贯彻的原则：“全面，细致，熟练.”

17. D. 【解析】(1)显然成立. 由(2)得 $2\lg b=\lg a+\lg c\Rightarrow\lg b^2=\lg(ac)\Rightarrow b^2=ac$，故 b 是 a，c 的等比中项. 综上：条件(1)(2)均单独成立，故选 D.

18. B. 【解析】由(1)解方程组 $a_1+a_3=10$，$a_4+a_6=2$ 得 $a_1=\frac{19}{3}$，$d=-\frac{4}{3}$，故 $a_4=\frac{7}{3}$. 由(2)解方程组 $a_1+a_3=10$，$a_4+a_6=\frac{5}{4}$ 得 $a_1=8$，$q=\frac{1}{2}$，故 $a_4=1$. 综上：条件(1)不充分，条件(2)充分，故选 B.

19. B. 【解析】由(1)，因为 $S_3=S_{11}$，所以 S_n 的图像为一元二次函数，顶点在$\frac{3+11}{2}$处. 故 S_7 为最大值. 由(2)得 $3(a_1+3d)=5(a_1+10d)\Rightarrow d=\frac{-2a_1}{41}$，所以 $a_{21}=a_1+20$

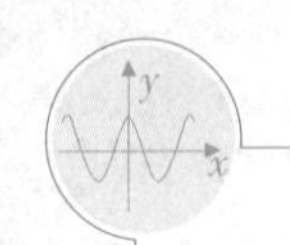

$\times\frac{-2a_1}{41}=\frac{1}{41}a_1$，$a_{22}=a_1+21\times\frac{-2a_1}{41}=-\frac{1}{41}a_1$. 因为 $a_1>0$，所以 $a_{21}>0$，$a_{22}<0$，故当 $n=21$ 时，S_n 取最大值. 综上：条件(1)不充分，条件(2)充分，故选 B.

20. D. 【解析】由条件(1)得 $a_1\cdot a_{20}=a_2\cdot a_{19}=\cdots=a_9\cdot a_{12}=a_{10}\cdot a_{11}=10^3$，所以 $\lg a_1+\lg a_2+\cdots+\lg a_{20}=30$. 由条件(2)，因为$\{a_n\}$各项均为正数，可得 $a_7\cdot a_{14}=10^3$，所以 $a_1\cdot a_{20}=a_2\cdot a_{19}=\cdots=a_7\cdot a_{14}=\cdots=a_{10}\cdot a_{11}=10^3$，所以 $\lg a_1+\lg a_2+\cdots+\lg a_{20}=30$. 综上：条件(1)(2)单独都充分. 故选 D.

21. B. 【解析】由条件(1)得 $b-a=2x-x=x$. 由条件(2)得 $\frac{a}{b}=\frac{x}{2x}=\frac{1}{2}$. 综上：条件(1)不充分，条件(2)充分. 故选 B.

22. E. 【解析】由条件(1)可得 $a_1=\frac{-1-9}{2}=-5$. 由条件(2)可得 $b_2^2=(-9)\times(-1)=9$，所以 $b_2=\pm3$. 综上：条件(1)(2)单独都不充分，且联合起来也不充分，故选 E.

23. C. 【解析】由条件(1)得出将一颗骰子连续抛掷三次，落地时向上的点数恰好依次成等差数列的情况有：公差 $d=0$：(1, 1, 1)，(2, 2, 2)，(3, 3, 3)，(4, 4, 4)，(5, 5, 5)，(6, 6, 6) 共 6 种. $d=1$：(1, 2, 3)，(2, 3, 4)，(3, 4, 5)，(4, 5, 6) 共 4 种；同理，$d=-1$ 的也是 4 种. $d=2$：(1, 3, 5)，(2, 4, 6) 共 2 种；同理 $d=-2$ 的也是 2 种. 所有共有 18 种. 所以三次抛掷落地后向上的点数依次成等差数列的概率 $P=\frac{18}{216}=\frac{1}{12}$. 由条件(2)得出它落地时向上的点数能组成等比数列，分两种情况讨论：若三次的点数都相同，有 6 种情况；若三次的点数不相同，则这三次的点数分别为 1，2，4，或者是 4，2，1，共 2 种情况. 故它落地时向上的点数能组成等比数列的情况共有 8 种. 所以三次抛掷落地后向上的点数依次成等比数列的概率 $P=\frac{8}{216}=\frac{1}{27}$. 满足(1)(2)条件的情况只有 (1, 1, 1)，(2, 2, 2)，(3, 3, 3)，(4, 4, 4)，(5, 5, 5)，(6, 6, 6)这 6 种，此时概率 $P=\frac{6}{216}=\frac{1}{36}$. 综上：条件(1)和条件(2)单独不充分，联合起来充分，故选 C.

24. A. 【解析】由(1) 得左式 $=(x+z)^2-2\times2y(z+x)+4y^2=(x+z-2y)^2=$ 右式 $=0$. 即 $x+z-2y=0\Rightarrow x+z=2y$，所以 x，y，z 成等差数列. 条件(2) 显然无法推出结论. 综上：(1)单独充分，(2)单独不充分，故选 A.

25. B. 【解析】由(1)得 $a_1=S_1=5$. 当 $n\geqslant2$ 时，$a_n=S_n-S_{n-1}=3^n+2-3^{n-1}-2=3^{n-1}(3-1)=2\cdot3^{n-1}$. 因为 $2\cdot3^{1-1}=2\neq5$，所以$\{a_n\}$不是等比数列. 由(2)得 $S_n=10^n-1$，$a_1=S_1=9$. 当 $n\geqslant2$ 时，$a_n=S_n-S_{n-1}=10^n-1-10^{n-1}+1=10^{n-1}(10-1)=9\cdot10^{n-1}$. 因为 $9\cdot10^{1-1}=9=a_1$，所以$\{a_n\}$ 为等比数列. 综上：(1) 不充分，(2) 充分，故选 B.

第六章

应　用　题

第一节 ◈ 考 点 分 析

一、比和比例

1. 百分比

(1) 若原来的数量为 a，增长率为 $p\%$，增长一次后的数量为 $a(1+p\%)$.

(2) 若原来的数量为 a，下降率为 $p\%$，下降一次后的数量为 $a(1-p\%)$.

(3) 若甲是乙的 $p\%$，则 甲 $=$ 乙 $\cdot\, p\%$.

(4) 若甲比乙大 $p\%$，则 甲 $=$ 乙 $\cdot\,(1+p\%)$.

2. 变化率

$$\text{变化率}=\frac{\text{现在}-\text{以前}}{\text{以前}}\times 100\%.$$

3. 比例的基本性质

(1) 外项积 $=$ 内项积

$a:b=c:d \Leftrightarrow ad=bc$.

(2) 互换外项和内项

$a:b=c:d \Leftrightarrow \frac{d}{b}=\frac{c}{a}$ 或 $\frac{a}{c}=\frac{b}{d}$.

(3) 合比定理

$a:b=c:d \Leftrightarrow \frac{a+b}{b}=\frac{c+d}{d}$.

(4) 分比定理

$a:b=c:d \Leftrightarrow \frac{a-b}{b}=\frac{c-d}{d}$.

(5) 合分比定理

$a:b=c:d \Leftrightarrow \frac{a+b}{a-b}=\frac{c+d}{c-d}$.

4. 利润率

$\text{利润率}=\frac{\text{售价}-\text{进价}}{\text{进价}}\times 100\%$（数学中的利润率指成本利润率，所以分母为成本）.

二、行程问题

1. 三大要素

时间、速度、路程，找准这三大要素之间的关系是解决行程问题的关键(注意单位的统一)：

$$路程=速度\times时间(s=v\cdot t).$$

2. 常用关系

(1) 若速度相等，则时间比=路程比.

(2) 若时间相等，则速度比=路程比.

(3) 若路程相等，则速度比=时间的反比.

3. 相对速度

(1) 甲、乙两辆车在路上的相对速度($v_{甲}>v_{乙}$)

同向：相对速度$=v_{甲}-v_{乙}$；相向：相对速度$=v_{甲}+v_{乙}$.

(2) 船在水中的相对速度

顺水速度=船在静水中的速度+水流的速度；

逆水速度=船在静水中的速度-水流的速度.

三、工程问题

工程问题的三大要素是工程效率、工程时间、工程量，解决工程问题的关键就是掌握这三者之间的关系，在解题过程中，我们通常将工程量看作单位1，然后根据题干条件比例求解.

(1) 工程效率=工程量÷工程时间.

(2) 合作效率=各个分效率之和.

(3) 工程总量$=\dfrac{部分量}{其对应的比例}$.

四、浓度问题

浓度就是溶质质量与溶液质量的比值，通常用百分数来表示.

(1) 浓度$=\dfrac{溶质}{溶液}\times100\%$.

(2) 溶液=溶质+溶剂.

(3) 两种溶液混合通常用十字交叉法(也可用于求班级平均值的问题).

五、容斥原理

在计数时，为了使重叠的部分不被重复计算而产生的一种新的计数方法：先不考虑重叠的情况，把包含于某内容中的所有对象的数目先计算出来，然后再把计数时重复计算的数目排斥出去.

如果要计数A，B，C三种事物，那么这三种事物的总和$=A$的个数$+B$的个数$+C$的个数$-$既是A又是B的个数$-$既是A又是C的个数$-$既是B又是C的个数$+$既是A又

是 B 也是 C 的个数(通常用画饼的方式解决比较直观,见图 6.1).

即:$|A+B+C|=|A|+|B|+|C|-|AB|-|AC|-|BC|+|ABC|$.

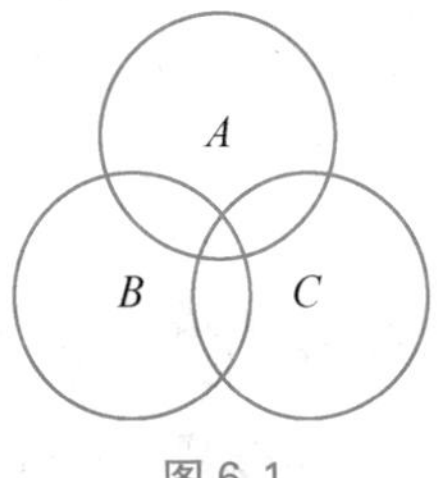

图 6.1

六、分段函数

分段函数就是对于自变量 x 的不同的取值范围,有着不同的解析式的函数. 它是一个函数,而不是几个函数. 分段函数的定义域是各段函数定义域的并集,值域也是各段函数的并集.

七、正整数解

不等式、方程(组)所解得的未知数是在某一范围内,通过已知条件,取其中的正整数解的题.

八、最值问题

最值分为最大值和最小值. 若函数 $f(x)$ 存在某函数值 M,在整个定义域上都有 $f(x)\geqslant M$,则 M 就是函数 $f(x)$ 的最小值;若 $f(x)\leqslant M$,则 M 是 $f(x)$ 的最大值.

最值问题的解法有二:

1. 均值不等式的应用

若 $x_1, x_2, \cdots, x_n$ 为 n 个正实数,则有 $\dfrac{x_1+x_2+\cdots+x_n}{n}\geqslant\sqrt[n]{x_1\cdot x_2\cdot\cdots\cdot x_n}$(当且仅当 $x_1=x_2=\cdots=x_n$ 时,等号成立).

(1) 若 $x_1+x_2+\cdots+x_n=k$(常数),则有 $x_1\cdot x_2\cdot\cdots\cdot x_n\leqslant\left(\dfrac{k}{n}\right)^n$,所以当且仅当 $x_1=x_2=\cdots=x_n$ 时,$x_1\cdot x_2\cdot\cdots\cdot x_n$ 有最大值 $\left(\dfrac{k}{n}\right)^n$;

(2) 若 $x_1\cdot x_2\cdot\cdots\cdot x_n=k$(常数),则有 $x_1+x_2+\cdots+x_n\geqslant n\cdot\sqrt[n]{k}$,所以当且仅当 $x_1=x_2=\cdots=x_n$ 时,$x_1+x_2+\cdots+x_n$ 有最小值 $n\cdot\sqrt[n]{k}$.

2. 二次函数的应用

形如 $y=ax^2+bx+c(a\neq 0)$ 的函数称为一元二次函数,其顶点坐标为 $\left(-\dfrac{b}{2a}, \dfrac{4ac-b^2}{4a}\right)$.

(1) 当 $a>0$ 时,二次函数的图像开口向上,y 有最小值,即当 $x=-\dfrac{b}{2a}$ 时,$y_{\min}=\dfrac{4ac-b^2}{4a}$;

(2) 当 $a<0$ 时,二次函数的图像开口向下,y 有最大值,即当 $x=-\dfrac{b}{2a}$ 时,$y_{\max}=\dfrac{4ac-b^2}{4a}$.

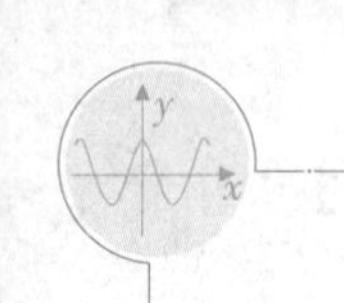

第二节 ◈ 例题解析

类型一　比和比例

例1　某电镀厂两次改进操作方法，使用锌量比原来节约15%，则平均每次节约(　　).

A. 42.5%　　B. 7.5%　　C. $(1-\sqrt{0.85})\times100\%$

D. $(1+\sqrt{0.85})\times100\%$　　E. 以上结论均不正确

【答案】 C.

【解析】 设平均每次用锌量节约的百分数为 x，原用锌量为 a，则两次改进后用锌量为 $a(1-x)^2=a(1-15\%)=0.85a$，解得 $x=(1+\sqrt{0.85})\times100\%$(不合题意，舍去) 或 $x=(1-\sqrt{0.85})\times100\%$.

例2　某公司得到一笔贷款共68万元，用于下属三个工厂的设备改造，结果甲、乙、丙三个工厂按比例分别得到36万元、24万元和8万元.

(1) 甲、乙、丙三个工厂按 $\frac{1}{2}:\frac{1}{3}:\frac{1}{9}$ 的比例分配贷款.

(2) 甲、乙、丙三个工厂按 $9:6:2$ 的比例分配贷款.

【答案】 D.

【解析】 设甲、乙、丙三个工厂分别得到款额为 x 万元、y 万元、z 万元.

由条件(1)，甲、乙、丙三个工厂的比例为 $\frac{1}{2}:\frac{1}{3}:\frac{1}{9}=9:6:2$，所以设 $x=9a$，$y=6a$，$z=2a$，那么 $9a+6a+2a=68$，解得 $a=4$. 则甲工厂得到36万元，乙工厂得到24万元，丙工厂得到8万元，所以条件(1) 充分.

由条件(2)，甲、乙、丙三个工厂的比例 $9:6:2$ 与条件(1) 所给数据一致，故条件(2) 也充分.

例3　商店某种服装换季降价，原来可买8件的钱现在可买13件，问这种服装价格下降的百分比是(　　).

A. 36.5%　　B. 38.5%　　C. 40%

D. 42%　　E. 以上结论均不正确

【答案】 B.

【解析】 解法一：设该服装原价为每件 x 元，现价为每件 y 元. 由已知条件，有 $8x=13y$，即 $\frac{y}{x}=\frac{8}{13}$，由分比定理，得 $\frac{x-y}{x}=\frac{13-8}{13}\approx0.385=38.5\%$.

解法二：设原来一件衣服为13元，现在为8元，则降低了5元，故 $\frac{5}{13}\approx0.385$.

例4　甲、乙两个出煤仓库的库存煤量之比为 $10:7$，要使这两仓库的库存煤量相等，甲仓库须向乙仓库搬入的煤量占甲仓库存煤量的(　　).

A. 10%　　B. 15%　　C. 20%　　D. 25%　　E. 30%

【答案】 B.

【解析】 设甲仓库库存煤量为 $10x$，乙仓库库存煤量为 $7x$，则 $\left(\frac{10x+7x}{2}-7x\right)/10x=15\%$.

例 5 甲仓存粮 30 吨，乙仓存粮 40 吨，要再往甲仓和乙仓共运去粮食 80 吨，使甲仓粮食是乙仓粮食数量的 1.5 倍，应运往乙仓的粮食是（　　）.

A. 15 吨　　B. 20 吨　　C. 25 吨　　D. 30 吨　　E. 35 吨

【答案】 B.

【解析】 设应往乙仓运去粮食 x 吨，往甲仓运去粮食 $80-x$ 吨，则 $30+80-x=1.5(40+x)$，解得 $x=20$.

例 6 甲、乙两商店同时购进了一批某品牌电视机，当甲店售出 15 台时乙店售出了 10 台，此时两店的库存比为 8∶7，库存差为 5，甲、乙两店总共进货量为（　　）.

A. 75　　B. 80　　C. 85　　D. 100　　E. 125

【答案】 D.

【解析】 设甲、乙两商店分别购进了 x，y 台，根据题意，有 $\begin{cases}(x-15):(y-10)=8:7,\\(x-15)-(y-10)=5,\end{cases}$ 解得 $\begin{cases}x=55,\\y=45,\end{cases}$ 所以 $x+y=100$.

例 7 甲、乙两仓库储存的粮食重量之比为 4∶3，现从甲仓库中调出 10 万吨粮食，则甲、乙两仓库存粮吨数之比为 7∶6. 甲仓库原有粮食的万吨数为（　　）.

A. 70　　B. 78　　C. 80

D. 85　　E. 以上结论均不正确

【答案】 C.

【解析】 设原来甲、乙两仓库粮食分别为 $4x$ 万吨和 $3x$ 万吨，根据题意有 $\frac{4x-10}{3x}=\frac{7}{6}$，解得 $x=20$，则甲仓库原有粮食 $4\times 20=80$(万吨).

例 8 一批图书放在两个书柜中，其中第一柜占 55%，若从第一柜中取出 15 本放入第二柜中，则两书柜的书各占这批图书 50%，这批图书共有（　　）.

A. 200 本　　B. 260 本　　C. 300 本　　D. 360 本　　E. 600 本

【答案】 C.

【解析】 设这批图书共有 x 本，第一柜原来有 $0.55x$ 本，第二柜有 $0.45x$ 本，则 $\frac{0.55x-15}{0.45x+15}=1$，解得 $x=300$.

例 9 某商品的成本为 240 元，若按该商品标价的 8 折出售，利润率是 15%，则该商品的标价为（　　）.

A. 276 元　　B. 331 元　　C. 345 元　　D. 360 元　　E. 400 元

【答案】 C.

【解析】 设商品的标价为 a 元，则商品的售价为 $0.8a$ 元，那么根据题意，知

$\frac{0.8a-240}{240}=0.15$,解得 $a=345$.

例 10　一家商店为回收资金,把甲、乙两件商品均以 480 元一件卖出.已知甲商品赚了 20%,乙商品亏了 20%,则商店盈亏结果为(　　).

A. 不亏不赚　　B. 少赚 100 元　　C. 多赚 125 元

D. 赚了 40 元　　E. 亏了 40 元

【答案】 E.

【解析】 设甲、乙两件商品的成本分别为 x, y,依题可得 $\begin{cases}x(1+0.2)=480,\\ y(1-0.2)=480,\end{cases}$ 解得 $x=400$, $y=600$.

所以总盈利为 $480\times2-400-600=-40$,即亏了 40 元.

例 11　甲、乙两商店某种商品的进货价格都是 200 元,甲店以高于进货价格 20%的价格出售,乙店以高于进货价格 15%的价格出售,结果乙店的售出件数是甲店的 2 倍.扣除营业税后乙店的利润比甲店多 5 400 元.若设营业税率是营业额的 5%,那么甲、乙两店售出该商品各为(　　)件.

A. 450, 900　　B. 500, 1 000　　C. 550, 1 100

D. 600, 1 200　　E. 650, 1 300

【答案】 D.

【解析】 设甲店售出 x 件,则乙店售出 $2x$ 件.由题意得

$$(200\times2x\times1.15\times0.95-200\times2x)-(200x\times1.2\times0.95-200x)=5\,400,$$

解得 $x=600$, $2x=1\,200$.

例 12　某国参加北京奥运会的男女运动员的比例原为 19∶12,由于先增加若干名女运动员,使男女运动员的比例变为 20∶13,后又增加了若干名男运动员,于是男女运动员的比例最终变为 30∶19.如果后增加的男运动员比先增加的女运动员多 3 人,则最后运动员的总人数为(　　).

A. 686　　B. 637　　C. 700　　D. 661　　E. 600

【答案】 B.

【解析】 解法一:设最初男运动员为 $19a$,女运动员为 $12a$,增加女运动员为 b,增加男运动员为 $b+3$,则根据题意有 $\begin{cases}\frac{19a}{12a+b}=\frac{20}{13},\\ \frac{19a+b+3}{12a+b}=\frac{30}{19},\end{cases}$ 解得 $a=20$, $b=7$.

所以总人数是 $(19a+b+3)+(12a+b)=637$.

解法二:最后运动员人数是 $30+19=49$ 的倍数,故 A, B 可能正确,而第二次增加的人数中,女运动员人数未增加,所以女运动员人数为 19 的倍数,也是 13 的倍数,所以只能选 B.

类型二　行程问题

例 13　快、慢两列车的长度分别为 160 米和 120 米,它们相向行驶在平行轨道上,若坐

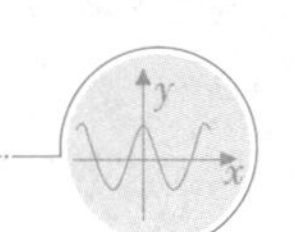

在慢车上的人见整列快车驶过的时间是 4 秒，那么坐在快车上的人见整列慢车驶过的时间是(　　).

A. 3 秒　　B. 4 秒　　C. 5 秒
D. 6 秒　　E. 以上结论均不正确

【答案】 A.

【解析】 设快、慢列车速度和为 v，则根据题意有 $v=\frac{160}{4}=40$(米 / 秒)，所以 $t=\frac{120}{40}=3$(秒).

例 14　某人上午 9:00 离家去附近的影城看电影，若他每分钟走 50 米，他迟到 5 分钟；若他每分钟走 70 米，他将会提前 5 分钟到达，则电影上映的时间是上午(　　).

A. 9:45　　B. 9:40　　C. 9:35　　D. 9:30　　E. 9:50

【答案】 D.

【解析】 设电影上映时间距离 9:00 为 x 分钟. 根据题意，有 $50(x+5)=70(x-5)$，解得 $x=30$.

所以电影上映时间为 9:30.

例 15　一列火车完全通过一个长为 1 600 米的隧道用了 25 秒，通过一根电线杆用了 5 秒，则该列火车的长度为(　　).

A. 200 米　　B. 300 米　　C. 400 米　　D. 450 米　　E. 500 米

【答案】 C.

【解析】 设火车的身长为 L 米，那么根据题意，有 $\frac{L+1\,600}{25}=\frac{L}{5}$，解得 $L=400$(米).

例 16　一批救灾物资分别随 16 列货车从甲站紧急调到 600 千米外的乙站，每列车的平均速度都为 125 千米/小时. 若两列相邻的货车在运行中的间隔不得小于 25 千米，则这批物资全部到达乙站最少需要的小时数为(　　).

A. 7.4　　B. 7.6　　C. 7.8　　D. 8　　E. 8.2

【答案】 C.

【解析】 最后一辆列车到达时，第一辆列车相当于走了 $(600+15\times25)$ 千米，得到所需要的时间为 $\frac{600+15\times25}{125}=7.8$(小时).

注：16 辆列车，只间距 15 个 25 千米.

例 17　一支部队排成长度为 800 米的队列行军，速度为 80 米/分钟. 在队首的通讯员以 3 倍于行军的速度跑步到队尾，花 1 分钟传达首长命令后，立即以同样的速度跑回到队首. 在这往返全过程中通讯员所花费的时间为(　　).

A. 6.5 分钟　　B. 7.5 分钟　　C. 8 分钟　　D. 8.5 分钟　　E. 10 分钟

【答案】 D.

【解析】 通讯员从队首跑步到队尾所花费的时间为 $\frac{800}{4\times80}=2.5$(分钟)，他再从队尾跑步到队首所花费时间为 $\frac{800}{2\times80}=5$(分钟)，那么在这往返全过程中通讯员所花费的时间为

$2.5+5+1=8.5$(分钟).

例18 一艘轮船往返航行于甲、乙两码头之间,若船在静水中的速度不变,则当这条河的水流速度增加50%时,往返一次所需的时间比原来将(　　).

A. 增加　　B. 减少半个小时　　C. 不变
D. 减少1个小时　　E. 无法判断

【答案】 A.

【解析】 解法一:设甲、乙两码头相距 s,船在静水中的速度为 v_1,原来水速为 v_2,则原来往返一次所需的时间 $t_1=\frac{s}{v_1+v_2}+\frac{s}{v_1-v_2}$,现往返一次所需的时间 $t_2=\frac{s}{v_1+1.5v_2}+\frac{s}{v_1-1.5v_2}$. 因此 $t_1-t_2=\frac{2v_1s}{v_1^2-v_2^2}-\frac{2v_1s}{v_1^2-(1.5v_2)^2}<0$,即 $t_1<t_2$.

解法二:设船速为5,水流速度为4,当水流速度增加50%时,水流速度为6,大于船速,则船在逆流而上时,永远回不到甲码头,故时间趋向于无穷大,故选A增加.

例19 从甲地到乙地,水路比公路近40千米. 上午10时,一艘轮船从甲地驶往乙地,下午1时,一辆汽车从甲地开往乙地,最后船、车同时到达乙地,若汽车的速度是每小时40千米,轮船的速度是汽车的$\frac{3}{5}$,则甲、乙两地的公路长为(　　).

A. 320千米　　B. 300千米　　C. 280千米
D. 260千米　　E. 以上结论均不正确

【答案】 C.

【解析】 设甲、乙两地的公路为 x 千米,则水路为 $x-40$ 千米,汽车的速度是每小时40千米,从而轮船的速度为每小时 $40\times\frac{3}{5}=24$(千米). 根据题意知轮船行驶的时间比汽车多3个小时,因此有$\frac{x}{40}+3=\frac{x-40}{24}$,解得 $x=280$.

例20 甲、乙两人同时从同一地点出发,相背而行1小时后他们分别到达各自的终点 A 和 B,若从原地出发,互换彼此的目的地,则甲在乙到达 A 之后35分钟到达 B. 问甲的速度和乙的速度之比是(　　).

A. 3∶5　　B. 4∶3　　C. 4∶5
D. 3∶4　　E. 以上结论均不正确

【答案】 D.

【解析】 设甲的速度为 x 千米/小时,乙的速度为 y 千米/小时,两人同时从同一 O 点出发,因1小时后他们分别到达各自的终点 A 和 B,则 OA 距离为 x 千米,OB 距离为 y 千米. 依题意有 $\frac{x}{y}=\frac{y}{x}-\frac{35}{60}$,令$\frac{x}{y}=t$,上式化为$t-\frac{1}{t}+\frac{7}{12}=0$,即 $12t^2+7t-12=0$,解得 $t_1=-\frac{4}{3}$(舍去),$t_2=\frac{3}{4}$.

所以甲的速度和乙的速度之比是3∶4.

注:解方程时可以使用特殊值法.

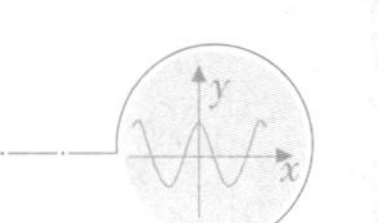

例 21 甲、乙两人同时从 A 点出发，沿 400 米跑道同向均匀行走，25 分钟后乙比甲少走了一圈，若乙行走一圈需要 8 分钟，甲的速度是(　　)(单位：米/分钟).

A. 62　　B. 65　　C. 66　　D. 67　　E. 69

【答案】 C.

【解析】 设甲、乙的速度分别为 $v_{甲}$，$v_{乙}$，则根据题意，有 $\begin{cases}25(v_{甲}-v_{乙})=400,\\8v_{乙}=400\end{cases}\Rightarrow\begin{cases}v_{甲}=66,\\v_{乙}=50.\end{cases}$

例 22 甲、乙两人沿椭圆形跑道匀速跑步，且在同一条起跑线同时出发，可以确定甲跑的速度是乙跑的速度的 2 倍.

(1) 沿同一方向跑步，经过 10 分钟后甲第一次从背后追上乙.

(2) 沿相反方向跑步，经过 2 分钟后甲、乙两人在跑道上相遇.

【答案】 E.

【解析】 设甲的速度为 $v_{甲}$，乙的速度为 $v_{乙}$，跑道的长度为 s.

由条件(1)，$10(v_{甲}-v_{乙})=s$，确定不了甲的速度与乙的速度之间的关系，所以条件(1)不充分.

由条件(2)，$2(v_{甲}+v_{乙})=s$，确定不了甲的速度与乙的速度之间的关系，所以条件(2)也不充分.

联合起来，有 $\begin{cases}10(v_{甲}-v_{乙})=s,\\2(v_{甲}+v_{乙})=s\end{cases}\Rightarrow\dfrac{v_{甲}}{v_{乙}}=\dfrac{3}{2}$，所以条件(1) 和条件(2) 联合起来也不充分.

类型三　工程问题

例 23 某工程由甲公司承包需要 60 天完成，由甲、乙两公司共同承包需要 28 天完成，由乙、丙两公司共同承包需要 35 天完成，则由丙公司承包完成该工程需要的天数为(　　).

A. 85　　B. 90　　C. 95　　D. 100　　E. 105

【答案】 E.

【解析】 设乙公司单独完成需要 x 天，丙公司单独完成需要 y 天，根据题意，有

$$\begin{cases}28\left(\dfrac{1}{60}+\dfrac{1}{x}\right)=1,\\35\left(\dfrac{1}{x}+\dfrac{1}{y}\right)=1\end{cases}\Rightarrow\begin{cases}x=52.5,\\y=105.\end{cases}$$

例 24 一项工程由甲、乙两队合作 30 天可完成. 甲队单独做 24 天后，乙队加入，两队合作 10 天后，甲队调走，乙队继续做了 17 天才完成. 若这项工程由甲队单独做，则需要(　　).

A. 60 天　　B. 70 天　　C. 80 天　　D. 90 天　　E. 100 天

【答案】 B.

【解析】 设甲队单独做需 x 天，则其每天完成这项工程的 $\dfrac{1}{x}$，甲、乙两队合作每天完成这项工程的 $\dfrac{1}{30}$. 根据题意有 $\dfrac{24}{x}+\dfrac{10}{30}+17\left(\dfrac{1}{30}-\dfrac{1}{x}\right)=1$，解得 $x=70$. 所以这项工程由甲队单

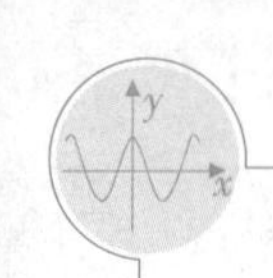

独做则需70天.

例25 一批货物要运进仓库.由甲、乙两队合运9小时,可运进全部货物的50%,乙队单独运则要30小时才能运完,又知甲队每小时可运进3吨,则这批货物共有(　　).

A. 135吨　　B. 140吨　　C. 145吨　　D. 150吨　　E. 155吨

【答案】 A.

【解析】 设这批货物共有x吨,则有$9\left(\frac{x}{30}+3\right)=\frac{1}{2}x$,解得$x=135$.

例26 某施工队承担了开凿一条长为2 400米隧道的工程,在掘进了400米后,由于改进了施工工艺,每天比原计划多掘进2米,最后提前50天完成了施工任务.原计划施工工期是(　　).

A. 200天　　B. 240天　　C. 250天　　D. 300天　　E. 350天

【答案】 D.

【解析】 设原来每天速度为x米,则得$\frac{2\,400}{x}-\left(\frac{400}{x}+\frac{2\,000}{x+2}\right)=50$,解得$x=8$(米),则原计划工期为$2\,400\div 8=300$(天).

例27 完成某项任务,甲单独做需要4天,乙单独做需要6天,丙单独做需要8天.现甲、乙、丙三人依次一日一轮换地工作,则完成该任务共需的天数为(　　).

A. $6\frac{2}{3}$　　B. $5\frac{1}{3}$　　C. 6　　D. $4\frac{2}{3}$　　E. 4

【答案】 B.

【解析】 根据题意,知甲的效率为$\frac{1}{4}$,乙的效率为$\frac{1}{6}$,丙的效率为$\frac{1}{8}$,那么在甲、乙各做了两天,丙做了一天之后剩余的工程量为$1-\frac{1}{4}-\frac{1}{6}-\frac{1}{8}-\frac{1}{4}-\frac{1}{6}=\frac{1}{24}$,由丙负责完成,所需的时间为$\frac{\frac{1}{24}}{\frac{1}{8}}=\frac{1}{3}$,所以完成该任务共需的天数为$5\frac{1}{3}$天.

例28 一艘轮船发生漏水事故,当漏进水600桶时,两部抽水机开始排水,甲机每分钟能排水20桶,乙机每分钟能排水16桶,经50分钟刚好将水全部排完,每分钟漏进的水有(　　).

A. 12桶　　B. 18桶　　C. 24桶
D. 30桶　　E. 以上结论均不正确

【答案】 C.

【解析】 设每分钟漏水x桶,根据题意有$50x+600=20\times 50+16\times 50$,解得$x=24$.

类型四　浓度问题

例29 车间共有40人,某次技术考核的平均成绩为80分,其中男工平均成绩为83分,女工平均成绩为78分,该车间有女工(　　).

A. 16人　　B. 18人　　C. 20人　　D. 24人　　E. 25人

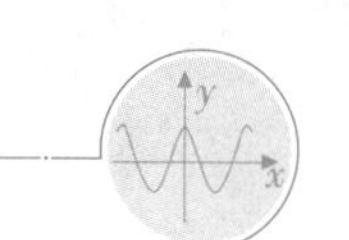

【答案】 D.

【解析】 设该车间有女工 x 人，则男工有 $40-x$ 人，根据题意有 $\frac{83(40-x)+78x}{40}=80 \Rightarrow x=24$.

例 30 某班有学生 36 人，期末各科平均成绩 85 分以上的为优秀生. 若该班优秀生的平均成绩为 90 分，非优秀生的平均成绩为 72 分，全班平均成绩为 80 分，则该班优秀生的人数是(　　).

A. 12　　B. 14　　C. 16　　D. 18　　E. 20

【答案】 C.

【解析】 解法一：设该班优秀生的人数为 x，则 $90x+72(36-x)=36\times80$，解得 $x=16$.

解法二：十字交叉.

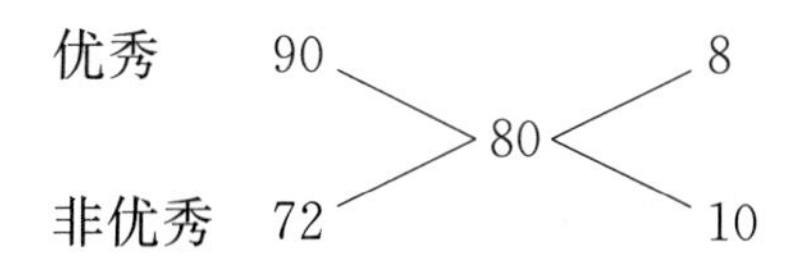

故 $\frac{优秀}{非优秀}=\frac{8}{10}=\frac{4}{5}$，由于总人数为 36，则该班优秀人数为 $4\times4=16$.

例 31 一个容器中盛有纯酒精 10 升，第一次倒出若干升之后，用水加满，第二次倒出同样的升数，再用水加满，这时容器中酒精的浓度为 36%，则每次倒出的溶液为(　　).

A. 4 升　　B. 5 升　　C. 7 升　　D. 8 升　　E. 3 升

【答案】 A.

【解析】 设每次倒出的溶液为 x 升，则第一次之后溶液浓度为 $\frac{10-x}{10}$，第二次之后溶液浓度为 $\frac{10-x-x\cdot\frac{10-x}{10}}{10}=36\%$，解得 $x=4$ 或 $x=16$(舍).

或直接用公式：$\left(\frac{10-x}{10}\right)^2=36\%$.

例 32 含盐 12.5% 的盐水 40 千克，蒸发掉部分水分后变成了含盐 20% 的盐水，蒸发掉的水分重量为(　　)千克.

A. 19　　B. 18　　C. 17　　D. 16　　E. 15

【答案】 E.

【解析】 解法一：设蒸发掉水分为 x 千克，根据溶质守恒定律，有 $40\times12.5\%=(40-x)\times20\%$，解得 $x=15$.

解法二：十字交叉.

盐水　20　　　　　　12.5

　　　　　12.5

水　　0　　　　　　7.5

故 $\frac{\text{盐水}}{\text{水}}=\frac{12.5}{7.5}=\frac{5}{3}$,由于盐水共 40 千克,则水的重量为 $3\times5=15$(千克).

例 33　已知甲桶中有 A 农药 50 升,乙桶中有 A 农药 40 升,那么两桶农药混合,可以配制成浓度为 40%的农药.

(1) 甲桶中 A 农药的浓度为 20%,乙桶中 A 农药的浓度为 65%.

(2) 甲桶中 A 农药的浓度为 30%,乙桶中 A 农药的浓度为 52.5%.

【答案】 D.

【解析】 解法一:由条件(1),两桶农药混合后其浓度为 $\frac{50\times20\%+40\times65\%}{90}=\frac{36}{90}\times100\%=40\%$,所以条件(1) 充分.

由条件(2),两桶农药混合后其浓度为 $\frac{50\times30\%+40\times52.5\%}{90}=\frac{36}{90}\times100\%=40\%$,所以条件(2) 也充分.

解法二:十字交叉.

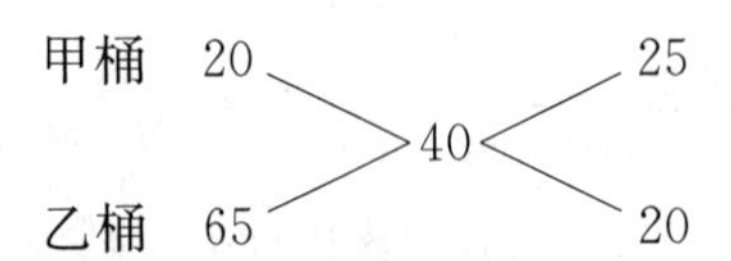

故 $\frac{\text{甲桶}}{\text{乙桶}}=\frac{25}{20}=\frac{5}{4}$,由于已知甲桶中有 A 农药 50 升,乙桶中有 A 农药 40 升,符合 $\frac{5}{4}$,故条件(1) 充分,同理(2) 也充分.

例 34　甲、乙两组射手打靶,乙组平均成绩为 171.6 环,比甲组平均成绩高出 30%,而甲组人数比乙组人数多 20%,则甲、乙两组射手的总平均成绩是(　　).

A. 140 分　　B. 145.5 分　　C. 150 分

D. 158.5 分　　E. 以上结论均不正确

【答案】 C.

【解析】 解法一:设乙的人数为 y,甲的平均成绩为 x,甲的人数为 $1.2y$,则 $x(1+30\%)=171.6$,解得 $x=132$. 所以 $\frac{171.6y+132\times1.2y}{1.2y+y}=\frac{330y}{2.2y}=150$,则甲、乙两组射手的总平均成绩为 150 分.

解法二:十字交叉.

甲　$171.6/1.3=132$　　　　$171.6-x$

　　　　　　　x

乙　171.6　　　　　　　　$x-132$

故 $\frac{171.6-x}{x-130}=\frac{1.2}{1}$,解得 $x=150$.

例 35　在某实验中,三个试管各盛水若干千克,先将浓度为 12%的盐水 10 克倒入 A 管中,混合后取 10 克倒入 B 管中,混合后再取 10 克倒入 C 管中,结果 A, B, C 三个试管中盐水的浓度分别为 6%, 2%, 0.5%,那么三个试管中原来盛水最多的试管及其盛水量各是

(　　).

A. A 试管，10 克　　B. B 试管，20 克　　C. C 试管，30 克

D. B 试管，40 克　　E. C 试管，50 克

【答案】 C.

【解析】 解法一：设 A 管中原有水 x 克，B 管中原有水 y 克，C 管中原有水 z 克，则根据题意有 $\begin{cases}\dfrac{0.12\times 10}{x+10}=0.06,\\ \dfrac{0.06\times 10}{y+10}=0.02,\\ \dfrac{0.02\times 10}{z+10}=0.005,\end{cases}$ 解得 $\begin{cases}x=10,\\ y=20,\\ z=30.\end{cases}$

所以这三个试管中原来盛水最多的是 C 试管，盛水量为 30 克.

解法二：分别用三次十字交叉(略).

类型五　容斥原理

例 36　某单位有 90 人，其中有 65 人参加外语培训，72 人参加计算机培训，已知参加外语培训而没参加计算机培训的有 8 人，则参加计算机培训而没参加外语培训的人数为(　　).

A. 5　　B. 8　　C. 10　　D. 12　　E. 15

【答案】 E.

【解析】 如图 6.2 所示，既参加外语培训又参加计算机培训的人数为 $65-8=57$，所以参加计算机培训而没参加外语培训的人数为 $72-57=15$.

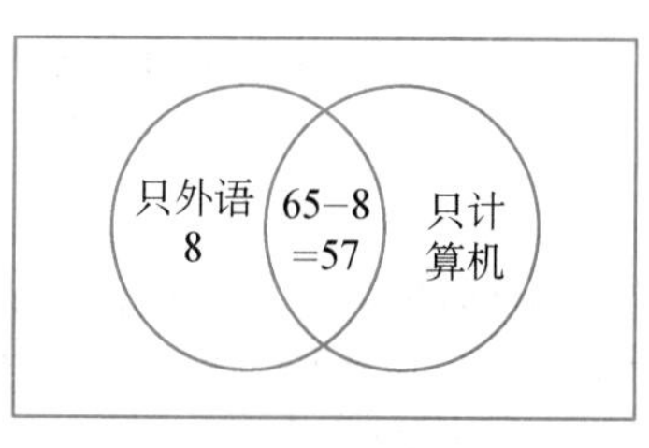

图 6.2

例 37　某单位有职工 40 人，其中参加计算机考核的有 31 人，参加外语考核的有 20 人，有 8 人没有参加任何一种考核，则同时参加两项考核的职工有(　　).

A. 10 人　　B. 13 人　　C. 15 人

D. 19 人　　E. 以上结论均不正确

【答案】 D.

【解析】 设参加两项考核的职工为 x 人，如图 6.3 所示，则有 $31+20-x=40-8$，解得 $x=19$.

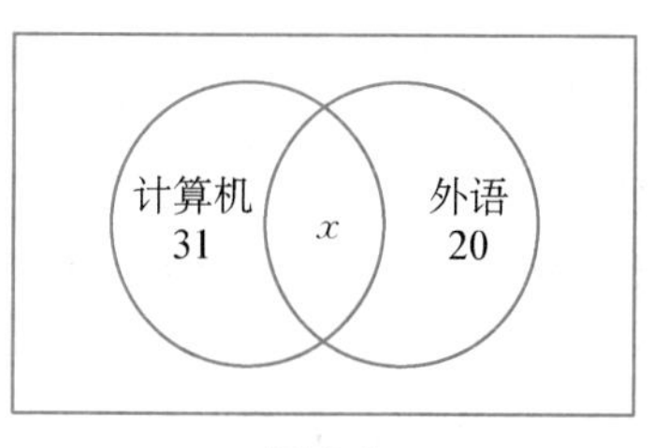

图 6.3

例 38　某公司的员工中，拥有本科毕业证、计算机等级证、汽车驾驶证的人数分别为 130，110，90，又知只有一种证的人数为 140，三证齐全的人数为 30，则恰有双证的人数为(　　).

A. 45　　B. 50　　C. 52

D. 65　　E. 100

【答案】 B.

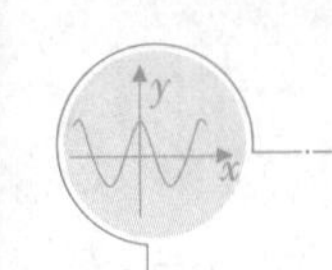

【解析】 如图6.4所示，设恰有两证的人数为 x 人，那么根据题意有 $140\times1+2x+3\times30=130+110+90$，解得 $x=50$.

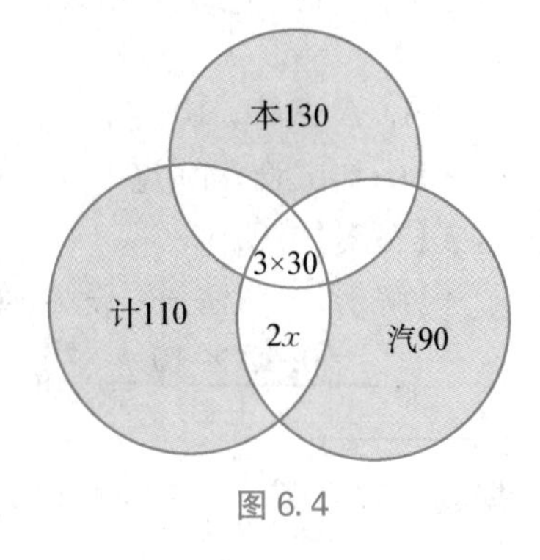

图6.4

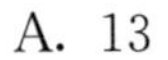 64人订A，B，C三种杂志. 订A杂志的有28人，订B杂志的有41人，订C杂志的有20人，订A，B两种杂志的有10人，订B，C两种杂志的有12人，订A，C两种杂志的有12人，则三种杂志都订的有(　　)人.

A. 13　　B. 12　　C. 11

D. 10　　E. 9

【答案】 E.

【解析】 设三种杂志都订的人数为 x，根据题意有 $28+41+20-10-12-12+x=64$，解得 $x=9$.

类型六　分段函数

例40　某自来水公司的水费计算方法如下：每户每月用水不超过5吨的，每吨收费4元，超过5吨的，每吨收取较高标准的费用. 已知9月份张家的用水量比李家的用水量多50%，张家和李家的水费分别是90元和55元，则用水量超过5吨的收费标准是(　　).

A. 5元/吨　　B. 5.5元/吨　　C. 6元/吨

D. 6.5元/吨　　E. 7元/吨

【答案】 E.

【解析】 设李家用水量为 x 吨，则张家用水量为 $1.5x$ 吨，用水量超过5吨的收费标准为 y 元/吨，则 $\begin{cases}5\times4+y(x-5)=55,\\5\times4+y(1.5x-5)=90,\end{cases}$ 解得 $y=7$.

例41　为了调节个人收入，减少中低收入者的赋税负担，国家调整了个人工资薪金所得税的征收方案. 已知原方案的起征点为2 000元/月，税费分九级征收，前四级税率如表6.1所示：

表6.1

级数	全月应纳税所得额 q(元)	税率(%)
1	$0<q\leqslant500$	5
2	$500<q\leqslant2\,000$	10
3	$2\,000<q\leqslant5\,000$	15
4	$5\,000<q\leqslant20\,000$	20

新方案的起征点为3 500元/月，税费分七级征收，前三级税率如表6.2所示：

表6.2

级数	全月应纳税所得额 q(元)	税率(%)
1	$0<q\leqslant1\,500$	3

续 表

级数	全月应纳税所得额 q(元)	税率(%)
2	$1\,500 < q \leqslant 4\,500$	10
3	$4\,500 < q \leqslant 9\,000$	20

某人在新方案下每月缴纳的个人工资薪金所得税是 345 元,则此人每月缴纳的个人工资薪金所得税比原方案减少了(　　).

A. 825 元　　B. 480 元　　C. 345 元　　D. 280 元　　E. 135 元

【答案】 B.

【解析】 设此人的工资薪金为 x 元.根据现方案有 $1\,500\times3\%+(x-1\,500-3\,500)\times10\%=345\Rightarrow x=8\,000$,那么按原方案此人应缴的所得税为 $500\times5\%+1\,500\times10\%+3\,000\times15\%+1\,000\times20\%=825$(元).

所以此人每月缴纳的个人工资薪金所得税比原方案减少了 $825-345=480$(元).

类型七　平均值

例 42　某校理学院五个系每年录取人数如表 6.3 所示:

表 6.3

系别	数学系	物理系	化学系	生物系	地理系
录取人数	60	120	90	60	30

今年与去年相比,物理系平均分没变,则理学院录取平均分升高了.

(1) 数学系录取平均分升高了 3 分,生物系录取平均分降低了 2 分.

(2) 化学系录取平均分升高了 1 分,地理系录取平均分降低了 4 分.

【答案】 C.

【解析】 设五个系去年的录取平均分分别为 a, b, c, d, e.

条件(1)(2)单独都不充分,联合条件(1)(2)可得:

$$去年平均分=\frac{60a+120b+90c+60d+30e}{60+120+90+60+30}=\frac{2a+4b+3c+2d+e}{12},$$

$$今年平均分=\frac{60(a+3)+120b+90(c+1)+60(d-2)+30(e-4)}{60+120+90+60+30}=\frac{2a+4b+3c+2d+e+1}{12}.$$

所以今年平均分大于去年平均分.故选 C.

例 43　甲班共有 30 名学生,在一次满分为 100 分的测试中,全班平均成绩为 90 分,则成绩低于 60 分的学生最多有(　　)人.

A. 8　　B. 7 C. 6 D. 5 E. 4

【答案】 B.

【解析】 设低于 60 分的最多有 x 人,则每人可以失 40 分,30 人的总成绩为 $30\times90=$

2 700(分),那么有 $40x \leqslant 30 \times 100 - 2\,700 = 300 \Rightarrow x \leqslant 7.5$,所以最多有 7 人低于 60 分.

例 44　某年级共有 8 个班. 在一次年级考试中,共有 21 名学生不及格,每班不及格的学生最多有 3 名,则(一)班至少有 1 名学生不及格.

(1) (二)班的不及格人数多于(三)班.

(2) (四)班不及格的学生有 2 名.

【答案】 D.

【解析】 设 8 个班不及格人数分别为 $x_1, x_2, \cdots, x_8$,则有 $x_1 + x_2 + \cdots + x_8 = 21$ $(x_i \leqslant 3, i = 1, 2, \cdots, 8)$.

在条件(1)和(2)下,均有 $x_1 \geqslant 1$ 成立,所以条件(1) 充分,条件(2) 也充分.

例 45　在某次考试中,甲、乙、丙三个班的平均成绩为 80, 81 和 81.5,三个班的学生分数之和为 6 952,则三个班的学生总人数为(　　).

A. 85　　B. 86 C. 87 D. 88 E. 90

【答案】 B.

【解析】 三个班的平均成绩为 80, 81 和 81.5,则三个班的总平均成绩 $\bar{x}$ 应有 $80 < \bar{x} < 81.5$,因此三个班总人数 n 应有 $\frac{6\,952}{81.5} < n < \frac{6\,952}{80}$,即 $85.3 < n < 86.9$,又 n 是整数,所以 $n = 86$.

类型八　最值问题

例 46　已知某厂生产 x 件产品的成本为 $c = 25\,000 + 200x + \frac{1}{40}x^2$(元). 若产品以每件 500 元售出,则使利润最大的产量是(　　).

A. 2 000 件 B. 3 000 件 C. 4 000 件 D. 5 000 件 E. 6 000 件

【答案】 E.

【解析】 设生产 x 件产品的利润为 w 元,根据题意有

$$w = 500x - \left(25\,000 + 200x + \frac{1}{40}x^2\right) = -\frac{1}{40}x^2 + 300x - 25\,000$$

$$= -\frac{1}{40}(x - 6\,000)^2 + 875\,000.$$

当 $x = 6\,000$ 时,w 取得最大值.

例 47　某商店销售某种商品,该商品的进价为每件 90 元,若每件定价为 100 元,则一天内能售出 500 件,在此基础上,定价每增加 1 元,一天便少售出 10 件. 甲商店欲获得最大利润,则该商品的定价应为(　　).

A. 115 元　B. 120 元 C. 125 元 D. 130 元 E. 135 元

【答案】 B.

【解析】 设定价为 $100 + a$ 元, 由已知条件,利润

$$l = (10 + a)(500 - 10a) = -10a^2 + 400a + 5\,000 = -10[(a - 20)^2 - 900].$$

即当 $a = 20$ 时,利润最大.

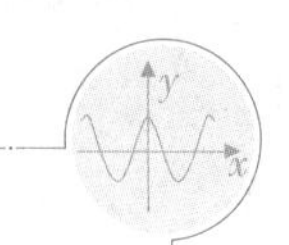

例 48　某工厂定期购买一种原料. 已知该厂每天使用该原料 6 吨，每吨价格 1 800 元，原料的保管等费用平均每吨 3 元，每次购买原料须支付运费 900 元. 若要使该工厂平均每天支付的总费用最省，则应该每(　　)天购买一次原料.

A. 11　　B. 10 C. 9 D. 8 E. 7

【答案】 B.

【解析】 设应该每 x 天购买一次原料，则该厂平均每天支付的总费用为

$$\frac{1\,800\times6x+900+(3\times6+3\times6\times2+3\times6\times3+\cdots+3\times6\times x)}{x}$$

$$=\frac{1\,800\times6x+900+18\times(1+2+3+\cdots+x)}{x}$$

$$=1\,800\times6+\frac{900}{x}+\frac{18\times\frac{x(1+x)}{2}}{x}$$

$$=1\,800\times6+9+\frac{900}{x}+9x=1\,800\times6+9+9\left(\frac{100}{x}+x\right).$$

求 $\frac{100}{x}+x$ 最小即可，由算术平均值和几何平均值的关系有 $\frac{100}{x}+x\geqslant2\sqrt{\frac{100}{x}\times x}$，当且仅当 $\frac{100}{x}=x$，即 $x=10$ 时等号成立. 所以要使该厂平均每天支付的总费用最省，则应该每 10 天购买一次原料.

例 49　某公司计划运送 180 台电视机和 110 台洗衣机下乡，现有两种货车，甲种货车每辆最多可载 40 台电视机和 10 台洗衣机，乙种货车每辆最多可载 20 台电视机和 20 台洗衣机. 已知甲、乙两种货车的租金分别是每辆 400 元和 360 元，则最少的运费是(　　).

A. 2 560 元 B. 2 600 元 C. 2 640 元 D. 2 680 元 E. 2 720 元

【答案】 B.

【解析】 设甲车 x 辆，乙车 y 辆，由题意可得 $\begin{cases}40x+20y\geqslant180,\\10x+20y\geqslant110,\end{cases}$ 即 $\begin{cases}2x+y\geqslant9,\\x+2y\geqslant11,\end{cases}$ 解得 $\begin{cases}x=2,\\y=5\end{cases}$ 或 $\begin{cases}x=3,\\y=4\end{cases}$（其余解总辆数均大于 7 且 $x>3$，舍去).

由于乙的运费便宜，所以乙车越多越好，甲车越少越好. 因此，甲车 2 辆、乙车 5 辆的时候，费用为 2 600 元.

例 50　某地区平均每天产生生活垃圾 700 吨，由甲、乙两个处理厂处理. 甲厂每小时可处理垃圾 55 吨，所需费用为 550 元. 乙厂每小时可处理垃圾 45 吨，所需费用为 495 元. 如果该地区每天的垃圾处理费用不能超过 7 370 元，那么甲厂每天处理垃圾的时间至少需要(　　)小时.

A. 6　　B. 7 C. 8 D. 9 E. 10

【答案】 A.

【解析】 设甲厂每天处理垃圾的时间为 x 小时，乙厂每天处理垃圾的时间为 y 小时，

则$\begin{cases}55x+45y=700,\\550x+495y\leqslant 7\,370,\end{cases}$即$\begin{cases}55x+45y=700,\\50x+45y\leqslant 670,\end{cases}$两式相减可得 $5x\geqslant 30$，所以 $x\geqslant 6$，即甲厂每天处理垃圾的时间至少需要 6 小时.

类型九　种树问题

例 51　将一批树苗种在正方形花园的边上，四角都种，如果每隔 3 米种一棵，那么剩下 10 棵树苗；如果每隔 2 米种一棵，那么恰好种满正方形的 3 条边，则这批树苗有(　　)棵.

A. 54　　B. 60　C. 70　D. 82　E. 94

【答案】 D.

【解析】 设正方形边长为 a，树苗共 x 棵.

由已知有$\begin{cases}\dfrac{4a}{3}+10=x,\\\dfrac{3a}{2}+1=x,\end{cases}$解得$\begin{cases}a=54,\\x=82.\end{cases}$

注：在线段等这些不闭合图形边种树，最后要加一棵；在正方形(或者圆、三角形)等闭合图形边种树，不需要加一棵，因为第一棵树就是最后一棵.

例 52　在一条长为 180 米的道路两旁种树，每隔 2 米已挖好一个坑，由于树种改变，现改为每隔 3 米种一棵树，则需要重新挖坑和填坑的个数分别是(　　).

A. 30，60　B. 60，30　C. 60，120　D. 120，60　E. 100，50

【答案】 C.

【解析】 因为从 2 米坑变为 3 米坑，最小公倍数为 6，所以每 6 米需要重新挖坑 1 个，填坑 2 个，故 180 米的路需要挖坑 $\dfrac{180}{6}=30$(个)，填坑 60 个. 因为是道路两旁，所以答案为 C.

第三节 ◈ 练习与测试

1　某商品打九折会使销售量增加 20%，则这一折扣会使销售额增加的百分比是(　　).

A. 20%　　B. 10%　　C. 8%　　D. 5%　　E. 2%

2　一批产品的合格率为 95%，而合格品中一等品占 60%，其余为二等品. 现在从中任取一件检验，这件产品是二等品的概率为(　　).

A. 0.57　　B. 0.38　　C. 0.35

D. 0.26　　E. 以上结论均不正确

3　某城区 2001 年绿地面积较上年增加了 20%，人口却负增长，结果人均绿地面积比上年增长了约 21%.

(1) 2001 年人口较上年下降了 8.26‰.

(2) 2001 年人口较上年下降了 10‰.

4　某地连续举办三场国际商业足球比赛，第二场观众比第一场减少了 80%，第三场观众比第二场减少了50%，若第三场观众仅有2 500人，则第一场观众有（ ）.

A. 15 000人 B. 20 000人 C. 22 500人

D. 25 000人 E. 27 500人

5 某商人经营甲、乙两种商品，每件甲种商品的利润为40%，每件乙种商品的利润为60%，当售出的乙种商品的件数比售出甲种商品的件数多50%时，这个商人得到的总利润为50%，那么当售出甲、乙两种商品的件数相等时，这个商人得到的总利润为（ ）.

A. 48% B. 50% C. 52% D. 54% E. 56%

6 某商品的成本利润率为12%，若其成本降低20%，而售价不变，则利润率为（ ）.

A. 32% B. 35% C. 40% D. 45% E. 48%

7 某电子产品一月份按原定价的80%出售，能获利20%；二月份由于进价降低，按同样原定价的75%出售，却能获利25%. 那么二月份进价是一月份进价的百分之（ ）.

A. 92 B. 90 C. 85 D. 80 E. 75

8 甲、乙两人在圆形跑道上跑步，他们同时从A点以相反方向沿圆弧跑步，当他们在B点相遇时，乙跑的圆弧所对的圆心角为160°，相遇后，甲的速度减少20%，乙的速度增加20%，且继续各自向前，当甲回到A点时，乙距A点还有10米的路程，则跑道周长为（ ）米.

A. 300 B. 360 C. 450 D. 540 E. 680

9 一辆汽车以40千米/小时的速度由甲地驶向乙地，车行3小时后，因遇雨平均速度被迫每小时减少10千米，结果到达乙地时间比预计的时间晚了45分钟，那么甲、乙两地之间的距离为（ ）千米.

A. 170 B. 190 C. 210 D. 230 E. 240

10 某人以6千米/小时的平均速度上山，上山后立即以12千米/小时的平均速度原路返回，那么此人在往返过程中的每小时平均所走的千米数为（ ）.

A. 9 B. 8 C. 7

D. 6 E. 以上结论均不正确

11 小明下午三点钟出门赴约，若他每分钟走60米，会迟到5分钟；若他每分钟走75米，会提前4分钟到达. 原定的约会时间是下午（ ）.

A. 三点五十分 B. 三点四十分 C. 三点三十五分

D. 三点半 E. 以上结论均不正确

12 管径相同的三条不同管道甲、乙、丙，可同时向某基地容积为1 000立方米的油罐供油. 丙管道的供油速度比甲管道的供油速度大.

(1) 甲、乙同时供油10天可灌满油罐.

(2) 乙、丙同时供油5天可灌满油罐.

13 若用浓度30%和20%的甲、乙两种食盐溶液配成浓度为24%的食盐溶液500克，则甲、乙两种溶液应各取（ ）.

A. 180克和320克 B. 185克和315克 C. 190克和310克

D. 195克和305克 E. 200克和300克

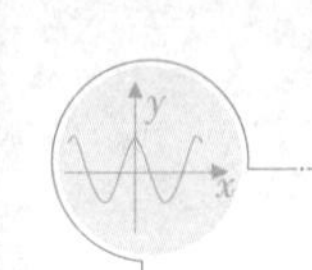

14 一笔钱购买 A 型彩色电视机，若买 5 台余 2 500 元，若买 6 台则缺 4 000 元. 今将这笔钱用于购买 B 型彩色电视机，正好可购 7 台，B 型彩色电视机每台的售价是(　　).

A. 4 000 元　　B. 4 500 元　　C. 5 000 元　　D. 5 500 元　　E. 6 000 元

15 有 A，B 两种型号联合收割机，在第一个工作日，9 部 A 型机和 3 部 B 型机共收割小麦 189 公顷；在第二个工作日，5 部 A 型机和 6 部 B 型机共收割小麦 196 公顷. A，B 两种联合收割机一个工作日内收割小麦的公顷数分别是(　　).

A. 14，21　　B. 21，14　　C. 15，18

D. 18，15　　E. 以上结论均不正确

16 游泳者在河中逆流而上. 在桥 A 下面时水壶遗失被水冲走，继续前游 20 分钟后他才发现水壶遗失，于是立即返回追寻水壶. 若在此过程中水速不变，则该水速是 3 千米/小时.

(1) 在桥 A 下游距桥 A3 千米的桥 B 下面追到水壶.

(2) 在桥 A 下游距桥 A2 千米的桥 B 下面追到水壶.

17 某工程队有若干个甲、乙、丙三种工人，现在承包了一项工程，要求在规定时间内完成. 若单独由甲种工人来完成，则需要 10 个人；若单独由乙种工人来完成，则需要 15 人；若单独由丙种工人来完成，则需要 30 人. 若在规定时间内恰好完工，则该单位工人总数至少有 12 人.

(1) 甲种工人人数最多.

(2) 乙种工人人数最多.

18 将装有乒乓球的 577 个盒子从左到右排成一行，如果最左边的盒子里放了 6 个乒乓球，且每相邻的 4 个盒子里共有 32 个乒乓球，那么最右边的盒子里的乒乓球个数是(　　).

A. 6　　B. 7　　C. 8

D. 9　　E. 以上结论均不正确

19 某单位要铺设草坪，若甲、乙公司合作需要 6 天完成，工时费共计 2.4 万元. 若甲公司单独做 4 天后由乙公司接着做 9 天完成，工时费共计 2.35 万元. 若由甲公司单独完成该项目，则工时费共计(　　)万元.

A. 2.25　　B. 2.35　　C. 2.4　　D. 2.45　　E. 2.5

20 某人需要处理若干份文件，第一小时处理了全部文件的 $\frac{1}{5}$，第二小时处理了剩余文件的 $\frac{1}{4}$. 则此人需要处理的文件共 25 份.

(1) 前两小时处理了 10 份文件.

(2) 第二小时处理了 5 份文件.

21 能确定某企业产值的月平均增长率.

(1) 已知一月份的产值.

(2) 已知全年的总产值.

22 某机构向 12 位教师征题，共征集到 5 种题型的试题 52 道. 则能确定供题教师的人数.

(1) 每位供题教师提供的试题数相同.

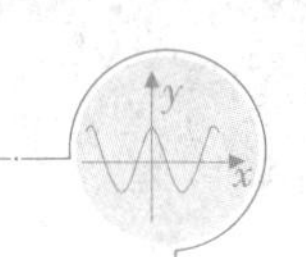

(2) 每位供题教师提供的题型不超过 2 种.

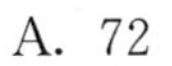

23 如果甲公司的年终奖总额增加 25%,乙公司的年终奖总额减少 10%,两者相等,则能确定两公司的员工人数之比.

(1) 甲公司的人均年终奖与乙公司的相同.

(2) 两公司的员工人数之比与两公司的年终奖总额之比相等.

24 火车行驶 72 千米用时 1 小时,速度 v 与行驶时间 t 的关系如图 6.5 所示,则 $v_0=$( ).

A. 72 B. 80 C. 90

D. 95 E. 100

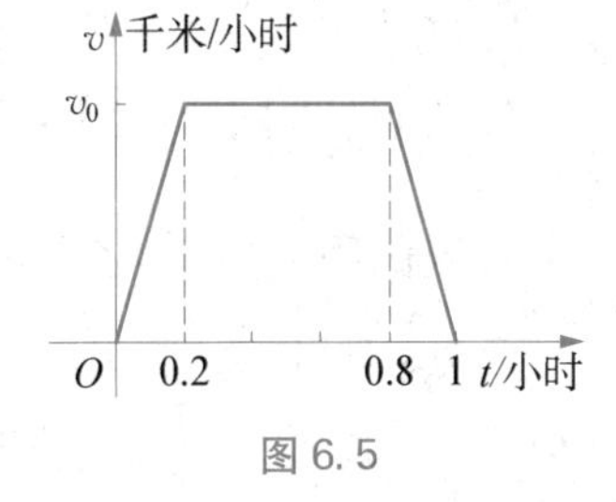

图 6.5

25 某公司以分期付款的方式购买了一套定价为 1 100 万元的设备,首期付款 100 万元,之后每个月付款 50 万元,并支付上期余额的利息,月利率 1%. 该公司为此设备共支付了( ).

A. 1 195 万元 B. 1 200 万元 C. 1 205 万元

D. 1 215 万元 E. 1 300 万元

参考答案

1. C. 【解析】设原来的单价为 x,销售量为 y,则销售额为 xy. 现在单价为 $0.9x$,销售量为 $1.2y$,则销售额为 $1.08xy$. 故选 C.

2. B. 【解析】因为合格品占这批产品的 95%,二等品占合格品的 $1-60\%=40\%$,所以这件产品是二等品的概率为 $95\%\times40\%=38\%=0.38$,故选 B.

3. D. 【解析】条件(1)中,设 2000 年绿地面积为 x,人口数量为 y,人均绿地面积为 $\frac{x}{y}$,则 2001 年绿地面积为 $1.2x$,人口数量为 $0.99174y$,人均绿地面积为 $\frac{1.2x}{0.99174y}\approx\frac{1.21x}{y}$,较去年增长了 21%. 同理可得,条件(2) 也如此,故选 D.

4. D. 【解析】设第一场观众为 x 人,则第二场的观众为 $20\%x$ 人,第三场为 $10\%x$ 人,则有 $10\%x=2500$,解得 $x=25000$,故选 D.

5. A. 【解析】设甲、乙的进价分别为 a, b,甲的销量为 x,列表格如下(表 6.4):

表 6.4

	进价	售价	销量	总利润
甲	a	$1.4a$	x	$0.4ax$
乙	b	$1.6b$	$1.5x$	$0.9bx$

根据题意得 $\frac{0.4ax+0.9bx}{ax+1.5bx}=0.5$,解得 $a=1.5b$. 那么当售出甲、乙两种商品的件数相等时,总利润为 $\frac{0.4ax+0.6bx}{ax+bx}=\frac{0.4\times1.5bx+0.6bx}{1.5bx+bx}=\frac{1.2}{2.5}=0.48$.

6. C. 【解析】设原成本价为 100 元,则根据题意,利润为 12 元,售价为 112 元,现在成本降为 80 元，售价依然为 112 元，则利润率为：$\frac{112-80}{80}=0.4$，故选 C.

7. B. 【解析】设一月进价单位为 1，一月的售价为 $(1+20\%)=120\%$，二月的定价为 $\frac{120\%}{80\%}=150\%$，二月的售价为 $150\%\times75\%=112.5\%$，则二月进价为一月的 $\frac{112.5\%}{1+25\%}=90\%$，故选 B.

8. C. 【解析】根据题干，变速前，$\frac{v_{甲}}{v_{乙}}=\frac{s_{甲}}{s_{乙}}=\frac{200°}{160°}=\frac{5}{4}$，变速后，$\frac{v_{甲}}{v_{乙}}=\frac{5\times0.8}{4\times1.2}=\frac{4}{4.8}$. 设甲之前走的路程为 $5s$，乙走的路程为 $4s$，则根据题意列等量关系为 $5s-\frac{4s}{4}\times4.8=10$，$s=50$，总路程为 $9s=450$(米). 故选 C.

9. C. 【解析】设甲、乙两地之间距离为 s，则行驶 3 小时后剩余的路程为 $s-40\times3=s-120$，由于到达乙地时间比预计的时间晚了 45 分钟，所以方程为 $\frac{s-120}{40}+\frac{45}{60}=\frac{s-120}{40-10}$，解得 $s=210$(千米)，故选 C.

10. B. 【解析】设上山的时间为 t，则上山路程为 $6t$，则下山所用的时间为 $\frac{t}{2}$，总路程为 $12t$，则往返的平均速度为 $12t\div\left(t+\frac{t}{2}\right)=8$，故选 B.

11. B. 【解析】小明准时到达的时间：$(60\times5+75\times4)\div(75-60)=40$(分钟)，所以原定到达的时间为三点四十分，故选 B.

12. C. 【解析】设甲、乙、丙的工作效率分别为 x，y，z，工作总量为 1. 单独由条件(1)(2)显然不充分，联合条件(1)(2)，得 $\begin{cases}(x+y)\times10=1,\\(y+z)\times5=1,\end{cases}$ 即 $\begin{cases}x+y=\frac{1}{10},\\y+z=\frac{1}{5},\end{cases}$ 消去 y，得 $z-x=\frac{1}{5}-\frac{1}{10}=\frac{1}{10}>0$，即 $z>x$. 故选 C.

13. E. 【解析】由题意可知，$(30\%-24\%):(24\%-20\%)=3:2$，甲溶液：$500\div(2+3)\times2=200$(克)，乙溶液：$500\div(3+2)\times3=300$(克)，故选 E.

14. C. 【解析】设每台 A 型彩色电视机 x 元，则可以列出方程 $5x+2\,500=6x-4\,000$，解得 $x=6\,500$，可得这笔资金为 $5\times6\,500+2\,500=35\,000$(元)，由题意可知正好买了 7 台 B 型彩色电视机，则每台 B 型彩色电视机的价格为 $35\,000\div7=5\,000$(元)，故选 C.

15. A. 【解析】设 A 型机每个工作日收割 x 公顷，B 型机为 y 公顷，则可以得出方程组 $\begin{cases}9x+3y=189,\\5x+6y=196,\end{cases}$ 解得 $\begin{cases}x=14,\\y=21,\end{cases}$ 故选 A.

16. B. 【解析】设游泳者和水流的速度分别为 $v_{人}$ 千米/小时和 $v_{水}$ 千米/小时，过了 t 小时追到水壶，则继续前游 20 分钟(即$\frac{1}{3}$小时)后游泳者与水壶的距离为

$$s=\frac{1}{3}(v_{人}-v_{水})+\frac{1}{3}v_{水}=\frac{1}{3}v_{人}.$$

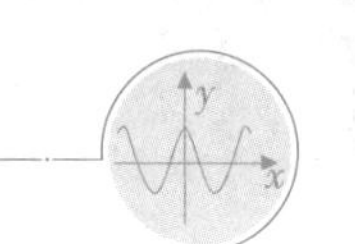

游泳者追水壶的速度为 $v_{人}+v_{水}-v_{水}=v_{人}$，则有 $tv_{人}=s=\frac{1}{3}v_{人}$，$t=\frac{1}{3}$. 游泳者追到水壶的时间为 $\frac{1}{3}$，故水壶从遗失到被追上共用了 $\frac{1}{3}+\frac{1}{3}=\frac{2}{3}$(小时). 条件(1)：$\frac{2}{3}v_{壶}=\frac{2}{3}v_{水}=3$，故 $v_{水}=4.5$，不充分；条件(2)：$\frac{2}{3}v_{壶}=\frac{2}{3}v_{水}=2$，故 $v_{水}=3$，充分，故选 B.

17. B. 【解析】设规定时间为 1，则甲、乙、丙种工人的效率分别为 $\frac{1}{10}$，$\frac{1}{15}$，$\frac{1}{30}$. 设需要甲、乙、丙种工人的人数分别为 x，y，z，则有 $\begin{cases}\frac{1}{10}x+\frac{1}{15}y+\frac{1}{30}z=1,\\ x+y+z\geqslant 12,\end{cases}$ 得 $x+y+z\geqslant 12\cdot\left(\frac{1}{10}x+\frac{1}{15}y+\frac{1}{30}z\right)$，得 $y+3z\geqslant x$. 由条件(1)，得 x 最大，无法判断 $y+3z\geqslant x$，故不充分；由条件(2)，得 z 最大，则 $z\geqslant x$，故 $y+3z\geqslant x$，充分. 故选 B.

18. A. 【解析】由题意知每相邻的 4 个盒子共有 32 个乒乓球，所以第 5 个盒子里一定有 6 个乒乓球. 因 $577\div 4=144\cdots\cdots 1$，所以最右边的盒子里的乒乓球的个数和最左边的盒子里的乒乓球的个数一样，都是 6，故选 A.

19. E. 【解析】设甲公司单独完成每天需要 x 元，乙公司为 y 元，则可得出方程组为 $\begin{cases}6x+6y=24\,000,\\ 4x+9y=23\,500,\end{cases}$ 解得 $\begin{cases}x=2\,500,\\ y=1\,500,\end{cases}$ 由题意可知甲、乙合作需要 6 天完成，甲单独做 4 天后乙再做 9 天也可以完成，得甲单独工作 1 天完成的工作量等于乙 1.5 天完成的工作量，得甲单独完成需要 10 天，$10\times 2\,500=25\,000$(元)$=2.5$(万元)，故选 E.

20. D. 【解析】在条件(1)下，设某人第一个小时处理了文件 x 份，则第二个小时处理了 $10-x$ 份. 由题意可得 $\frac{5x-x}{4}=10-x$，解得 $x=5$. 因为第一小时处理了全部文件的 $\frac{1}{5}$，所以共要处理文件 25 份，条件(1) 充分. 在条件(2) 下，设共要处理文件 y 份，由题意可得方程 $y=5\div\frac{1}{4}\div\left(1-\frac{1}{5}\right)$，解得 $y=25$，所以条件(2) 充分，故选 D.

21. E. 【解析】已知一月的产值，但是并不知道年总产值或其他任意一月的产值，故条件不足，无法确定月平均增长值. 同理可得条件(2)也无法确定. 设一月产值为 a，月平均增长率为 x，全年总产值为 b，则有方程 $a+a(1+x)+a(1+x)^2+\cdots+a(1+x)^{11}=\frac{a[1-(1+x)^{12}]}{1-(1+x)}=b$，根据零点定理，$x$ 的解不唯一，所以不能确定 x 的值. 故选 E.

22. C. 【解析】设供题的老师人数为 $x(x\leqslant 12)$. 由条件(1)，因为 $52=2\times 2\times 13$，则 $x=1$ 或 $x=2$ 或 $x=4$. 故条件(1) 不充分. 由条件(2)，$x\geqslant 3$. 故条件(2) 也不充分. 联合条件(1)(2)，得 $x=4$，能确定供题教师的人数. 故选 C.

23. D. 【解析】在条件(1)下，设甲公司的员工为 x 人，乙公司的为 y 人，人均年终奖为 z，则有 $zx\times(1+25\%)=zy\times(1-10\%)$，可得 $\frac{zx}{zy}=\frac{90\%}{125\%}=0.72=\frac{x}{y}$，故条件(1) 充分.

在条件(2)下，设甲公司的年终奖总额为 x，乙公司的年终奖总额为 y，由题意得方程 $125\%x=90\%y$，得 $\frac{x}{y}=\frac{90\%}{125\%}=0.72$，故条件(2)充分，故选 D.

24. C. 【解析】由题意可得 $v_0\times(0.8-0.2)+\frac{v_0}{2}\times[0.2+(1-0.8)]=72$，解得 $v_0=90$，故选 C.

25. C. 【解析】由题意可得首期付款 100 万元，所以欠款 1 000 万元，依照题意分 20 次付款，每次付款的数额顺次构成数列 a_n. $a_1=50+1\,000\times1\%=60$，$a_2=50+(1\,000-50)\times1\%=59.5$，$a_3=50+(1\,000-100)\times1\%=59$，…，$a_n=50+[1000-50(n-1)]\times1\%=60-\frac{1}{2}(n-1)$，可以看出数列是以 60 为首项的等差数列. 所以 $S_{20}=\frac{1}{2}\times(a_1+a_{20})\times20=1\,105$. 综上所述得实际付款为 $1\,105+100=1\,205$(万元)，故选 C.

第二篇

几　　何

第七章

平 面 几 何

第一节 ◈ 考 点 分 析

一、三角形

1. 基本概念

(1) 中线：连接一个顶点和对边中点的线段，叫作三角形的中线.

(2) 角平分线：一个内角的平分线，叫作三角形的角平分线.

(3) 高：从一个顶点向对边作的垂线，叫作三角形的高.

(4) 重心：三条中线交于一点，称此点为三角形的重心.

(5) 垂心：三条高交于一点，称此点为三角形的垂心.

(6) 内心：三条角平分线交于一点，称此点为三角形的内心，即内切圆的圆心.

(7) 外心：三条边的中垂线交于一点，称此点为三角形的外心，即外接圆的圆心.

2. 基本性质

如图 7.1 所示：

(1) 任意两边之和大于第三边，任意两边之差小于第三边.

(2) 三个内角和为 180°($\angle A+\angle B+\angle C=180°$).

(3) 外角等于不相邻内角和，$\angle\alpha=\angle BAC+\angle B$.

(4) $\triangle ABC$ 的面积为 $S_{\triangle ABC}=\dfrac{1}{2}BC\cdot AD=\dfrac{1}{2}ab\sin C$.

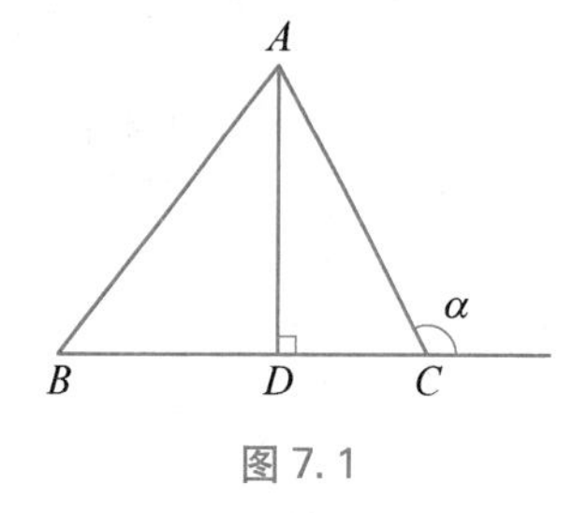

图 7.1

例 1 有 1 厘米，2 厘米，3 厘米，4 厘米，5 厘米，6 厘米的六根木棍，能组成三角形的概率为(   ).

A. $\dfrac{1}{5}$　　B. $\dfrac{1}{4}$　　C. $\dfrac{3}{10}$　　D. $\dfrac{7}{20}$　　E. $\dfrac{2}{5}$

【答案】 D.

【解析】 能组成三角形的有 2、3、4，2、4、5，2、5、6，3、4、5，3、4、6，3、5、6，4、5、6，共 7 个，概率为 $\dfrac{7}{C_6^3}=\dfrac{7}{20}$，故选 D.

例 2 $\triangle ABC$ 的边长为 a，b，c，则$\triangle ABC$ 为直角三角形.

(1) $(c^2-a^2-b^2)(a^2-b^2)=0$.

(2) $\triangle ABC$ 的面积为$\frac{1}{2}ab$.

【答案】 B.

【解析】 由条件(1)得$c^2=a^2+b^2$或$a^2=b^2$，为直角三角形或等腰三角形，所以不充分.

由条件(2)，根据正弦定理，$S=\frac{1}{2}ab\sin C=\frac{1}{2}ab$，得 $\sin C=1$，则 $C=90°$.

例 3 已知三角形 ABC 的三条边分别为 a，b，c，则三角形 ABC 是等腰直角三角形.

(1) $(a-b)(c^2-a^2-b^2)=0$.

(2) $c=\sqrt{2}b$.

【答案】 C.

【解析】 根据条件(1)得，$a=b$ 或 $c^2=a^2+b^2$，为直角三角形或等腰三角形，所以不充分.

条件(2)也不充分. 联合(1)(2)得 $c=\sqrt{2}b=\sqrt{2}a$，为等腰直角三角形，充分，故选 C.

3. 全等与相似

全等与相似是平面几何中的两个基本概念.

(1) 两个几何图形全等，即其中一个可以经过平移(或者加翻转)和另一个重合. 全等的图形对应角相等，对应的线段长度也相等. 全等的关系用≌表示. 全等三角形的对应线段(对应边，对应边上的高、中线、角平分线)均相等，且对应角也相等，如图 7.2.

(2) 两个几何图形相似，即其中一个可经过放大或缩小变为和另一个全等. 相似的图形对应角相等，对应的线段长度成比例，比值称为相似比. 如果两个相似图形的相似比为 k，则面积比为 k^2. 相似关系用∽表示.

如图 7.3，有 $\angle A=\angle A'$，$\angle B=\angle B'$，$\angle C=\angle C'$，且$\frac{AB}{A'B'}=\frac{AC}{A'C'}=\frac{BC}{B'C'}$.

$\frac{S_{\triangle ABC}}{S_{\triangle A'B'C'}}=\left(\frac{AB}{A'B'}\right)^2$.

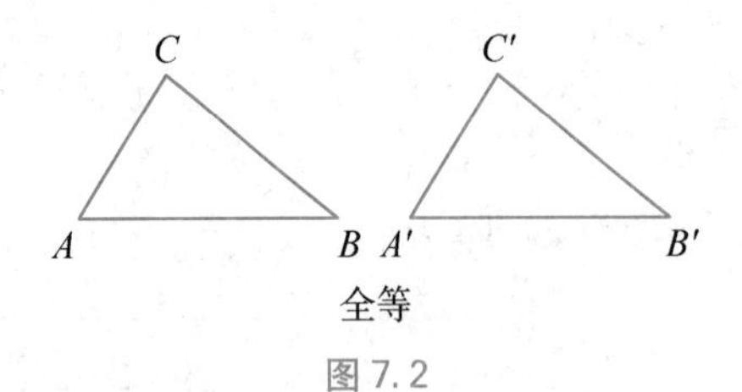

图 7.2

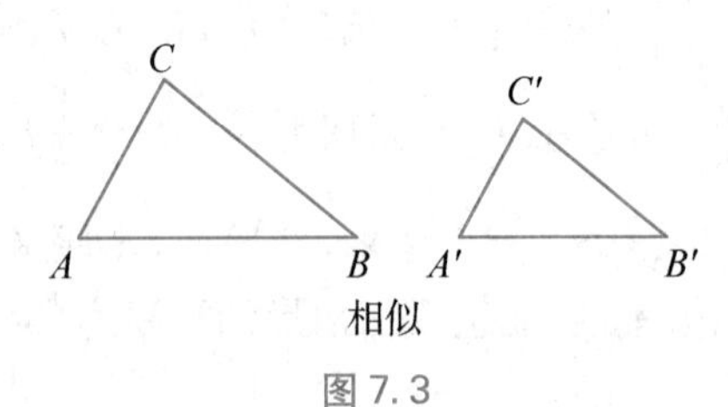

图 7.3

例 4 如图 7.4，在三角形 ABC 中，已知 $EF\ /\!/\ BC$，则三角形 AEF 的面积等于梯形 $EBCF$ 的面积.

(1) $AG=2GD$.

(2) $BC=\sqrt{2}EF$.

【答案】 B.

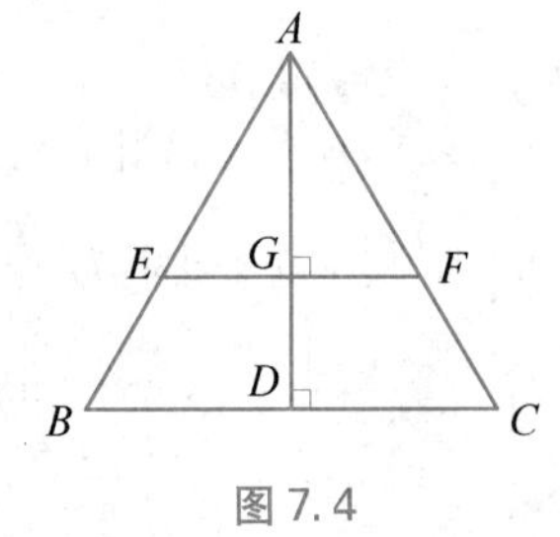

图 7.4

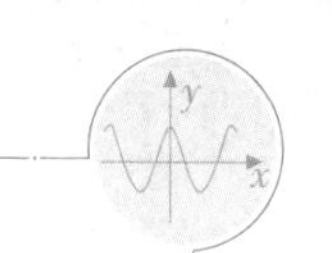

【解析】 根据题意,由相似可得$\frac{S_{\triangle AEF}}{S_{\triangle ABC}}=\frac{1}{2}=\left(\frac{AG}{AD}\right)^{2}=\left(\frac{EF}{BC}\right)^{2}$,所以条件(1)不充分,条件(2)充分,选 B.

4. 特殊三角形

(1) 等腰三角形

① 定义:有两条边相等的三角形,称为等腰三角形.这两边称为它的两腰,另一边称为底边,两腰所夹的角称为顶角,另两角称为底角.

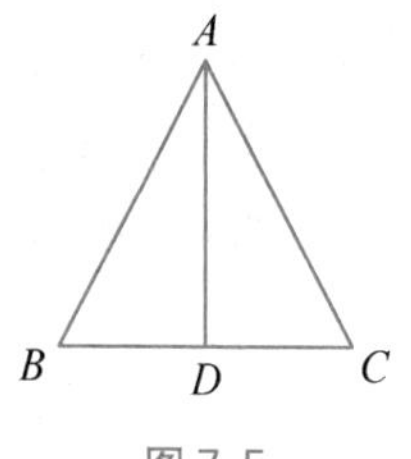

图 7.5

② 等腰三角形的性质:

i. 两底角相等.

ii. 等腰三角形是四线合一图形,即底边上的中线、中垂线、高及顶角的角平分线都重合,如图 7.5.

iii. 两腰上的中线相等,两腰上的高相等,两底角的平分线相等.

(2) 等边三角形

① 定义:三条边都相等的三角形,称为等边三角形,如图 7.6.

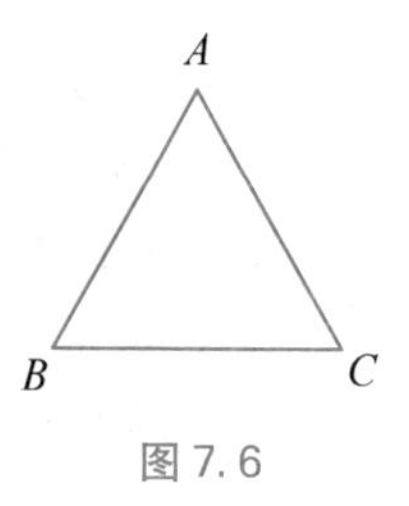

图 7.6

② 等边三角形的性质:

i. 三个内角相等,即 $\angle A=\angle B=\angle C=60^{\circ}$.

ii. 等边三角形是四心合一的图形,即重心、垂心、内心、外心重合,称此点为它的中心.

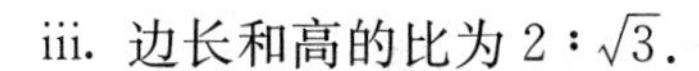

iii. 边长和高的比为 $2:\sqrt{3}$.

iv. 边长为 a 的等边三角形,其面积为 $S=\frac{\sqrt{3}}{4}a^{2}$.

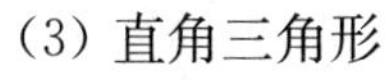

(3) 直角三角形

① 定义:有一个角是直角的三角形,称为直角三角形.夹直角的两边称为直角边,直角所对的边称为斜边.

② 直角三角形的性质:

i. 勾股定理:直角三角形中,两条直角边的平方和等于斜边的平方,即 $a^{2}+b^{2}=c^{2}$.

ii. 两锐角互余,即 $\angle A+\angle B=90^{\circ}$.

iii. 斜边上的中点到直角三角形三个顶点的距离相等.

③ 特殊角的直角三角形:

i. 30°所对的边是斜边的一半,那么其三边之比为 $a:b:c=1:\sqrt{3}:2$,如图 7.7.

ii. 若 $\angle A=45^{\circ}$, $\angle B=45^{\circ}$,则 $\triangle ABC$ 为等腰直角三角形,那么其三边之比为 $a:b:c=1:1:\sqrt{2}$,如图 7.8.

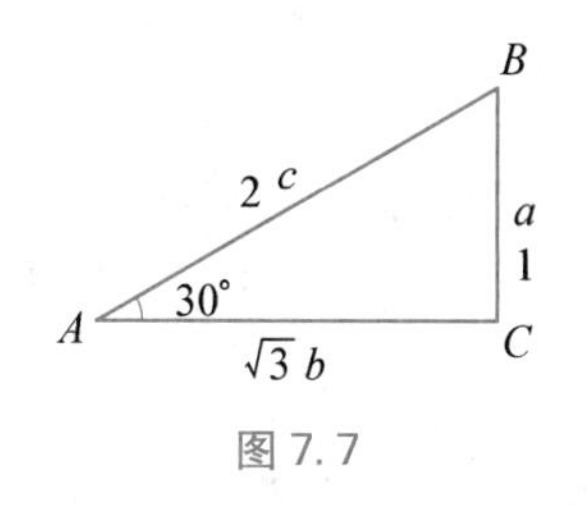

图 7.7

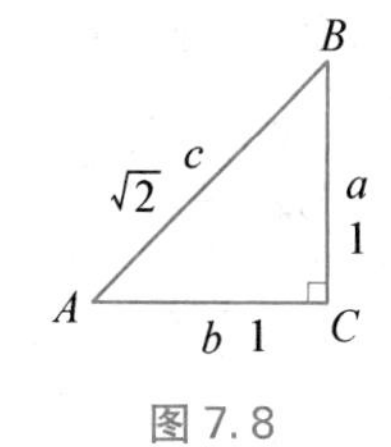

图 7.8

二、四边形

1. 平行四边形

(1) 定义：两组对边都平行的四边形，叫作平行四边形，如图 7.9.

(2) 性质：

① 两组对边分别相等.

② 两组对角分别相等.

③ 两条对角线互相平分.

(3) 面积 $S=a\cdot h$，周长 $L=2(a+b)$.

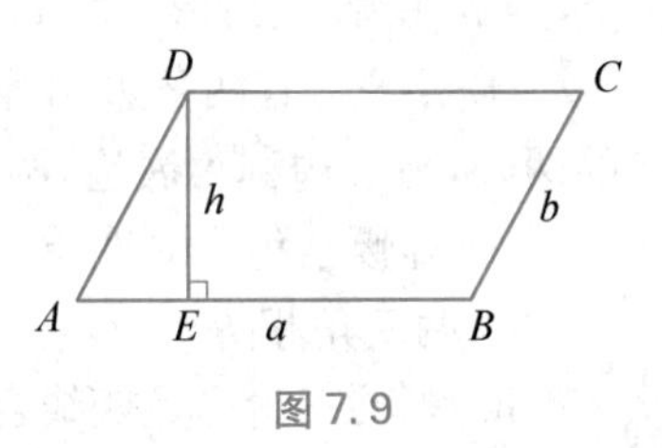

图 7.9

2. 矩形

(1) 定义：四个角都是直角的四边形，叫作矩形，如图 7.10.

(2) 性质：

① 四个角相等.

② 两条对角线相等.

(3) 面积 $S=a\cdot b$，周长 $L=2(a+b)$，

对角线 $AC=BD=\sqrt{a^2+b^2}$.

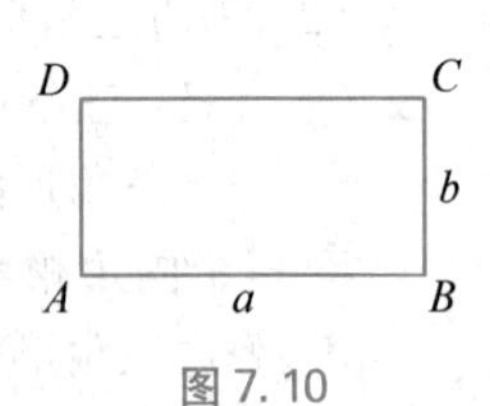

图 7.10

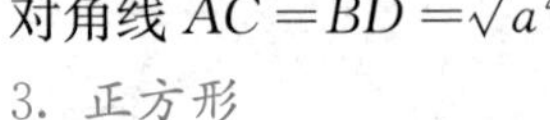

3. 正方形

(1) 定义：四个角都是直角，且各边相等的四边形，叫作正方形，如图 7.11.

(2) 性质：

① 四个角相等.

② 四条边相等.

③ 两条对角线垂直且相等.

(3) 面积 $S=a^2$，周长 $L=4a$，对角线 $AC=BD=\sqrt{2}a$.

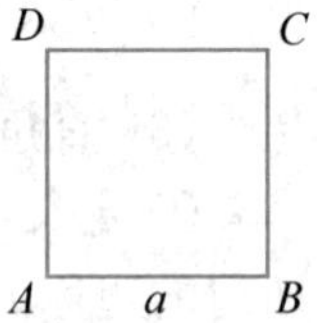

图 7.11

4. 菱形

(1) 定义：各边相等的四边形，叫作菱形.

(2) 性质：

① 两条对角线互相垂直平分.

② 两条对角线都平分所在角.

(3) 菱形的面积等于两条对角线乘积的一半.

例 5　如图 7.12，若菱形 $ABCD$ 的两条对角线 $AC=a$，$BD=b$，则它的面积为（　　）.

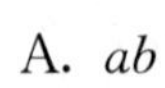

A. ab　　B. $\frac{1}{3}ab$　　C. $\sqrt{2}ab$

D. $\frac{1}{2}ab$　　E. $\frac{\sqrt{2}}{2}ab$

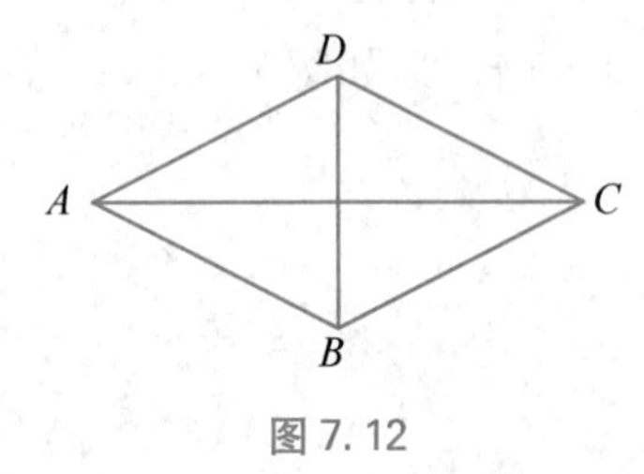

图 7.12

【答案】 D.

【解析】 菱形的面积为 $S=\frac{1}{2}ab$.

5. 梯形

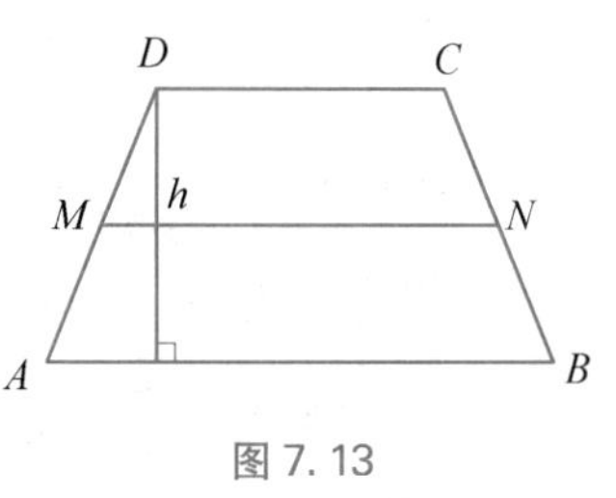

图 7.13

(1) 定义：有一组对边平行，而另一组对边不平行的四边形，称为梯形，如图 7.13.

又称平行对边为上下底（一般把小的叫上底），另两边称为腰.

(2) 等腰梯形：上下两对底角相等的梯形称为等腰梯形，等腰梯形两腰相等，两条对角线相等.

(3) 梯形的面积 $S=\frac{(a+b)\cdot h}{2}$，中位线 $MN=\frac{a+b}{2}$（a，b 分别为上下底的长）.

例 6 如图 7.14，等腰梯形上底与腰均为 x，下底为 $x+10$，则 $x=13$.

(1) 该梯形的上底与下底之比为 13∶23.

(2) 该梯形的面积为 216.

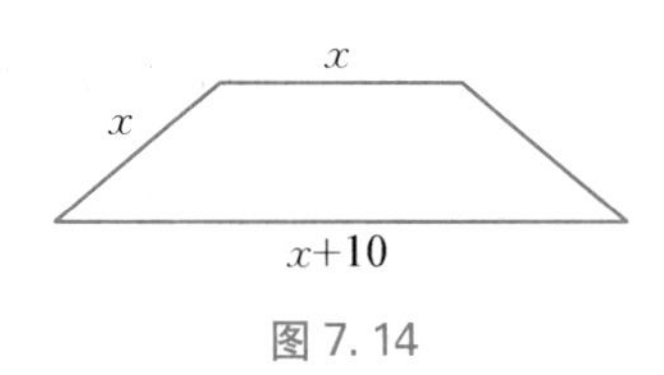

图 7.14

【答案】 D.

【解析】 根据条件(1)得 $\frac{x}{x+10}=\frac{13}{23}$，则 $x=13$.

根据条件(2)，作辅助线为梯形的两高，高为 $\sqrt{x^2-5^2}$.

则梯形的面积为 $S=\frac{(x+x+10)}{2}\sqrt{x^2-5^2}=216$，$x=13$ 显然是解，且在$[5,+\infty)$上，S 是严格单调递增的，故只有这一个解.

三、圆

1. 与圆有关的几个重要概念

(1) 连接圆上任意两点的线段叫作弦，经过圆心的弦叫作直径.

(2) 弦到圆心的距离叫作弦心距.

(3) 圆上任意两点间的部分叫作圆弧. 任意一条直径的两个端点分圆成两条弧，每一条弧都叫半圆.

(4) 圆心相同，半径不相等的两个圆叫作同心圆. 圆心不相同，半径相等的两个圆叫作等圆.

(5) 顶点在圆心的角叫圆心角. 定点在圆上，两边与圆相交的角叫作圆周角. 直径所对的圆周角为直角.

(6) 垂直于弦的直径平分这条弦，并且平分弦所对的弧.

(7) 不在同一条直线的三个点可以确定一个圆.

2. 圆的面积与周长

如图 7.15，设圆的半径是 r，则面积 $S=\pi r^2$，周长 $L=2\pi r$.

3. 扇形

如图 7.16，设扇形的圆心角 $\angle AOB=\alpha$，半径是 r.

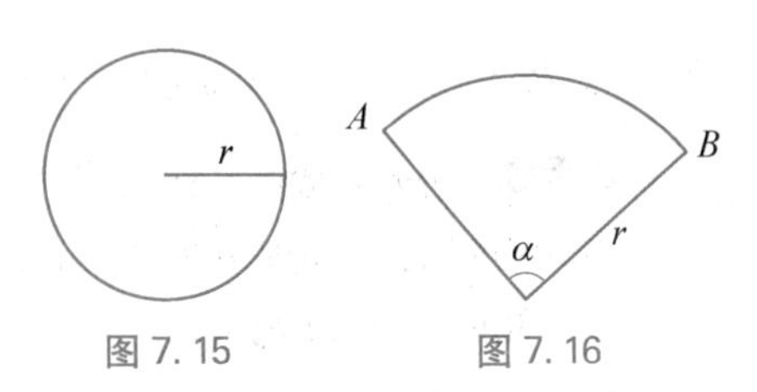

图 7.15　　图 7.16

(1) 面积 $S=\frac{\alpha}{360^\circ}\cdot\pi r^2$.

(2) 弧长 $AB=\frac{\alpha}{360^\circ}\cdot 2\pi r$.

(3) 周长 $L=\frac{\alpha}{360^\circ}\cdot 2\pi r+2r$.

例 7 如图 7.17，AB 是半圆 O 的直径，AC 是弦，若 $AB=6$，$\angle ACO=\frac{\pi}{6}$，则弧 BC 的长度为(　　).

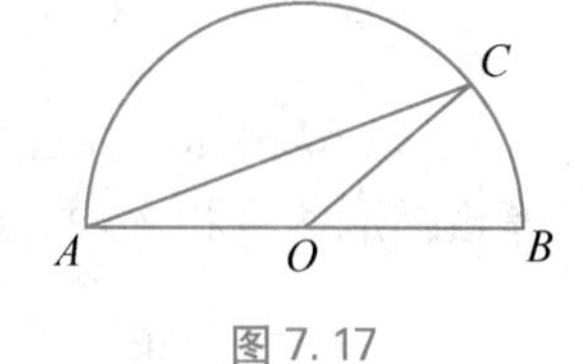

图 7.17

A. $\frac{\pi}{3}$　　B. π　　C. 2π

D. 1　　E. 2

【答案】 B.

【解析】 在圆 O 内，因为 $\angle ACO=\frac{\pi}{6}$，则 $\angle COB=\frac{\pi}{3}$，则弧长为 $\frac{1}{6}\times 2\pi r=\frac{1}{3}\pi\times 3=\pi$.

第二节 ◈ 例题解析

例 1 如图 7.18，已知 $AE=3AB$，$BF=2BC$，若 $\triangle ABC$ 的面积为 2，则 $\triangle AEF$ 的面积为(　　).

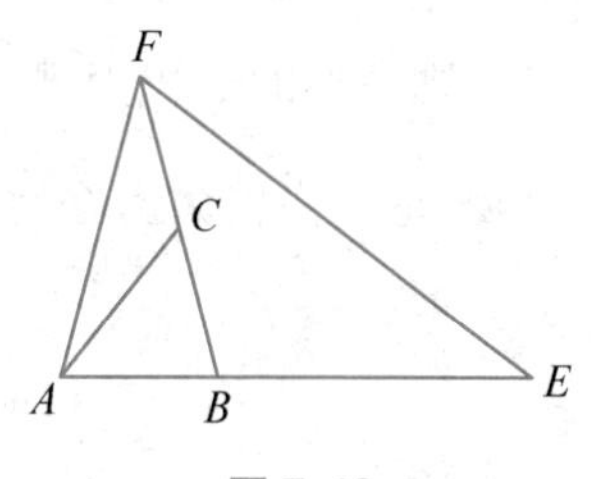

图 7.18

A. 14　　B. 12　　C. 10

D. 8　　E. 6

【答案】 B.

【解析】 因为 $AE=3AB$，$BF=2BC$，所以 C 是 BF 之中点，B 是 AE 之三等分点. 故 $S_{\triangle AEF}=3S_{\triangle ABF}=3\times 2S_{\triangle ABC}=3\times 2\times 2=12$.

例 2 如图 7.19，若 $\triangle ABC$ 的面积为 1，$\triangle AEC$，$\triangle DEC$，$\triangle BED$ 的面积相等，则 $\triangle AED$ 的面积为(　　).

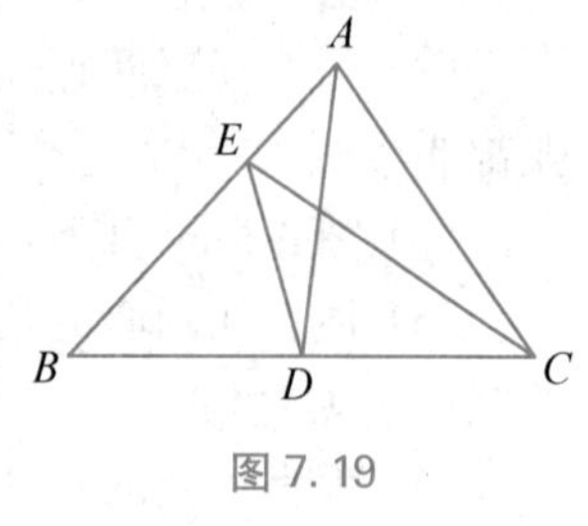

图 7.19

A. $\frac{1}{3}$　　B. $\frac{1}{6}$　　C. $\frac{1}{5}$

D. $\frac{1}{4}$　　E. $\frac{2}{5}$

【答案】 B.

【解析】 因为 $\triangle AEC$，$\triangle DEC$，$\triangle BED$ 的面积相等，所以 D 是 BC 之中点，E 是 AB 之三等分点. 故 $S_{\triangle AED}=\frac{1}{3}S_{\triangle ABD}=\frac{1}{3}\times\frac{1}{2}S_{\triangle ABC}=\frac{1}{3}\times\frac{1}{2}\times 1=\frac{1}{6}$.

例 3 $PQ\cdot RS=12$.

(1) 如图 7.20，$QR\cdot PR=12$.

(2) 如图 7.20，$PQ=5$.

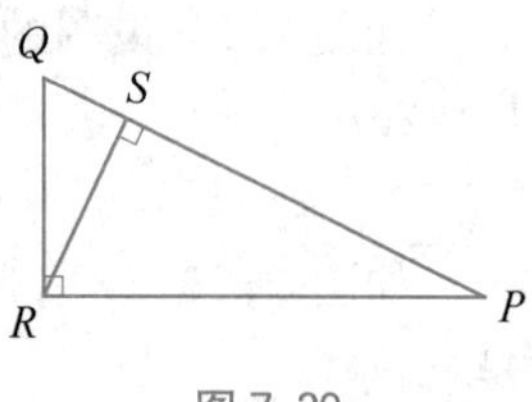

图 7.20

【答案】 A.

【解析】 由条件(1),因为 $S_{\triangle PRQ}=\frac{1}{2}\cdot PR\cdot RQ=\frac{1}{2}\cdot PQ\cdot RS$,即 $QR\cdot PR=PQ\cdot RS=12$,所以条件(1) 充分.

根据勾股定理,$PQ^2=QR^2+PR^2=25$,所以条件(2) 不充分.

例 4 如图 7.21,梯形 $ABCD$ 被对角线分为 4 个小三角形,已知△AOB 和△BOC 的面积分别为 25 和 35,那么梯形的面积是( ).

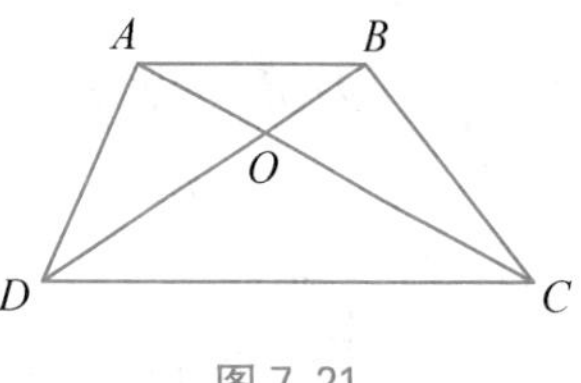

图 7.21

A. 120 B. 130 C. 135

D. 140 E. 144

【答案】 E.

【解析】 因为梯形 $ABCD$ 被对角线分为 4 个小三角形,△AOB 和△BOC 的面积分别为 25 和 35,则 $S_{\triangle AOD}=S_{\triangle BOC}=35$,所以$\frac{S_{\triangle AOD}}{S_{\triangle ABO}}=\frac{DO}{BO}=\frac{S_{\triangle DOC}}{S_{\triangle BOC}}$,所以 $S_{\triangle DOC}=\frac{7}{5}\times 35=49$.

那么梯形的面积是 $S_{\triangle AOD}+S_{\triangle BOC}+S_{\triangle AOB}+S_{\triangle DOC}=35+35+25+49=144$.

例 5 如图 7.22,在直角三角形 ABC 中,$AC=4$, $BC=3$, $DE\,/\!/\,BC$,已知梯形 $BCED$ 的面积为 3,则 DE 的长为( ).

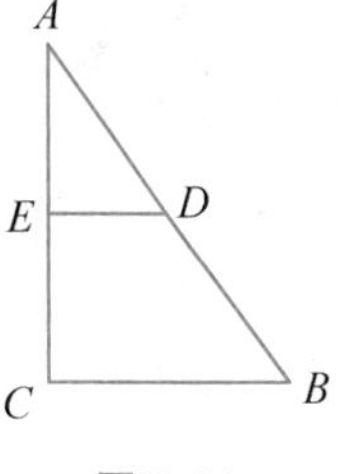

图 7.22

A. $\sqrt{3}$ B. $\sqrt{3}+1$ C. $4\sqrt{3}-4$

D. $\frac{3\sqrt{2}}{2}$ E. $\sqrt{2}+1$

【答案】 D.

【解析】 因为 $\triangle ABC\backsim\triangle ADE$ 且 $S_{\triangle ABC}=\frac{1}{2}\times AC\times BC=6$, $S_{\triangle AED}=S_{\triangle ABC}-S_{BCDE}=6-3=3$,所以$\frac{S_{\triangle ABC}}{S_{\triangle AED}}=\left(\frac{BC}{DE}\right)^2\Rightarrow\frac{6}{3}=\left(\frac{3}{DE}\right)^2$,

解得 $DE=\frac{3\sqrt{2}}{2}$.

例 6 如图 7.23,O 是半圆圆心,C 是半圆上的一点,$OD\perp AC$,则能确定 OD 的长.

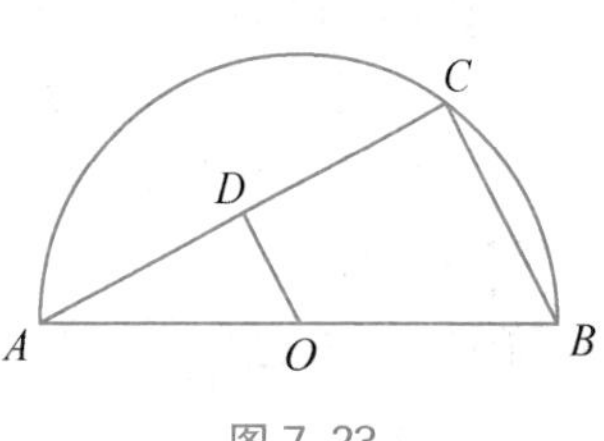

图 7.23

(1) 已知 BC 的长.

(2) 已知 AO 的长.

【答案】 A.

【解析】 因为△$ADO\backsim$△ACB,所以$\frac{OD}{BC}=\frac{AO}{AB}=\frac{1}{2}$,即条件(1) 充分,条件(2) 不充分.

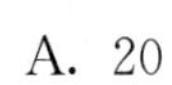
例 7 如图 7.24,直角三角形 ABC 的斜边 $AB=13$,直角边 $AC=5$,把 AC 对折到 AB 上去与斜边相重合,点 C 与点 E 重合,折痕为 AD,则图中阴影部分的面积为( ).

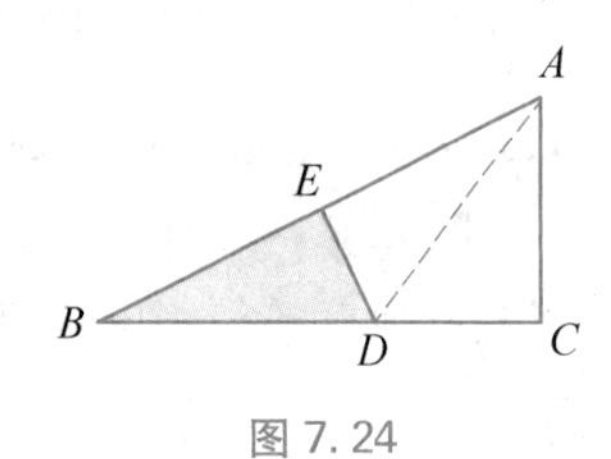

图 7.24

A. 20 B. $\frac{40}{3}$ C. $\frac{38}{3}$

D. 14　　　　E. 12

【答案】 B.

【解析】 在$\triangle ABC$和$\triangle DBE$中，$\angle ACB=\angle DEB=90^\circ$，且$\angle B$为公共角，所以$\triangle ABC \backsim \triangle DBE$.

设$\triangle DBE$的面积为S_2，而$\triangle ABC$的面积$S_1=\frac{1}{2}\times 12\times 5=30$，则$\frac{S_1}{S_2}=\left(\frac{12}{13-5}\right)^2$，所以$S_2=30\times\frac{4}{9}=\frac{40}{3}$.

例 8　若菱形两条对角线的长分别为 6 和 8，则这个菱形的周长和面积分别为(　　).

A. 14，24　　B. 14，48　　C. 20，12　　D. 20，24　　E. 20，48

【答案】 D.

【解析】 如图 7.25，根据菱形对角线的性质，可知$OA=4$，$OB=3$，由勾股定理可知$AB=5$，所以它的周长为$5\times 4=20$. 根据菱形的面积公式可知，它的面积$=6\times 8\div 2=24$.

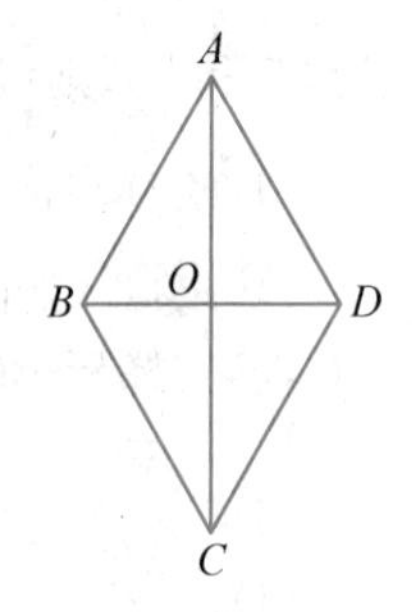

图 7.25

例 9　三角形ABC的面积保持不变.

(1) 底边AB增加了 2 厘米，AB上的高h减少了 2 厘米.

(2) 底边AB扩大了 1 倍，AB上的高h减少了 50%.

【答案】 B.

【解析】 设原来三角形ABC底边AB的长为a，高为h，面积为S.

由条件(1)，$S'=\frac{1}{2}(a+2)(h-2)\neq\frac{1}{2}ah=S$，所以条件(1) 不充分.

由条件(2)，$S'=\frac{1}{2}\times 2a\times\frac{1}{2}h=\frac{1}{2}ah=S$，所以条件(2) 充分.

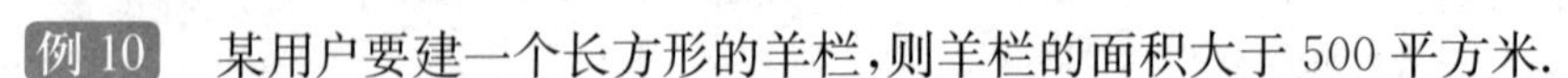

例 10　某用户要建一个长方形的羊栏，则羊栏的面积大于 500 平方米.

(1) 羊栏的周长为 120 米.

(2) 羊栏的对角线长不超过 50 米.

【答案】 C.

【解析】 设长方形的长为a，宽为b，面积为S. 由条件(1)，$b=60-a$，代入可得$S=a(60-a)=60a-a^2=-(a^2-60a+900)+900=-(a-30)^2+900\Rightarrow 0<S\leqslant 900$，所以条件(1)不充分.

由条件(2)，$a^2+b^2\leqslant 2\,500$，因为$a^2+b^2\geqslant 2\sqrt{a^2b^2}$，则$2ab\leqslant 2\,500\Rightarrow ab\leqslant 1\,250$，所以条件(2) 不充分. 联合(1)(2)，$\begin{cases}S=a(60-a),\\ a^2+(60-a)^2\leqslant 2\,500,\end{cases}$化简得$S\geqslant 550>500$，正确. 故选 C.

例 11　如图 7.26，长方形$ABCD$的长与宽分别为$2a$和a，将其以顶点A为中心顺时针旋转60°，则四边形$AECD$的面积为$24-2\sqrt{3}$.

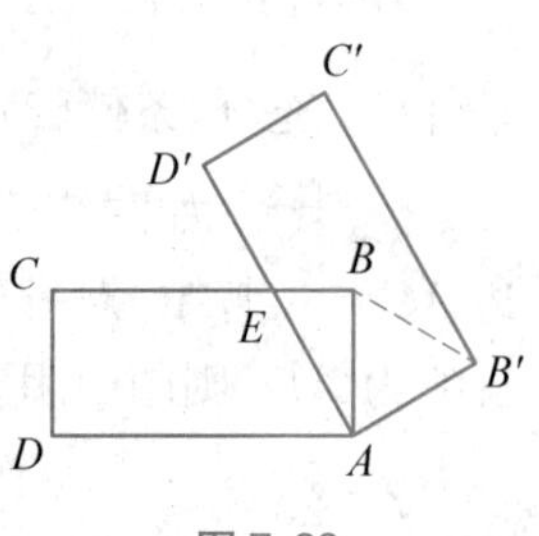

图 7.26

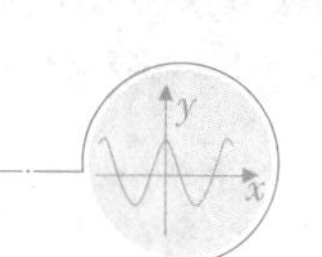

(1) $a=2\sqrt{3}$.

(2) $\triangle AB'B$ 的面积为 $3\sqrt{3}$.

【答案】 D.

【解析】 由条件(1),有 $\angle EAB=30°$, $AB=2\sqrt{3}$,所以 $BE=2$. 所以四边形 $AECD$ 的面积为 $2\sqrt{3}\times4\sqrt{3}-\dfrac{1}{2}\times2\sqrt{3}\times2=24-2\sqrt{3}$,所以条件(1) 充分.

由条件(2),因为 $AB=AB'$, $\angle BAB'=60°$,所以 $S_{\triangle AB'B}=\dfrac{\sqrt{3}}{4}AB^2=3\sqrt{3}\Rightarrow a=AB=2\sqrt{3}$,所以条件(2) 也充分.

例 12 如图 7.27, $\triangle ABC$ 是直角三角形, S_1, S_2, S_3 为正方形,已知 a, b, c 分别是 S_1, S_2, S_3 的边长,则(　　).

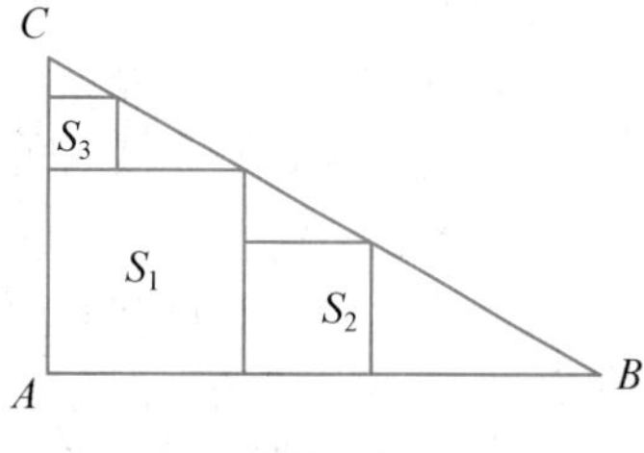

图 7.27

A. $a=b+c$　　B. $a^2=b^2+c^2$

C. $a^2=2b^2+2c^2$　　D. $a^3=b^3+c^3$

E. $a^3=2b^3+2c^3$

【答案】 A.

【解析】 如图 7.28,由题意得 $FG=a-c$, $MF=a-b$. 易证明 Rt$\triangle EGF\backsim$Rt$\triangle FMH$,所以$\dfrac{EG}{FG}=\dfrac{FM}{MH}$,故$\dfrac{c}{a-c}=\dfrac{a-b}{b}$,得 $bc=a^2-ab-ac+bc$,所以 $a^2-ab-ac=0$,即 $a(a-b-c)=0$. 因为 $a\neq0$,所以 $a-b-c=0$,所以 $a=b+c$.

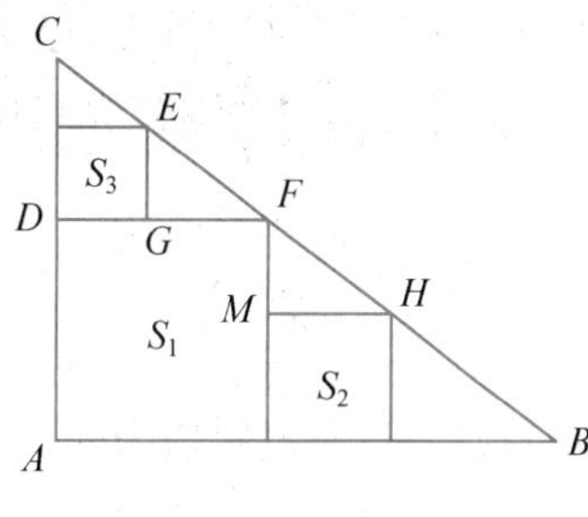

图 7.28

例 13 若$\triangle ABC$ 的三边 a, b, c 满足 $a^2+b^2+c^2=ab+ac+bc$,则 $\triangle ABC$ 为(　　)

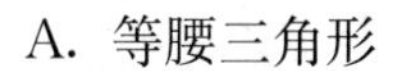

A. 等腰三角形　　B. 直角三角形　　C. 等边三角形

D. 等腰直角三角形　　E. 以上结论均不正确

【答案】 C.

【解析】 根据题意有

$$a^2+b^2+c^2=ab+ac+bc\Rightarrow2a^2+2b^2+2c^2-2ab-2ac-2bc=0,$$

即 $(a-b)^2+(b-c)^2+(c-a)^2=0$,所以 $a-b=0$, $b-c=0$, $c-a=0$,那么 $a=b=c$,所以 $\triangle ABC$ 为等边三角形.

例 14 $\triangle ABC$ 是等边三角形.

(1) $\triangle ABC$ 的三边满足 $a^2+b^2+c^2=ab+ac+bc$.

(2) $\triangle ABC$ 的三边满足 $a^3-a^2b+ab^2+ac^2-b^3-bc^2=0$.

【答案】 A.

【解析】 由条件(1), $a^2+b^2+c^2=ab+ac+bc\Rightarrow2a^2+2b^2+2c^2-2ab-2ac-2bc=0$,即$(a-b)^2+(b-c)^2+(c-a)^2=0$,所以 $a-b=0$, $b-c=0$, $c-a=0$,那么 $a=b=c$,所以 $\triangle ABC$ 为等边三角形,所以条件(1) 充分.

由条件(2), $a^3-a^2b+ab^2+ac^2-b^3-bc^2=(a-b)(a^2+b^2+c^2)$,即 $a=b$,所以条

件(2) 不充分.

例 15　已知 a, b, c 是△ABC 的三边长,且 $a=c=1$, $(b-x)^2-4(a-x)(c-x)=0$ 有相同实根,则△ABC 为(　　).

A. 等边三角形　　B. 等腰三角形　　C. 直角三角形
D. 钝角三角形　　E. 锐角三角形

【答案】 A.

【解析】 将 $(b-x)^2-4(a-x)(c-x)=0$ 展开,化简得 $3x^2+(2b-8)x+(4-b^2)=0$,那么根据题意有 $\Delta=(2b-8)^2-12(4-b^2)=0$,解得 $b=1$. 所以 $a=b=c=1$,即三角形为等边三角形.

例 16　方程 $3x^2+[2b-4(a+c)]x+(4ac-b^2)=0$ 有相等的实根.

(1) a, b, c 是等边三角形的三条边.

(2) a, b, c 是等腰三角形的三条边.

【答案】 A.

【解析】 由条件(1),根据题意有 $\Delta=0$,即 $[2b-4(a+c)]^2-4\times3\times(4ac-b^2)=0$,得 $a^2+b^2+c^2=ab+ac+bc\Rightarrow 2a^2+2b^2+2c^2-2ab-2ac-2bc=0$,即 $(a-b)^2+(b-c)^2+(c-a)^2=0$,所以 $a-b=0$, $b-c=0$, $c-a=0$,那么 $a=b=c$,所以△ABC 为等边三角形. 所以条件(1) 充分. 条件(2) 不充分. 故选 A.

例 17　在直角三角形中,若斜边与一直角边的和为 8,差为 2,则另一直角边的长度是(　　).

A. 3　　B. 4　　C. 5　　D. 10　　E. 9

【答案】 B.

【解析】 设斜边为 a,一直角边为 b,由题意可得 $\begin{cases}a+b=8,\\a-b=2,\end{cases}$ 解得 $\begin{cases}a=5,\\b=3,\end{cases}$ 根据勾股定理可得 $c=\sqrt{a^2-b^2}=\sqrt{5^2-3^2}=4$.

例 18　如图 7.29,长方形 $ABCD$ 由四个等腰直角三角形和一个正方形 $EFGH$ 构成,若长方形 $ABCD$ 的面积为 S,则正方形 $EFGH$ 的面积为(　　).

A. $S/8$　　B. $S/10$　　C. $S/12$
D. $S/14$　　E. $S/16$

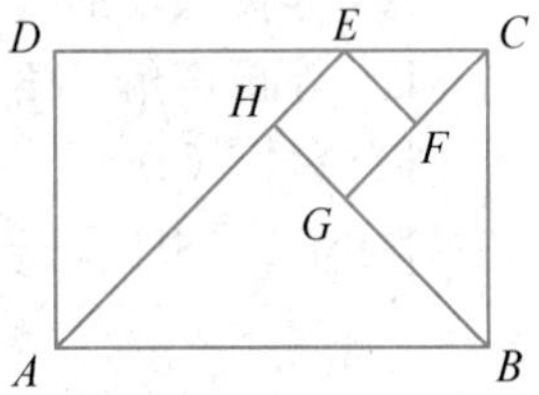

图 7.29

【答案】 C.

【解析】 设 $AB=a$, $BC=b$,则 $S=ab$. 由△ADE,△AHB,△EFC 和△BGC 都是等腰直角三角形,知 $AH=\frac{\sqrt{2}}{2}a$, $AE=\sqrt{2}b$, $BG=\frac{\sqrt{2}}{2}b$,那么

$$HE=AE-AH=\sqrt{2}b-\frac{\sqrt{2}}{2}a,\ HG=HB-BG=\frac{\sqrt{2}}{2}a-\frac{\sqrt{2}}{2}b.$$

又四边形 $EFGH$ 是正方形,所以 $\sqrt{2}b-\frac{\sqrt{2}}{2}a=\frac{\sqrt{2}}{2}a-\frac{\sqrt{2}}{2}b$,即 $a=\frac{3}{2}b$, $S=ab=\frac{3}{2}b^2\Rightarrow b^2=\frac{2}{3}S$. 那么 $S_{正方形EFGH}=HG^2=\frac{1}{2}(a-b)^2=\frac{1}{8}b^2=\frac{1}{8}\times\frac{2}{3}S=\frac{S}{12}$.

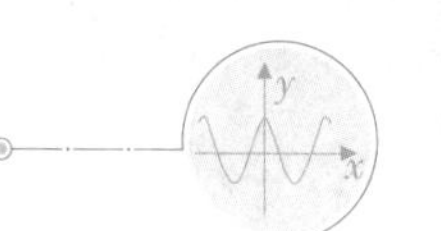

例 19 如图 7.30,四边形 $ABCD$ 是边长为 1 的正方形,弧 AOB, BOC, COD, DOA 均为半圆,则阴影部分面积为(　　).

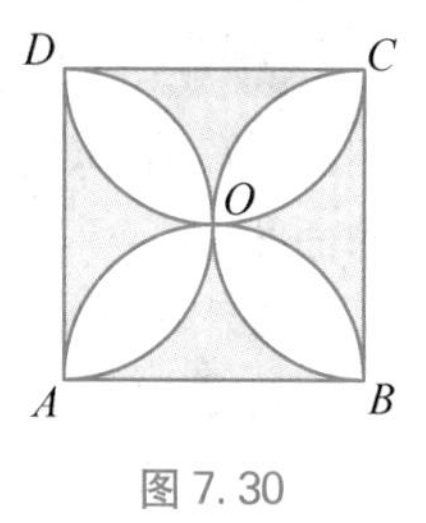

图 7.30

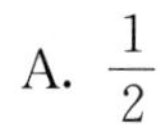

A. $\frac{1}{2}$　　B. $\frac{\pi}{2}$　　C. $1-\frac{\pi}{4}$

D. $\frac{\pi}{2}-1$　　E. $2-\frac{\pi}{2}$

【答案】 E.

【解析】 连接正方形的两条对角线,从而这两条对角线把空白部分分成 8 个相等的部分,且每个空白部分的面积为 $\frac{\pi}{4}\times\left(\frac{1}{2}\right)^2-\frac{1}{2}\times\frac{1}{2}\times\frac{1}{2}=\frac{\pi}{16}-\frac{1}{8}$,所以整个图形的空白部分的面积为 $S_1=8\left(\frac{\pi}{16}-\frac{1}{8}\right)=\frac{\pi}{2}-1$,那么阴影部分的面积为 $S_{阴}=1-\left(\frac{\pi}{2}-1\right)=2-\frac{\pi}{2}$.

例 20 如图 7.31,长方形 $ABCD$ 的两条边长分别为 8 米和 6 米,四边形 $OEFG$ 的面积是 4 平方米,则阴影部分的面积为(　　).

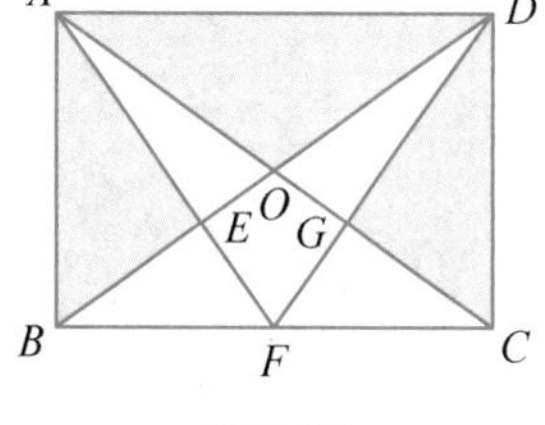

图 7.31

A. 32 平方米　　B. 28 平方米

C. 24 平方米　　D. 20 平方米

E. 16 平方米

【答案】 B.

【解析】

$$\begin{aligned}S_{阴}&=S_{矩ABCD}-S_{\triangle BFD}-S_{\triangle AFC}+S_{四边形EFGO}\\&=S_{矩ABCD}-\frac{1}{2}BF\cdot CD-\frac{1}{2}FC\cdot AB+S_{四边形EFGO}\\&=S_{矩ABCD}-\frac{1}{2}(BF+FC)\cdot AB+S_{四边形EFGO}\\&=S_{矩ABCD}-\frac{1}{2}S_{矩ABCD}+S_{四边形EFGO}\\&=\frac{1}{2}S_{矩ABCD}+S_{四边形EFGO}\\&=\frac{1}{2}\times6\times8+4=28(平方米).\end{aligned}$$

例 21 如图 7.32,长方形 $ABCD$ 中, $AB=10$, $BC=5$,分别以 AB 和 AD 为半径作$\frac{1}{4}$圆,则圆中阴影部分的面积为(　　).

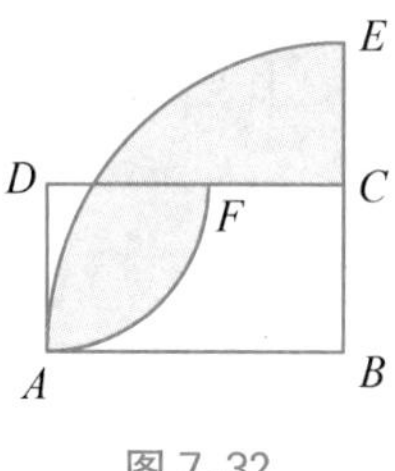

图 7.32

A. $25+\frac{125}{4}\pi$　　B. $50+\frac{125}{4}\pi$　　C. $50+\frac{25}{4}\pi$

D. $\frac{125}{4}\pi-50$　　E. 以上结论均不正确

【答案】 D.

【解析】 $S_{阴影}=S_{扇形BAE}+S_{扇形DAF}-S_{长方形ABCD}=\frac{1}{4}\times\pi\times10^2+\frac{1}{4}\times\pi\times5^2-10\times5=\frac{125}{4}\pi-50$.

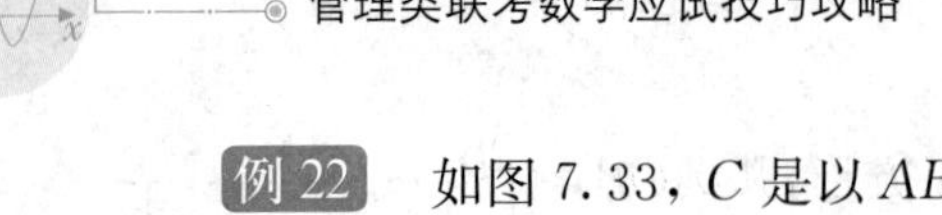

例 22 如图 7.33，C 是以 AB 为直径的半圆上的一点，再分别以 AC 和 BC 为直径作半圆，若 $CB=4$，$AC=3$，则图中阴影部分的面积是(　　).

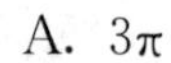

A. 3π　　B. 4π　　C. 6π

D. 6　　E. 4

图 7.33

【答案】 D.

【解析】 因为 AB 是直径，所以 $\angle ACB=90°$，根据勾股定理，得 $AB=5$，所以 $S=\frac{1}{2}\pi$

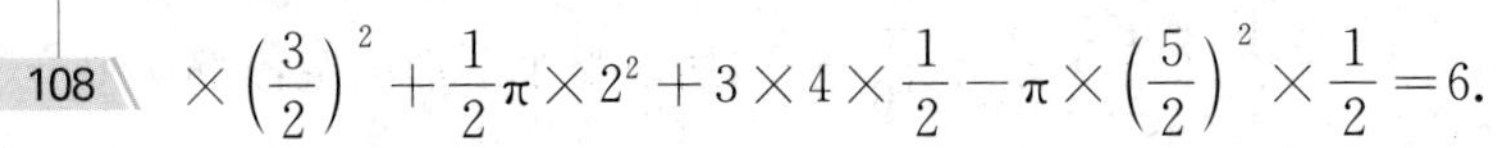

$\times\left(\frac{3}{2}\right)^2+\frac{1}{2}\pi\times 2^2+3\times 4\times\frac{1}{2}-\pi\times\left(\frac{5}{2}\right)^2\times\frac{1}{2}=6.$

例 23 如图 7.34，三个边长为 1 的正方形所组成区域(实线区域)的面积为(　　).

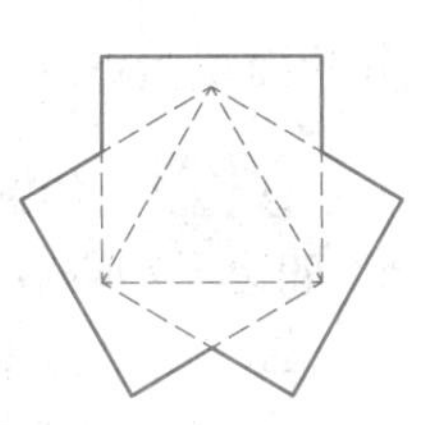

图 7.34

A. $3-\sqrt{2}$　　B. $3-\frac{3\sqrt{2}}{4}$　　C. $3-\sqrt{3}$

D. $3-\frac{\sqrt{3}}{2}$　　E. $3-\frac{3\sqrt{3}}{4}$

【答案】 E.

【解析】 把图中虚线等边三角形的面积记作 S_0，把每个虚线等腰三角形的面积记作 S_1.

因为三个正方形的边长均为 1，所以 $S_0=\frac{1}{2}\times 1\times 1\times\sin\frac{\pi}{3}=\frac{\sqrt{3}}{4}$，$S_1=\frac{1}{2}\times 1\times\frac{1}{2}\times\tan\frac{\pi}{6}=\frac{\sqrt{3}}{12}$.

所以 $S_{实线区域}=3S_{正方形}-3S_1-2S_0=3-3\times\frac{\sqrt{3}}{12}-2\times\frac{\sqrt{3}}{4}=3-\frac{3\sqrt{3}}{4}$.

例 24 如图 7.35，圆 A 与圆 B 的半径均为 1，则阴影部分的面积为(　　).

A. $\frac{2\pi}{3}$　　B. $\frac{\sqrt{3}}{2}$　　C. $\frac{\pi}{3}-\frac{\sqrt{3}}{4}$　　D. $\frac{2\pi}{3}-\frac{\sqrt{3}}{4}$　　E. $\frac{2\pi}{3}-\frac{\sqrt{3}}{2}$

【答案】 E.

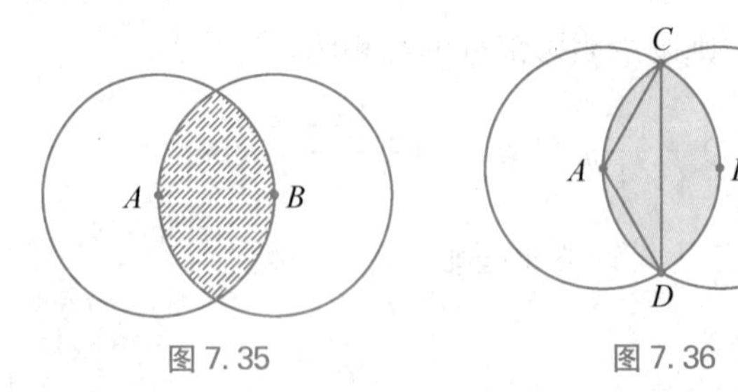

图 7.35　　图 7.36

【解析】 如图 7.36，$\angle CAD=120°$，所以

$$S=2(S_{扇形CBD}-S_{\triangle ACD})=2\times\left(\frac{1}{3}\times\pi\times 1^2-\frac{1}{2}\times\frac{1}{2}\times\sqrt{3}\right)=\frac{2\pi}{3}-\frac{\sqrt{3}}{2}.$$

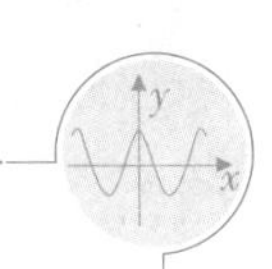

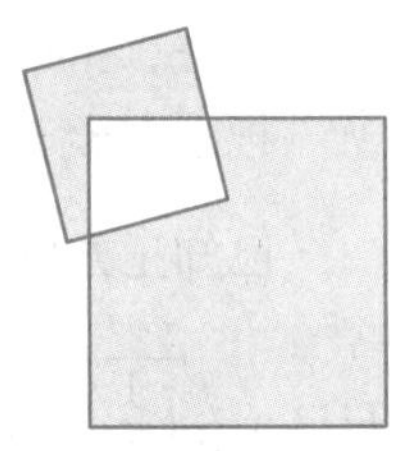
图 7.37

例 25　如图 7.37，小正方形的$\frac{3}{4}$被阴影所覆盖，大正方形的$\frac{6}{7}$被阴影所覆盖，则小、大正方形阴影部分面积之比为(　　).

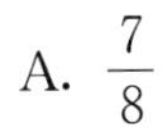

A. $\frac{7}{8}$　　B. $\frac{6}{7}$　　C. $\frac{3}{4}$

D. $\frac{4}{7}$　　E. $\frac{1}{2}$

【答案】 E.

【解析】 设小正方形的面积为 1，大正方形的面积为 x.

由题意可知 $\left(1-\frac{6}{7}\right)x=1\times\left(1-\frac{3}{4}\right)$，解得 $x=\frac{7}{4}$，所以小、大正方形阴影部分面积之比为$\left(1\times\frac{3}{4}\right):\left(\frac{7}{4}\times\frac{6}{7}\right)=\frac{1}{2}$.

例 26　如图 7.38，阴影甲的面积比阴影乙的面积多 28 平方厘米，$AB=40$ 厘米，CB 垂直 AB，则 BC 的长为(　　)($\pi\approx3.14$).

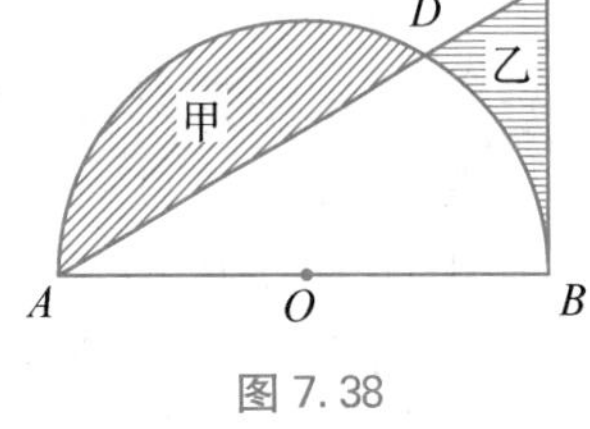

图 7.38

A. 30 厘米　　B. 32 厘米　　C. 34 厘米

D. 36 厘米　　E. 40 厘米

【答案】 A.

【解析】 半圆的面积：$3.14\times(40\div2)^2\div2=628$(平方厘米)，三角形的面积：$628-28=600$(平方厘米)，$BC$ 的长：$600\times2\div40=30$(厘米).

例 27　如图 7.39，若相邻点的水平距离与竖直距离都是 1，则多边形 $ABCDE$ 的面积为(　　).

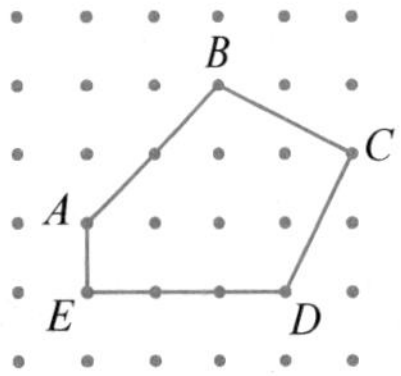

图 7.39

A. 7　　B. 8　　C. 9

D. 10　　E. 11

【答案】 B.

【解析】 $S_{ABCDE}=4\times3-\frac{1}{2}\times2\times2-\frac{1}{2}\times2\times1-\frac{1}{2}\times2\times1=8$.

例 28　如图 7.40，已知正方形 $ABCD$ 四条边与圆 O 内切，另一正方形 $EFGH$ 是圆 O 的内接正方形，已知正方形 $ABCD$ 的面积为 1，则正方形 $EFGH$ 的面积为(　　).

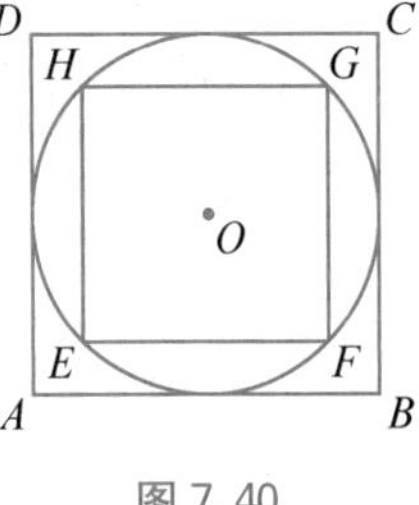

图 7.40

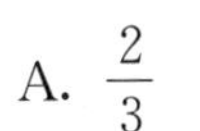

A. $\frac{2}{3}$　　B. $\frac{1}{2}$　　C. $\frac{\sqrt{2}}{2}$

D. $\frac{\sqrt{2}}{3}$　　E. $\frac{1}{4}$

【答案】 B.

【解析】 解法一：

$OF=\frac{1}{2}AB=\frac{1}{2}$，$EF=\sqrt{2}OF=\frac{\sqrt{2}}{2}$，所以 $S_{正方形EFGH}=EF^2=\left(\frac{\sqrt{2}}{2}\right)^2=\frac{1}{2}$.

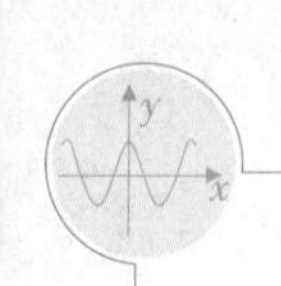

解法二:

把正方形 $EFGH$ 逆时针旋转 $45°$,重新组合如图 7.41 所示.

已知正方形 $ABCD$ 的面积为 1,则边长 $AB=1$, $AE=AH=\frac{1}{2}$,

$$HE=\sqrt{\left(\frac{1}{2}\right)^2+\left(\frac{1}{2}\right)^2}=\sqrt{\frac{1}{2}}.$$

则正方形 $EFGH$ 的面积 $=(HE)^2=\left(\sqrt{\frac{1}{2}}\right)^2=\frac{1}{2}$.

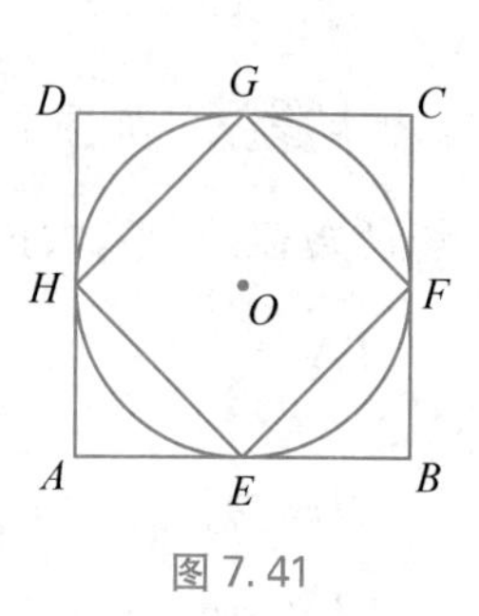

图 7.41

第三节◈练习与测试

1 一个三角形的周长是偶数,且已知两边长分别是 4 和 2 001,则满足条件的三角形共有(　　)个.

A. 3　　B. 6　　C. 10　　D. 20　　E. 30

2 如图 7.42 所示,四边形 $A_1B_1C_1D_1$ 是平行四边形,A_2, B_2, C_2, D_2 分别是 $A_1B_1C_1D_1$ 四边的中点,A_3, B_3, C_3, D_3 分别是四边形 $A_2B_2C_2D_2$ 四边的中点,依此下去,得到四边形序列 $A_nB_nC_nD_n(n=1, 2, 3, \cdots)$,设 $A_nB_nC_nD_n$ 的面积为 S_n,且 $S_1=12$,则 $S_1+S_2+S_3+\cdots=$(　　).

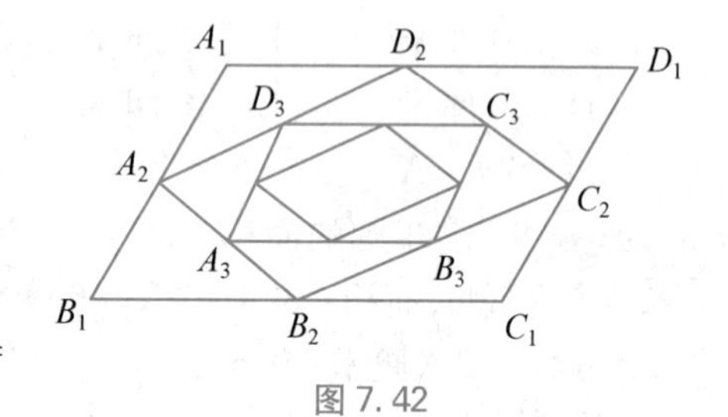

图 7.42

A. 16　　B. 20　　C. 24　　D. 28　　E. 30

3 如图 7.43 所示,在四边形 $ABCD$ 中,$AB \parallel CD$, AB 与 CD 的边长分别为 4 和 8. E 为 AC 与 BD 的交点,若三角形 ABE 的面积为 4,则四边形 $ABCD$ 的面积为(　　).

A. 24　　B. 30　　C. 32　　D. 36　　E. 40

4 如图 7.44,梯形 $ABCD$ 的上底和下底长分别为 5, 7, E 为 AC 与 BD 的交点,MN 过 E 且平行于 AD,则 $MN=$(　　).

A. $\frac{26}{5}$　　B. $\frac{11}{2}$　　C. $\frac{35}{6}$　　D. $\frac{36}{7}$　　E. $\frac{40}{7}$

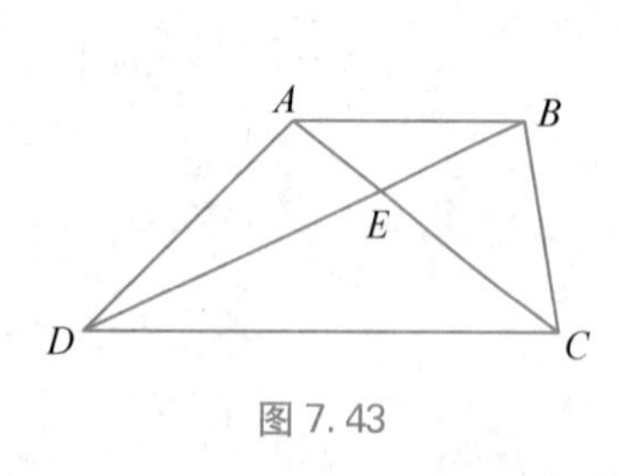

图 7.43

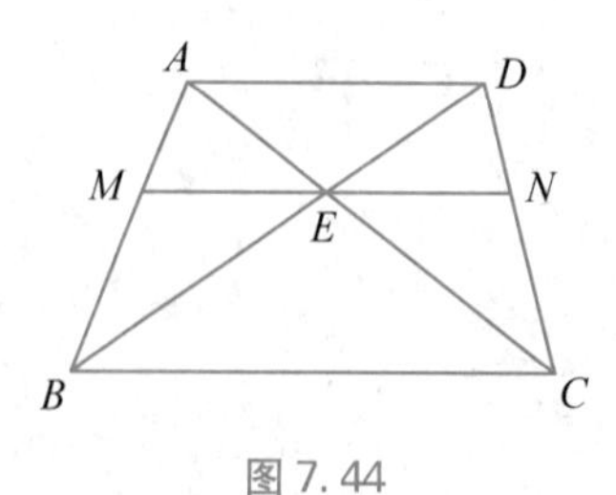

图 7.44

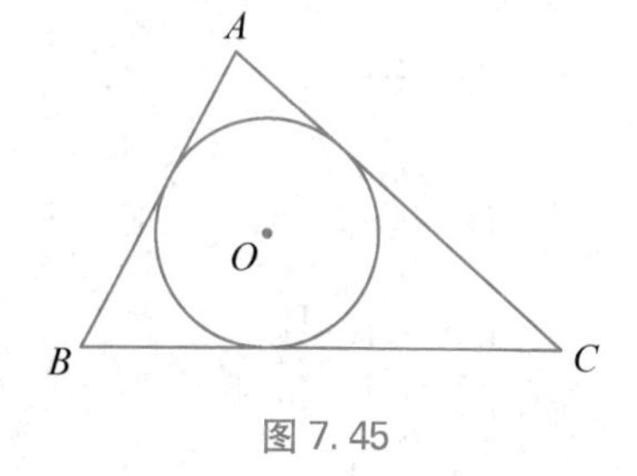

图 7.45

5 如图 7.45,圆 O 是三角形 ABC 的内切圆. 若三角形 ABC 的面积与周长的大小之比为

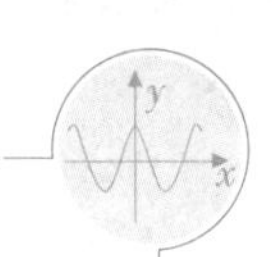

1∶2,则圆 O 的面积为(　　).

A. π　　B. 2π　　C. 3π　　D. 4π　　E. 5π

6 某种机器人可搜索到的区域是半径为 1 米的圆. 若该机器人沿直线行走 10 米,则其搜索过的区域面积(单位: 平方米)为(　　).

A. $10+\frac{\pi}{2}$　　B. $10+\pi$　　C. $20+\frac{\pi}{2}$　　D. $20+\pi$　　E. 10π

7 如图 7.46 所示,圆的内接正方形 $ABCD$ 的边长为 2,若弦 AK 平分边 BC,则 AK 为(　　).

A. $\frac{\sqrt{5}}{5}$　　B. $\frac{2\sqrt{5}}{5}$　　C. $\frac{3\sqrt{5}}{5}$　　D. $\frac{4\sqrt{5}}{5}$　　E. $\frac{6\sqrt{5}}{5}$

8 如图 7.47,三角形 ABC 中,AB 是 AD 的 5 倍,AC 是 AE 的 3 倍. 如果三角形 ADE 的面积等于 1,则三角形 ABC 的面积是(　　).

A. 10　　B. 12　　C. 14　　D. 15　　E. 25

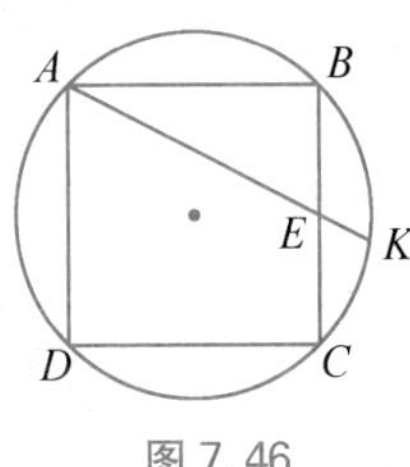

图 7.46

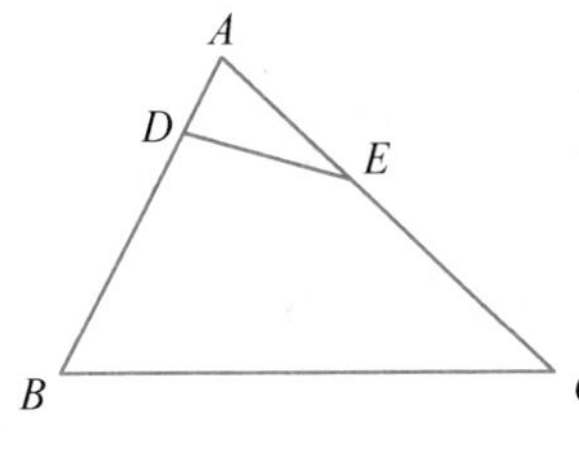

图 7.47

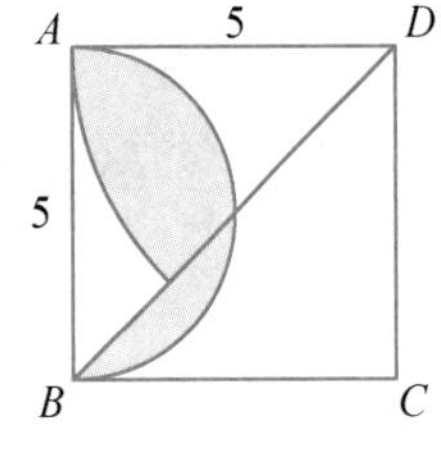

图 7.48

9 如图 7.48,正方形 $ABCD$ 的边长为 5,以边 AB 为直径作半圆,以 D 为圆心、AD 长为半径作弧,则图中阴影部分的面积为(　　).

A. $\frac{25}{4}(\pi-2)$　　B. $\frac{25}{8}(\pi-2)$　　C. $\frac{25}{2}(\pi-1)$

D. $\frac{25}{4}(\pi-1)$　　E. $\frac{25}{4}\left(\pi+\frac{1}{2}\right)$

10 一个数 a 为质数,并且 $a+20$, $a+40$ 也是质数,则以 a 为边长的等边三角形的面积为(　　).

A. $\frac{19}{2}\sqrt{3}$　　B. $\frac{13}{2}\sqrt{3}$　　C. $\frac{49}{2}\sqrt{3}$　　D. $\frac{25}{4}\sqrt{3}$　　E. $\frac{9}{4}\sqrt{3}$

11 如图 7.49,正方形 $ABCD$ 的面积为 1,以 A 为圆心作$\frac{1}{4}$圆 BD,以 AB 为直径作半圆 AB, M 是 AD 上一点,以 DM 为直径作半圆 DM 与半圆 AB 外相切,则图中阴影部分的面积为(　　).

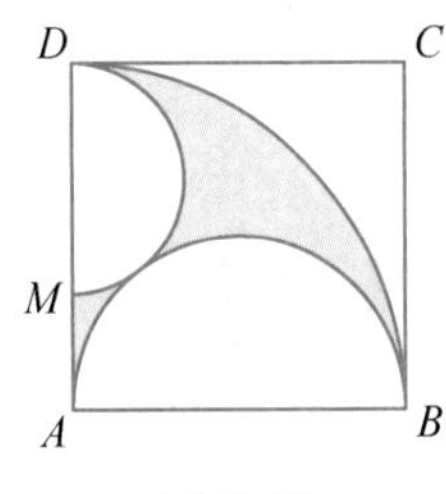

图 7.49

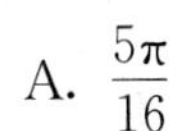

A. $\frac{5\pi}{16}$　　B. $\frac{5\pi}{32}$　　C. $\frac{5\pi}{72}$

D. $\frac{5\pi}{64}$　　E. $\frac{\pi}{16}$

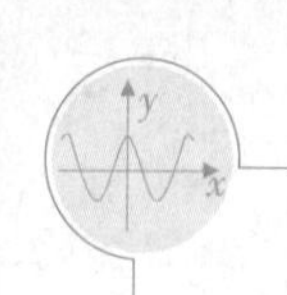

12 如图 7.50,四边形 $ABCD$ 顶点坐标依次为 $A(-2,2)$,$B(-1,5)$,$C(4,3)$,$D(2,1)$,那么四边形 $ABCD$ 的面积等于(　　).

A. 16.5　　B. 15

C. 13.5　　D. 12

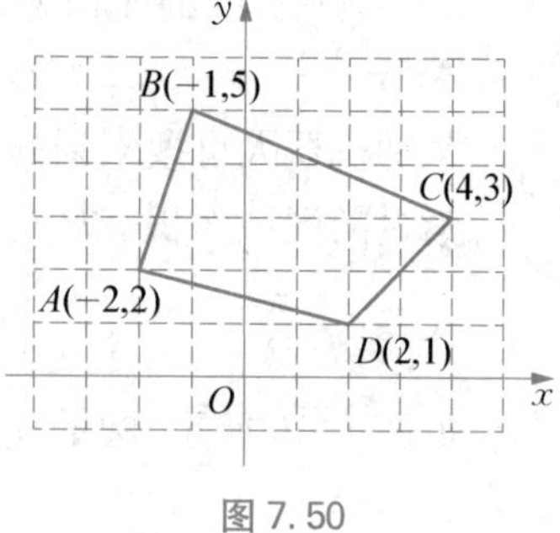

图 7.50

13 如图 7.51,正三角形 ABC 中,D,E 分别是 AB,AC 上的点,F,G 分别是 DE,BC 的中点.已知 $BD=8$ 厘米,$CE=6$ 厘米,则 $FG=$(　　)厘米.

A. $\sqrt{13}$　　B. $\sqrt{37}$　　C. $\sqrt{48}$

D. 7　　E. 以上答案均不正确

14 如图 7.52,某城市公园的雕塑由 3 个直径为 1 米的圆两两相垒立在水平的地面上,则雕塑的最高点到地面的距离为(　　).

A. $\frac{2+\sqrt{3}}{2}$　　B. $\frac{3+\sqrt{3}}{2}$　　C. $\frac{2+\sqrt{2}}{2}$

D. $\frac{3+\sqrt{2}}{2}$　　E. 以上结论均不正确

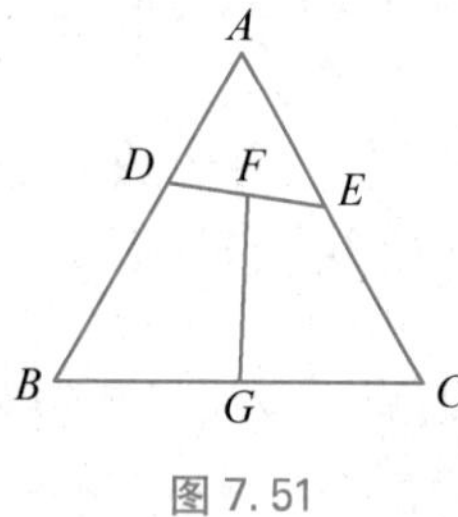

图 7.51

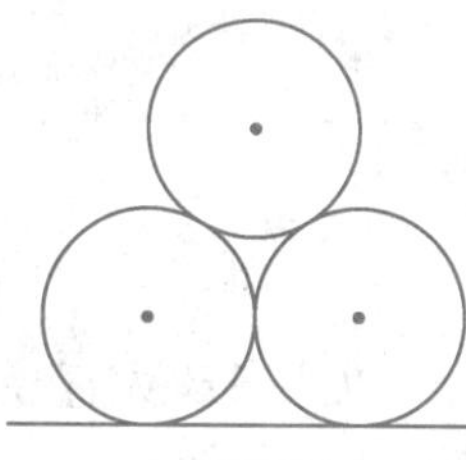
图 7.52

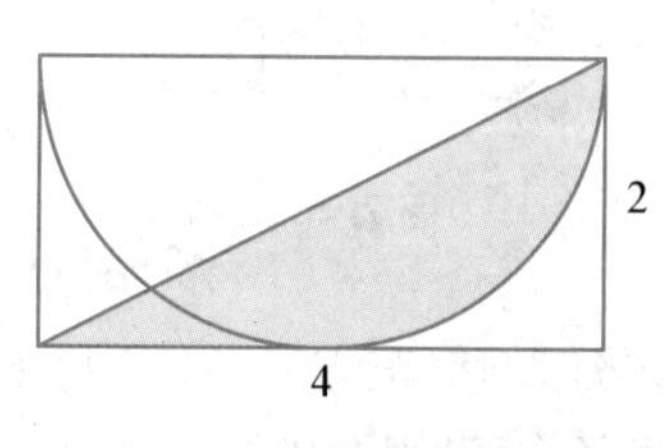

图 7.53

15 如图 7.53,长方形中长为 4,宽为 2,则阴影部分的面积为(　　).

A. π　　B. 2π　　C. $3\pi-4$　　D. 5　　E. 2

16 已知 $Rt\triangle ABC$ 的斜边为 10,内切圆的半径为 2,则两条直角边的长为(　　).

A. 5 和 $5\sqrt{3}$　　B. $4\sqrt{3}$ 和 $5\sqrt{3}$　　C. 6 和 8　　D. 5 和 7　　E. $5\sqrt{3}$ 和 $7\sqrt{3}$

17 如图 7.54,有一矩形纸片 $ABCD$,$AB=10$,$AD=6$,将纸片折叠,使 AD 边落在 AB 边上,折痕为 AE,再将 $\triangle AED$ 以 DE 为折痕向右折叠,AE 与 BC 交于点 F,则 $\triangle CEF$ 的面积为(　　).

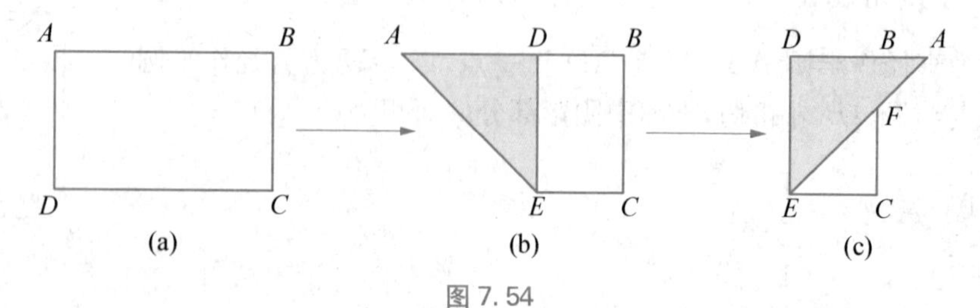

图 7.54

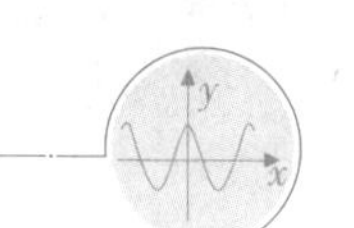

A. 2　　　　B. 4　　　　C. 6　　　　D. 8　　　　E. 10

18 设直线 l 上依次摆放着七个正方形(如图 7.55 所示),已知斜放置的三个正方形的面积分别是 1, 2, 3,正放置的四个正方形的面积依次是 S_1, S_2, S_3, S_4,则 $S_1+S_2+S_3+S_4=$(　　).

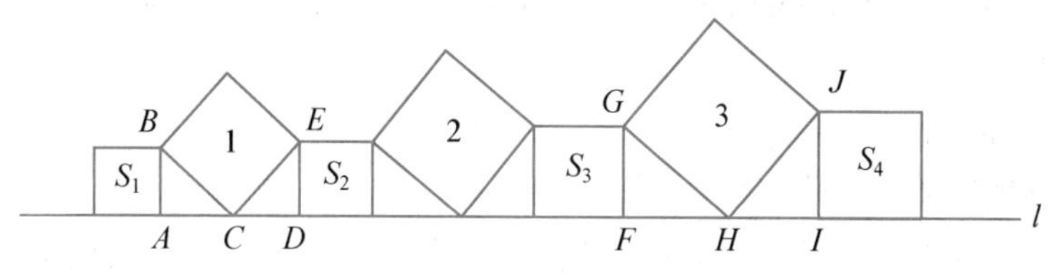

图 7.55

A. 3　　　　B. 4　　　　C. 5　　　　D. 6　　　　E. 7

19 如图 7.56,在 Rt△ABC 中,$\angle C=90°$, $AC=4$, $BC=2$,分别以 AC, BC 为直径画半圆,则图中阴影部分的面积为(　　).

A. $2\pi-1$　　　　B. $3\pi-2$　　　　C. $3\pi-4$

D. $\frac{5}{2}\pi-3$　　　　E. $\frac{5}{2}\pi-4$

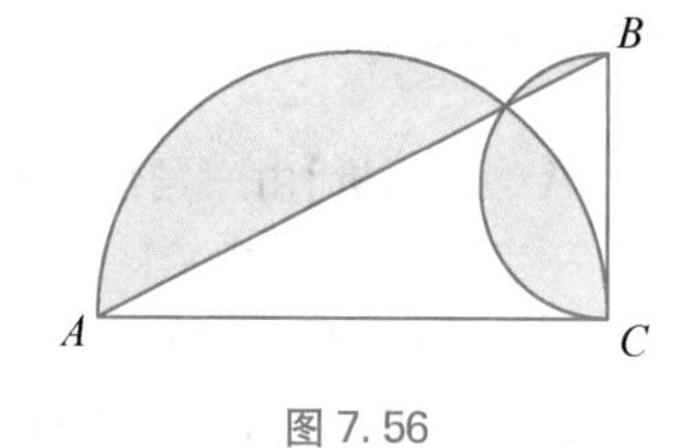

图 7.56

20 如图 7.57 所示,O 为圆心,则圆的面积与长方形的面积相等.

(1) 圆的周长是 16.4.

(2) 图中阴影部分的周长是 20.5.

21 如图 7.58,已知正方形 $ABCD$ 的面积. O 为 BC 上一点,P 为 AO 的中点,则能确定三角形 PQD 的面积.

(1) O 为 BC 的三等分点.

(2) Q 为 OD 的三等分点.

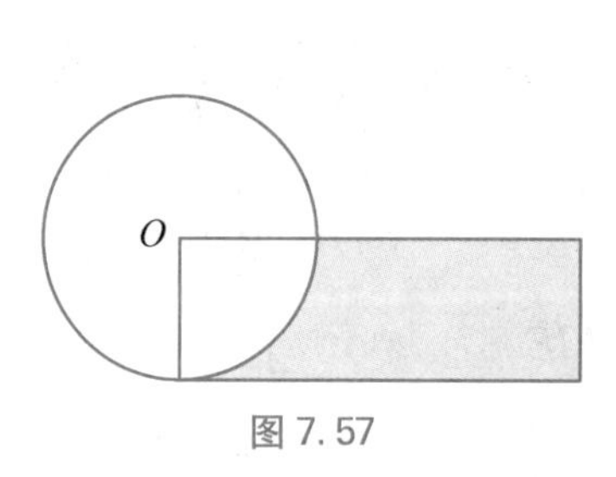

图 7.57

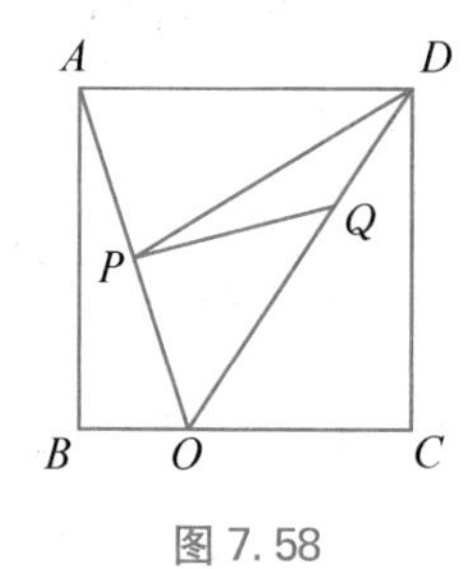

图 7.58

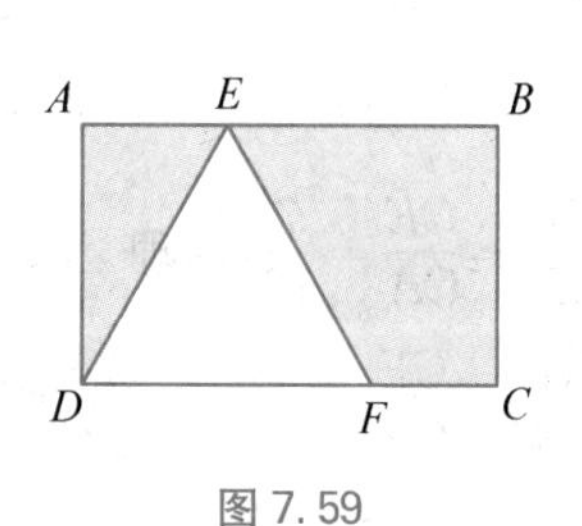

图 7.59

22 如图 7.59 所示,在矩形 $ABCD$ 中,$AE=FC$,则三角形 AED 与四边形 $BCFE$ 能拼成一个直角三角形.

(1) $EB=2FC$.

(2) $ED=EF$.

23 如图 7.60 所示，正方形 $ABCD$ 由四个相同的长方形和一个小正方形拼成，则能确定小正方形的面积.

(1) 已知正方形 $ABCD$ 的面积.

(2) 已知长方形的长宽之比.

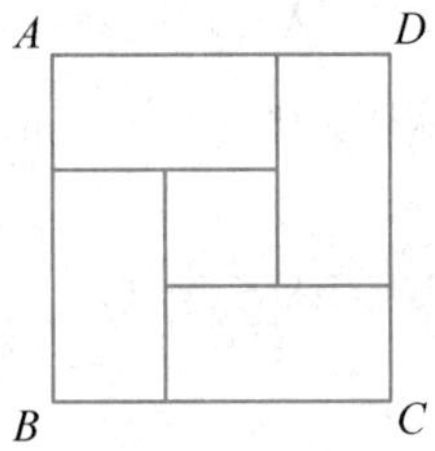

图 7.60

24 已知 M 是一个平面内有限点集，则平面上存在到 M 中每个点距离相等的点.

(1) M 中只有三个点.

(2) M 中的任意三点都不共线.

25 如图 7.61，$\triangle ABC$ 中 $BD=2DA$，$CE=2EB$，$AF=2FC$，那么 $\triangle ABC$ 的面积是阴影三角形面积的 m 倍.

(1) $m=7$.

(2) $m=6$.

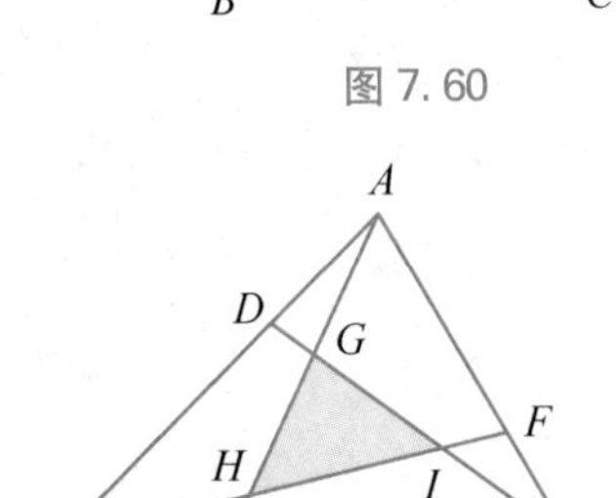

图 7.61

参考答案

1. A. 【解析】由三角形两边之和大于第三边可得，这个三角形的第三边长 x 应满足 $(2\,001-4)<x<(2\,001+4)$，即 $1\,997<x<2\,005$，又因为这个三角形的周长是偶数，且 $4+2\,001=2\,015$，所以第三边长一定是奇数，在 1 997 到 2 005 之间的奇数有 1 999，2 001，2 003，共三个，所以选 A.

2. C. 【解析】由题意得 $S_2=\frac{1}{2}S_1$，$S_3=\frac{1}{2}S_2$，…，$S_n=\frac{1}{2}S_{n-1}$，所以 $S_1+S_2+S_3+\cdots=$

$$\lim_{n\to\infty}\frac{12\times\left[1-\left(\frac{1}{2}\right)^n\right]}{1-\frac{1}{2}}=24,$$所以选 C.

3. D. 【解析】由题意可知 $AB\,/\!/\,CD$，$AB=\frac{1}{2}CD$，所以 $\triangle ABE\backsim\triangle CDE$，且 $S_{\triangle CDE}=4S_{\triangle ABE}=16$. 又因为 $DE=2BE$，所以 $S_{\triangle ADE}=2S_{\triangle ABE}=8$，同理 $S_{\triangle BCE}=8$. 所以四边形 $ABCD$ 的面积为 $4+8+8+16=36$. 所以选 D.

4. C. 【解析】由题意可知 $AD\,/\!/\,BC$，所以 $\triangle ADE\backsim\triangle CBE$，所以 $\frac{DE}{BE}=\frac{AE}{CE}=\frac{AD}{CB}=\frac{5}{7}$，$\frac{BE}{BD}=\frac{CE}{CA}=\frac{7}{12}$，同理 $\triangle BME\backsim\triangle BAD$，$\triangle CEN\backsim\triangle CAD$，$\frac{ME}{AD}=\frac{BE}{BD}$，即 $\frac{ME}{5}=\frac{7}{12}$；$\frac{NE}{DA}=\frac{CE}{CA}$，即 $\frac{NE}{5}=\frac{7}{12}$，所以 $ME=NE=\frac{35}{12}$，$MN=ME+NE=\frac{35}{6}$，所以选 C.

5. A. 【解析】如图 7.62，圆 O 交三角形 ABC 于点 D，E，F. 因为圆 O 是三角形 ABC 的内切圆，所以 $OD=OE=OF=r$，且 $OD\perp AB$，$OE\perp BC$，$OF\perp AC$，所以

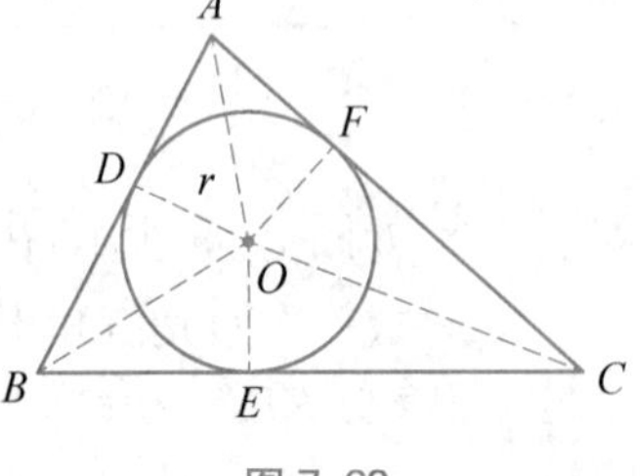

图 7.62

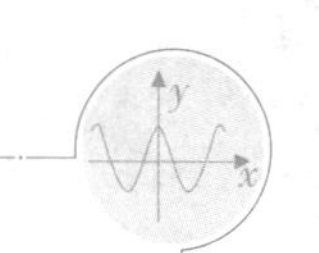

$S_{\triangle ABC}=\frac{1}{2}r(AB+BC+AC)$. 又因为三角形 ABC 的面积与周长的大小之比为 $1:2$,所以 $r(AB+BC+AC)=AB+BC+AC$,$r=1$,所以圆 O 的面积为 π,所以选 A.

6. D. 【解析】机器人扫过的面积如图 7.63 所示,其搜索过的区域面积为 $2\times10+1^2\pi=20+\pi$,所以选 D.

2

10

图 7.63

7. E. 【解析】连接 AC, CK,由题意得 $AK\perp CK$, $AC=\sqrt{AD^2+CD^2}=2\sqrt{2}$, $AE=\sqrt{AB^2+BE^2}=\sqrt{5}$. 设 EK 为 x, $CK^2=CE^2-EK^2=1-x^2$. 因为 $AK^2+CK^2=AC^2$,所以 $(x+\sqrt{5})^2+1-x^2=(2\sqrt{2})^2$,解之得 $x=\frac{\sqrt{5}}{5}$,所以 $AK=AE+EK=\sqrt{5}+\frac{\sqrt{5}}{5}=\frac{6\sqrt{5}}{5}$,所以选 E.

8. D. 【解析】连接 CD,则 $S_{\triangle ACD}=3S_{\triangle AED}=3$, $S_{\triangle ABC}=5S_{\triangle ADC}=15$. 所以选 D.

9. A. 【解析】阴影部分面积等于以 AB 为直径的半圆面积加以 D 为圆心、AD 长为半径作的弧面积再减去三角形 ABD 的面积.

$$S_{阴影}=\frac{1}{2}\times\left(\frac{5}{2}\right)^2\pi+\frac{1}{8}\times5^2\pi-\frac{1}{2}\times5^2=\frac{25}{4}(\pi-2).$$

所以选 A.

10. E. 【解析】因为 20, 40 都是合数,而 $a+20$, $a+40$ 都是质数,所以 $a\neq2$. 又因为 $20\div3=6$(余 2),所以 a 不是被 3 整除余 1 的数,否则 $a+20$ 能被 3 整除,即为合数,与题意不符. 同理 a 不是被 3 整除余 2 的数,否则 $a+40$ 为合数,与题意不符. 所以 a 必是能被 3 整除的数,又因为 a 是质数,所以 $a=3$. 所以 $S_{\triangle}=\frac{1}{2}\times3\times\frac{3\sqrt{3}}{2}=\frac{9\sqrt{3}}{4}$. 所以选 E.

11. C. 【解析】设半圆 AB 圆心为 E,半圆 DM 圆心为 F,半径为 r,连接 EF, $AE^2+AF^2=EF^2$,即 $\left(\frac{1}{2}\right)^2+(1-r)^2=\left(\frac{1}{2}+r\right)^2$,解之得 $r=\frac{1}{3}$. 所以阴影部分面积等于 $\frac{1}{4}$ 圆 BD 面积减去半圆 AB 面积再减去半圆 DM 面积,即 $S_{阴影}=\frac{1}{4}\times1^2\pi-\frac{1}{2}\times\left(\frac{1}{2}\right)^2\pi-\frac{1}{2}\times\left(\frac{1}{3}\right)^2\pi=\frac{5}{72}\pi$. 所以选 C.

12. C. 【解析】如图 7.64,将四边形 $ABCD$ 补成矩形 $EFGH$, $S_{四边形ABCD}=S_{矩形EFGH}-S_{\triangle ABE}-S_{\triangle BCH}-S_{\triangle CDG}-S_{\triangle ADF}$,所以 $S_{四边形ABCD}=4\times6-\frac{1}{2}(1\times3+2\times5+2\times2+1\times4)=13.5$. 所以选 C.

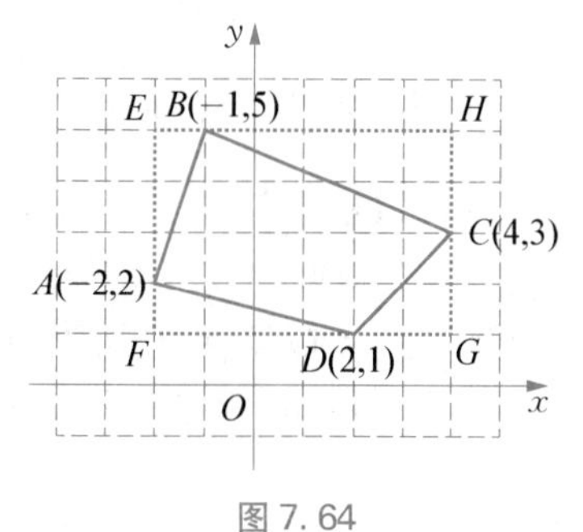

图 7.64

13. B. 【解析】解法一(特殊值法):设等边三角形边长为 8,则点 D 与 A 重合,则在三角形 CFG 中, $FG^2=CF^2+CG^2-2CF\cdot CG\cos60^\circ$,所以 $FG^2=7^2+4^2-2\times4\times7$

$\times\frac{1}{2}=37$，$FG=\sqrt{37}$. 所以选 B.

解法二(坐标法)：

以 G 为原点、BC 为 x 轴建立直角坐标系，各个点的坐标如图 7.65 所示，$FG^2=OF^2=\left(\frac{1}{2}-0\right)^2+\left(\frac{7\sqrt{3}}{2}-0\right)^2=37$，即 $FG=\sqrt{37}$. 所以选 B.

14. A. 【解析】如图 7.66，连接三圆的圆心，过点 A 作 EF 垂直于水平地面，在等边三角形 ABC 中，$AB=BC=AC=1$，$AD=AB\cos 60°=\frac{\sqrt{3}}{2}$，$EF=AD+AB=\frac{\sqrt{3}}{2}+1=\frac{2+\sqrt{3}}{2}$. 所以选 A.

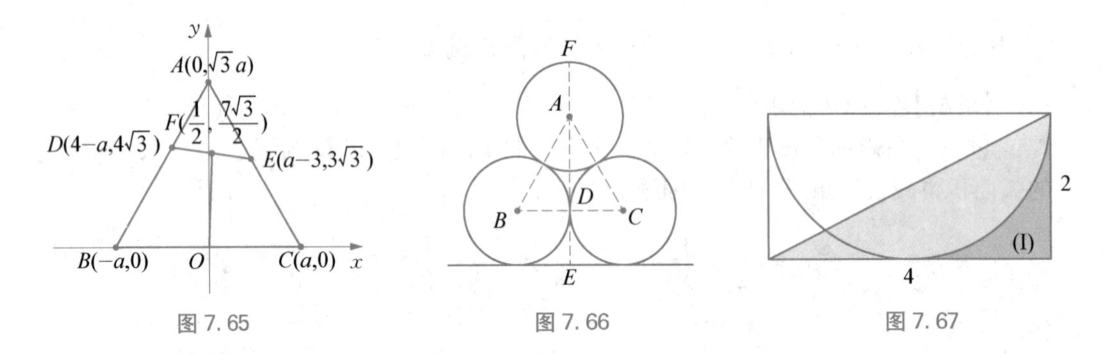

图 7.65　　图 7.66　　图 7.67

15. A. 【解析】图 7.67 中(Ⅰ)的面积等于以 2 为边长的正方形面积再减去以 2 为半径的四分之一圆面积，故 $S_{(\mathrm{I})}=2^2-\frac{1}{4}\times2^2\pi=4-\pi$. $S=S_{\triangle}-S_{(\mathrm{I})}=\frac{1}{2}\times2\times4-(4-\pi)=\pi$. 所以选 A.

16. C. 【解析】因为内切圆的半径为 $\frac{a+b-c}{2}=2$，所以 $\frac{a+b-10}{2}=2$，解得 $a+b=14$. 又因为 $a^2+b^2=100$，所以 $(14-b)^2+b^2=100$，解得 $b=6$ 或 8，故 $a=8$ 或 6. 所以选 C.

17. D. 【解析】由图 7.54 可知，经过两次折叠后 $AB=AD-BD=AD-(10-AD)=2$，$BD=EC=10-AD=4$. 因为 $AD\parallel EC$，所以 $\triangle AFB$ 与 $\triangle EFC$ 相似，所以 $\frac{AB}{EC}=\frac{BF}{FC}$. 因为 $AB=2$，$EC=4$，所以 $FC=2BF$. 因为 $BC=BF+CF=6$，所以 $CF=4$. $S_{\triangle EFC}=\frac{1}{2}EC\times CF=8$. 所以选 D.

18. B. 【解析】在 $\triangle ABC$ 和 $\triangle DCE$ 中，$\angle BAC=\angle CDE$，$\angle ACB=\angle DEC$，$CB=EC$，所以 $\triangle ABC\cong\triangle DCE$(AAS)，所以 $AC=DE$，所以 $AB^2+DE^2=BC^2=1$. 同理 $GF^2+IJ^2=GH^2=3$. 所以 $S_1+S_2+S_3+S_4=BC^2+GH^2=1+3=4$. 所以选 B.

19. E. 【解析】阴影部分面积＝半圆 AC 的面积＋半圆 BC 的面积－Rt△ABC 的面积.

$$S=\frac{1}{2}\pi\cdot2^2+\frac{1}{2}\pi\cdot1^2-\frac{1}{2}\times2\times4=\frac{5}{2}\pi-4.$$

20. C.　【解析】条件(1)与条件(2)单独都无法推出圆面积与长方形面积相等. 将条件(1)与条件(2)联合,设圆的半径为 r,长方形的长为 m, $2\pi r=16.4$,即 $\pi r=8.2$, $m+m-r+r+\frac{1}{2}\pi r=20.5$,即 $m=8.2$. $S_{圆}=\pi r^2=8.2r$, $S_{长方形}=mr=8.2r$,即 $S_{圆}=S_{长方形}$. 故条件(1)与条件(2)联合充分,所以选 C.

21. B.　【解析】由于 Q 变化时,$\triangle PQD$ 的面积才会变化,因此条件(1)不充分.

由条件(2), $S_{\triangle PQD}=\frac{1}{3}S_{\triangle POD}=\frac{1}{6}S_{\triangle AOD}=\frac{1}{12}S_{ABCD}=\frac{1}{12}a^2$($a$ 为正方形的边长),所以条件(2)充分,故选 B.

22. D.　【解析】如图 7.68 所示,延长 BC 和 EF 交于 M,则 $\triangle MBE\backsim\triangle MCF$(角角角).

题干要求 $\triangle ADE\cong\triangle CMF$,故 $CM=AD=BC$,则 C 为 BM 中点,则 CF 是 $\triangle MBE$ 中位线.

由条件(1), $EB=2FC$,则 C 为 BM 中点,条件(1)充分.

由条件(2)可得

$$\angle CFM=\angle EFD=\angle AED,$$

$\triangle ADE\cong\triangle CMF$(ASA),因此条件(2)也充分.

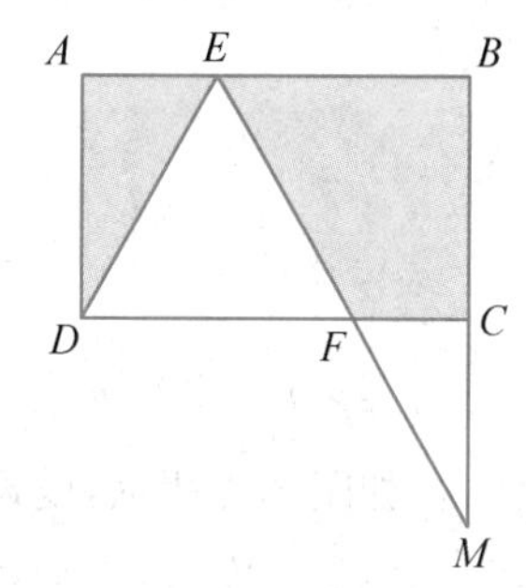

图 7.68

23. C.　【解析】条件(1)中,已知正方形 $ABCD$ 面积,仅能得到正方形 $ABCD$ 的边长,不能确定小正方形的面积,故条件(1)不充分. 条件(2)中,已知长方形的长宽比,仅能得到小正方形边长与长方形长及长方形宽的比,无法确定小正方形的面积,故条件(2)不充分. 条件(1)与条件(2)联合,通过知道大正方形的边长和长方形的长宽比,可得到长方形的长和宽,长方形的长减去长方形的宽,即是小正方形的边长,就可确定小正方形的面积,所以选 C.

24. C.　【解析】存在点到平面有限点集 M 中的每个点距离都相等的充要条件为 M 中的每个点都在同一个圆上,从而条件(1)(2)单独都不充分,联合起来充分.

注:同一平面内,三个不共线的点构成一个三角形,过这三个点能作一个圆. 这个圆的圆心叫作三角形的外心(外接圆的圆心).

25. A.　【解析】如图 7.69,连接 AI,根据燕尾定理, $S_{\triangle BCI}:S_{\triangle ACI}=BD:AD=2:1$, $S_{\triangle BCI}:S_{\triangle ABI}=CF:AF=1:2$,所以 $S_{\triangle ACI}:S_{\triangle BCI}:S_{\triangle ABI}=1:2:4$,那么 $S_{\triangle BCI}=\frac{2}{1+2+4}S_{\triangle ABC}=\frac{2}{7}S_{\triangle ABC}$.

同理可得 $S_{\triangle ACG}=S_{\triangle ABH}=\frac{2}{7}S_{\triangle ABC}$,所以阴影部分的面积为 $\left(1-\frac{2}{7}\times 3\right)S_{\triangle ABC}=\frac{1}{7}S_{\triangle ABC}$.

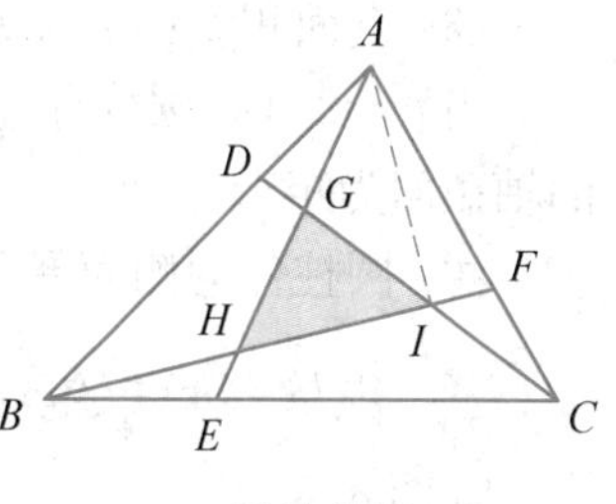

图 7.69

故条件(1)充分,条件(2)不充分,选 A.

第八章

立体几何

第一节 ◈ 考点分析

一、长方体(正方体)

如图 8.1 所示，设长方体的三条棱长分别是 a，b，c.

(1) 全棱长 $l=4(a+b+c)$.

(2) 体积 $V=abc$.

(3) 全面积 $S_{全}=2(ab+bc+ac)$.

(4) 体对角线长 $d=\sqrt{a^2+b^2+c^2}$.

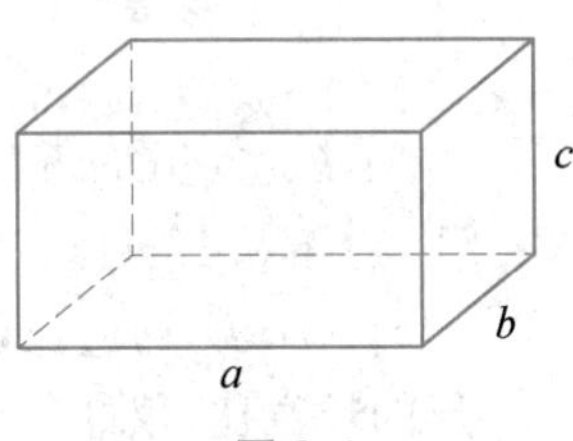

图 8.1

特别地，当 $a=b=c$ 时，长方体称为正方体.

正方体的全棱长 $l=12a$，体积 $V=a^3$，全面积 $S=6a^2$，体对角线 $d=\sqrt{3}a$.

二、圆柱体(设高为 h，底面半径为 r)

如图 8.2：

(1) 体积 $V=\pi r^2 h$.

(2) 侧面积 $S_{侧}=2\pi rh$.

(3) 全面积 $S_{全}=2\pi rh+2\pi r^2$.

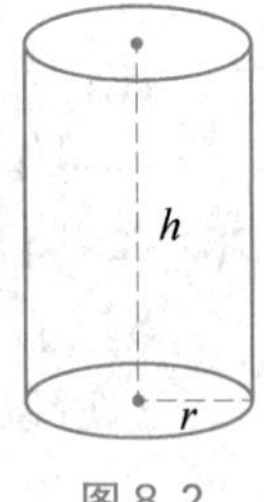

图 8.2

当 $h=2r$ 时，圆柱称为等边圆柱，等边圆柱的轴截面是正方形，非等边圆柱的轴截面为矩形.

注：圆柱体的侧面展开图是一个长为 $2\pi r$、宽为 h 的长方形.

三、球体(设球的半径为 r)

如图 8.3：

(1) 表面积 $S=4\pi r^2$.

(2) 体积 $V=\dfrac{4}{3}\pi r^3$.

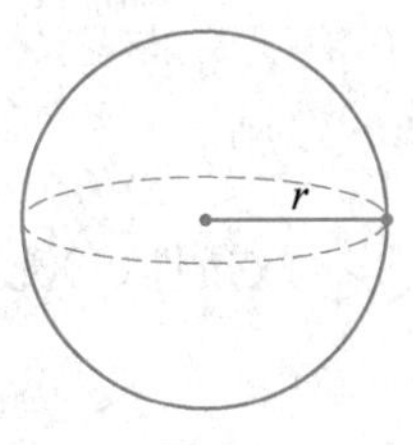

图 8.3

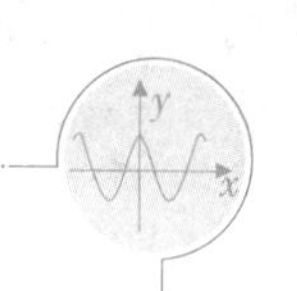

第二节 ◈ 例 题 解 析

例 1　现有一个半径为 R 的球体，拟用刨床将其加工成正方体，则能加工成的最大的正方体的体积是(　　).

A. $\frac{8}{3}R^3$　　B. $\frac{8\sqrt{3}}{9}R^3$　　C. $\frac{4}{3}R^3$　　D. $\frac{1}{3}R^3$　　E. $\frac{\sqrt{3}}{9}R^3$

【答案】 B.

【解析】 正方体内接于球体时体积最大，设正方体边长为 a，则 $2R=\sqrt{3}a \Rightarrow a=\frac{2R}{\sqrt{3}}$，所以正方体体积 $V=a^3=\frac{8\sqrt{3}}{9}R^3$.

例 2　将体积为 4π 立方厘米和 32π 立方厘米的两个实心金属球熔化后铸成一个实心大球，则大球的表面积为(　　).

A. 32π 平方厘米　　B. 36π 平方厘米　　C. 38π 平方厘米

D. 40π 平方厘米　　E. 42π 平方厘米

【答案】 B.

【解析】 根据题意，知大球的体积为 $4\pi+32\pi=36\pi$(立方厘米). 设大球的半径为 r 厘米，则 $\frac{4}{3}\pi r^3=36\pi$，解得 $r=3$. 所以大球的表面积为 $S=4\pi r^2=36\pi$(平方厘米).

例 3　如图 8.4，正方体的棱长为 2，F 是 $C'D'$ 的中点，则 AF 的长为(　　).

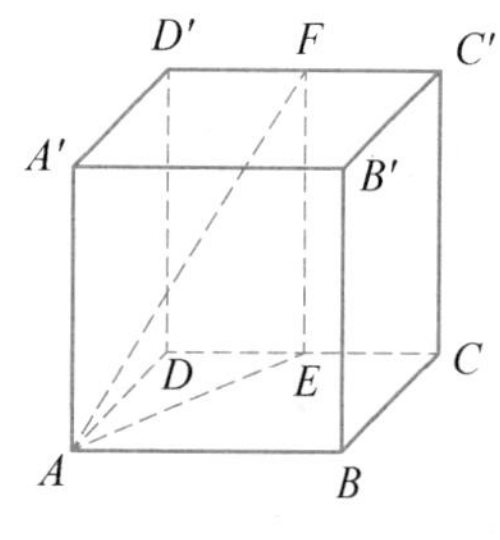

图 8.4

A. 3　　B. 5　　C. $\sqrt{5}$

D. $2\sqrt{2}$　　E. $2\sqrt{3}$

【答案】 A.

【解析】 取 CD 中点 E，连接 EF，AE，由题可得，在 $\mathrm{Rt}\triangle AED$ 中，$AD=2$，$DE=1$，故 $AE=\sqrt{5}$. 在 $\mathrm{Rt}\triangle AEF$ 中，$EF=2$，$AE=\sqrt{5}$，所以 $AF=3$.

例 4　如图 8.5，一个储物罐的下半部分是底面直径与高均为 20 米的圆柱形，上半部分(顶部)是半球形，已知底面与顶部的造价是每平方米 400 元，侧面的造价是每平方米 300 元，则该储物罐的造价是(　　)万元.($\pi \approx 3.14$)

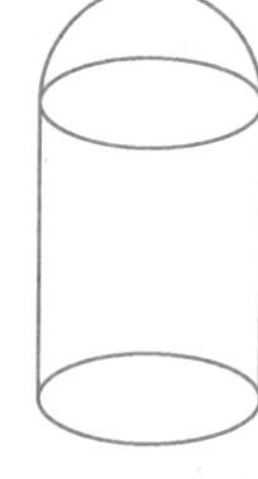
图 8.5

A. 56.52　　B. 62.8　　C. 75.36

D. 87.92　　E. 100.48

【答案】 C.

【解析】 根据题意，造价为 $(10^2\pi+10^2\times 2\pi)\times 400+(2\pi\times 10\times 20)\times 300 \approx 753\ 600$(元).

例 5　一个两头密封的水桶，里面装了一些水，水桶水平横放时桶内有水部分占水桶

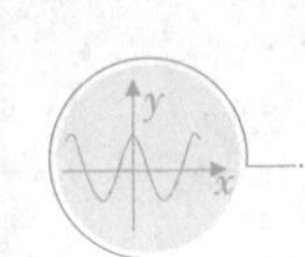

截面圆周长的$\frac{1}{4}$,则水桶直立时水的高度与桶的高度之比值是(　　).

A. $\frac{1}{4}$　　B. $\frac{1}{4}-\frac{1}{\pi}$　　C. $\frac{1}{4}-\frac{1}{2\pi}$　　D. $\frac{1}{8}$　　E. $\frac{\pi}{4}$

【答案】 C.

【解析】 设水的体积为V,桶长为L,桶底半径为R,桶直立时水高为H. 桶在水平横放时其底面(此时它与水平面垂直)其中有水部分的弧AB等于圆周长的$\frac{1}{4}$,故弧AB所对的圆心角是直角,如图8.6,由水的体积相等得$V=S\cdot L=\left(\frac{\pi}{4}R^2-\frac{1}{2}R^2\right)L=\pi R^2H$,因此$\frac{H}{L}=\frac{\frac{\pi}{4}R^2-\frac{1}{2}R^2}{\pi R^2}=\frac{1}{4}-\frac{1}{2\pi}$.

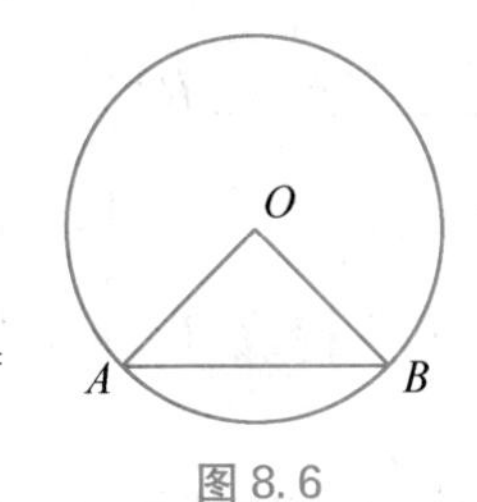

图8.6

例6　某工厂在半径5厘米的球形工艺品上镀一层装饰金属,厚度为0.01厘米,已知装饰金属的原材料是棱长为20厘米的正方体锭子,则加工10 000个该工艺品需要的锭子数最少为(　　)个.(不考虑加工损耗,$\pi\approx3.14$)

A. 2　　B. 3　　C. 4　　D. 5　　E. 20

【答案】 C.

【解析】 **解法一:**

设共需锭子x个,则根据题意,有

$$10\,000\times\left[\frac{4}{3}\times\pi\times(5+0.01)^3-\frac{4}{3}\times\pi\times5^3\right]=x\times(20)^3\Rightarrow x\approx3.933.$$

解法二:

根据微分近似计算公式:$\Delta y\approx f'(x_0)\cdot\Delta x$,所以其体积的改变量为$\Delta y\approx\left(\frac{4}{3}\pi r^3\right)'\cdot\Delta r=4\pi\times5^2\times0.01$.

设共需锭子x个,则根据题意有$10\,000\times4\pi\times5^2\times0.01=x\times20^3\Rightarrow x=3.925$.

例7　一个长方体,长与宽之比是2∶1,宽与高之比是3∶2,若长方体的全部棱长之和是220厘米,则长方体的体积是(　　)立方厘米.

A. 2 880　　B. 7 200　　C. 4 600　　D. 4 500　　E. 3 600

【答案】 D.

【解析】 高∶宽∶长=2∶3∶6,已知全部棱长为220厘米,则高+宽+长$=\frac{220}{4}=55$,所以高$=\frac{2}{2+3+6}\times55=10$(厘米),宽$=\frac{3}{2+3+6}\times55=15$(厘米),长$=\frac{6}{2+3+6}\times55=30$(厘米).

所以长方体体积$V=10\times15\times30=4\,500$(立方厘米).

例8　圆柱体的底半径和高的比是1∶2,若体积增加到原来的6倍,底半径和高的比

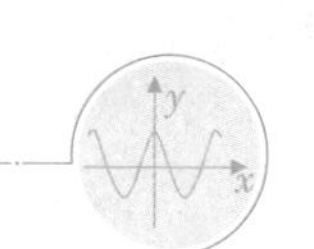

保持不变，则底半径（　　）.

A. 增加到原来的$\sqrt{6}$倍　　B. 增加到原来的$\sqrt[3]{6}$倍　　C. 增加到原来的$\sqrt{3}$倍

D. 增加到原来的$\sqrt[3]{3}$倍　　E. 增加到原来的 6 倍

【答案】 B.

【解析】 设圆柱体的底半径为R，高为H，已知$R:H=1:2$，所以$H=2R$，从而$V=\pi R^2H=2\pi R^3$. 设变化后的体积为V'，底半径为r，高为h，仍有$h=2r$，$V'=2\pi r^3$. 依题意，$V'=6V$，即$2\pi r^3=6\times 2\pi R^3$，所以$r=\sqrt[3]{6}R$.

例 9 矩形周长为 2，将它绕其一边旋转一周，所得的圆柱体体积最大时的矩形面积为（　　）.

A. $\frac{4\pi}{27}$　　B. $\frac{2}{3}$　　C. $\frac{2}{9}$

D. $\frac{27}{4}$　　E. 以上都不对

【答案】 C.

【解析】 解法一：设矩形的一边长为x，则另一边长为$1-x$，故由圆柱体体积公式得$V=\pi x^2(1-x)=4\pi\left[\frac{1}{2}x\cdot\frac{1}{2}x\cdot(1-x)\right]$，根据均值不等式：$a\cdot b\cdot c\leqslant\left(\frac{a+b+c}{3}\right)^3$，当且仅当$a=b=c$的时候，取到最大值，则$V\leqslant 4\pi\cdot\left(\frac{\frac{1}{2}x+\frac{1}{2}x+1-x}{3}\right)^3=\frac{4}{27}\pi$，当且仅当$\frac{1}{2}x=1-x$，即$x=\frac{2}{3}$时，取到最大值，此时矩形的面积为$\frac{2}{9}$.

解法二：设矩形的长、宽分别为a，b，则$a+b=1$，且圆柱体体积$V=\pi a^2(1-a)=\pi(a^2-a^3)$.

对V求导并令其等于零得$\pi(2a-3a^2)=0\Rightarrow a=\frac{2}{3}$，所以当$a=\frac{2}{3}$时，圆柱体体积最大，此时矩形的面积为$\frac{2}{3}\times\left(1-\frac{2}{3}\right)=\frac{2}{9}$.

例 10 底面半径为r、高为h的圆柱体表面积记为S_1，半径为R的球体表面积记为S_2，则$S_1\leqslant S_2$.

(1) $R\geqslant\frac{r+h}{2}$.

(2) $R\leqslant\frac{2h+r}{3}$.

【答案】 C.

【解析】 根据题干，有$S_1=2\pi rh+2\pi r^2\leqslant S_2=4\pi R^2\Rightarrow 4R^2\geqslant 2rh+2r^2$.

由条件(1)，$2R\geqslant r+h$，则$4R^2\geqslant r^2+h^2+2rh$，不能得出$4R^2\geqslant 2rh+2r^2$，所以条件(1) 不充分. 条件(2) 显然也不充分.

联合起来，有$\frac{r+h}{2}\leqslant\frac{2h+r}{3}\Rightarrow h\geqslant r$，所以$4R^2\geqslant r^2+h^2+2rh\geqslant 2rh+2r^2$，即条件

(1) 和条件(2) 联合起来充分.

第三节 ◈ 练习与测试

1 湖面上飘着一个球(球的体积大半部分在水面之上),湖结冰后将球取出,湖面上留下了一个直径为 24、深为 8 的空穴,则该球的表面积为(　　).

A. 676π　　B. 476π　　C. 576π　　D. 376π　　E. 776π

2 如果在雨地放如图 8.7(1)~(5)不同的容器(单位:厘米),则雨水下满各容器所需时间比为(　　). 注: ▭ 面是朝上的敞口部分。

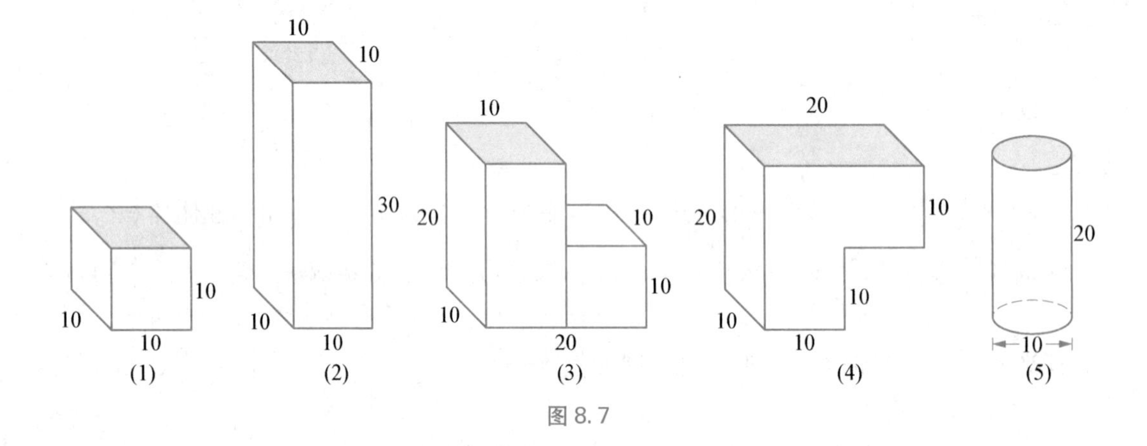

图 8.7

A. $1:3:3:\frac{3}{2}:2$　　B. $3:1:1:\frac{3}{2}:2$　　C. $3:1:1:\frac{2}{3}:2$

D. $1:3:2:\frac{3}{2}:2$　　E. 以上答案均不正确

3 一个直圆柱形的量杯中放有一根长 12 厘米的细搅棒(搅棒直径不计),当搅棒的下端接触量杯底部时,上端最少可露出杯边缘 2 厘米,最多能露出 4 厘米,则这个量杯的溶剂为(　　)立方厘米.

A. 72π　　B. 96π　　C. 288π　　D. 384π　　E. 400π

4 如图 8.8 所示,长方体 $ABCD-A_1B_1C_1D_1$ 中高 $AA_1=1$, $\angle BAB_1=\angle B_1A_1C_1=30°$,则这个长方体的体对角线是(　　).

A. 2　　B. $\sqrt{2}$　　C. $\sqrt{3}$

D. $\sqrt{5}$　　E. $\sqrt{6}$

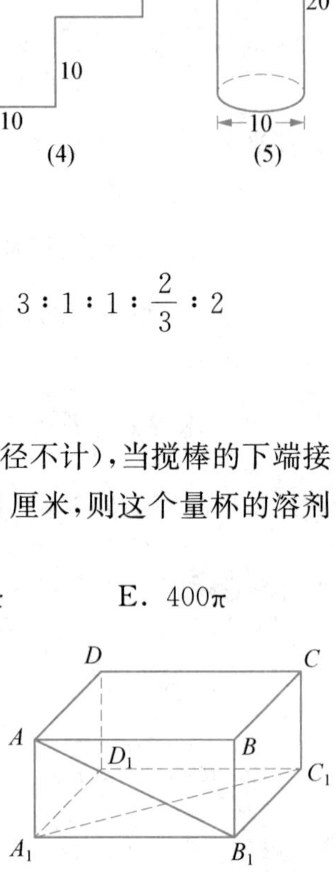

图 8.8

5 现将一个圆柱切割成一个球,切割下来部分的体积占球体的体积至少为(　　).

A. $\frac{1}{4}$　　B. $\frac{1}{3}$　　C. $\frac{1}{2}$　　D. $\frac{2}{3}$　　E. $\frac{3}{4}$

6　如图 8.9，正方体位于半径为 3 的球内，且一面位于球的大圆上，则正方体的表面积最大为（　　）.

A. 12　　B. 18　　C. 24
D. 30　　E. 36

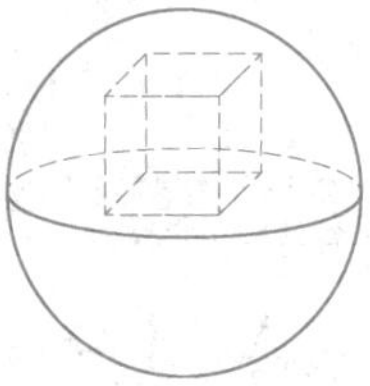

图 8.9

7　如图 8.10，正六边形 $ABCDEF$ 是平面与棱长为 2 的正方体所截得到的，若 A，B，C，D，E，F 分别为相应棱的中点，则六边形 $ABCDEF$ 的面积为（　　）.

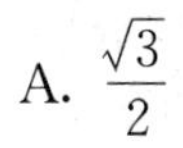

A. $\frac{\sqrt{3}}{2}$　　B. $\sqrt{3}$　　C. $2\sqrt{3}$　　D. $3\sqrt{3}$　　E. $4\sqrt{3}$

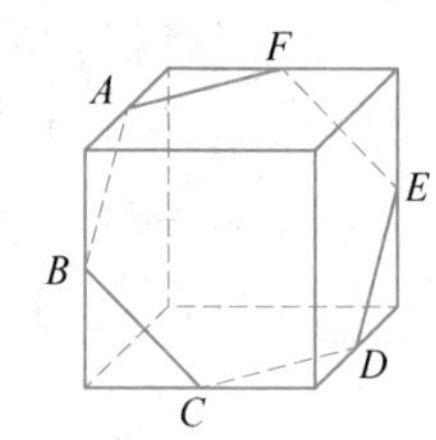

图 8.10

8　长方体相邻的三个面的面积分别为$\sqrt{2}$，$\sqrt{3}$，$\sqrt{6}$，则长方体的体积是（　　）.

A. $3\sqrt{2}$　　B. $2\sqrt{3}$　　C. $\sqrt{6}$　　D. 6　　E. $2\sqrt{6}$

9　将一个白木质的正方体的六个表面都涂上红漆，再将它锯成 64 个小正方体，从中任取 3 个，其中至少有 1 个三面是红漆的小正方体的概率是（　　）.

A. 0.665　　B. 0.578　　C. 0.564　　D. 0.482　　E. 0.335

10　如图 8.11，圆柱体的底面半径为 2，高为 3，垂直于底面的平面截圆柱所得截面为矩形 $ABCD$. 若弦 AB 所对的圆心角是$\frac{\pi}{3}$，则截掉部分（较小部分）的体积为（　　）.

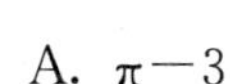

A. $\pi-3$　　B. $2\pi-6$　　C. $\pi-\frac{3\sqrt{3}}{2}$

D. $2\pi-3\sqrt{3}$　　E. $\pi-\sqrt{3}$

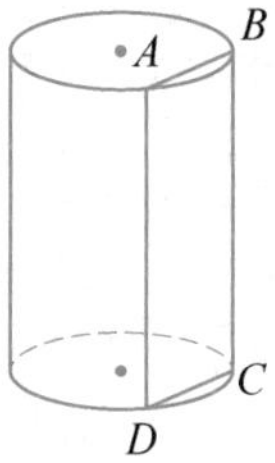

图 8.11

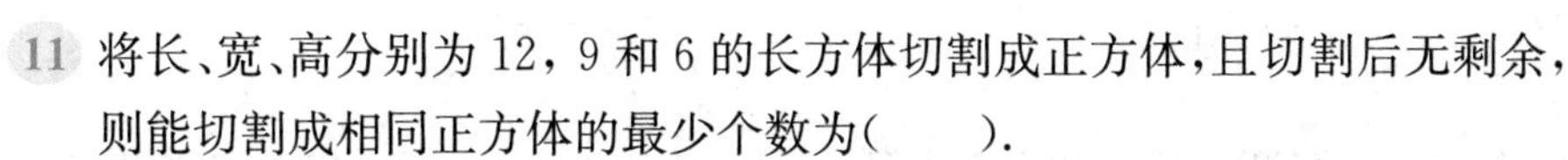

11　将长、宽、高分别为 12，9 和 6 的长方体切割成正方体，且切割后无剩余，则能切割成相同正方体的最少个数为（　　）.

A. 3　　B. 6　　C. 24　　D. 96　　E. 648

12　一圆柱体的高与一正方体的高相等，且它们的底面周长也相等，则圆柱体的体积与正方体的体积比为（　　）.

A. $\frac{\pi}{4}$　　B. $\frac{4}{\pi}$　　C. $\frac{2\pi}{3}$　　D. $\frac{3\pi}{2}$　　E. $\frac{4}{3}$

13　两圆柱侧面积相等，则体积比为 2∶1.

(1) 底半径分别为 10 和 5.

(2) 底半径之比为 2∶1.

14　圆柱的侧面积与下底面积之比为 4π∶1.

(1) 圆柱的轴截面为正方形.

(2) 圆柱的侧面展开图是正方形.

15　如图 8.12，一个铁球沉入水池中，则能确定铁球的体积.

(1) 已知铁球露出水面的高度.

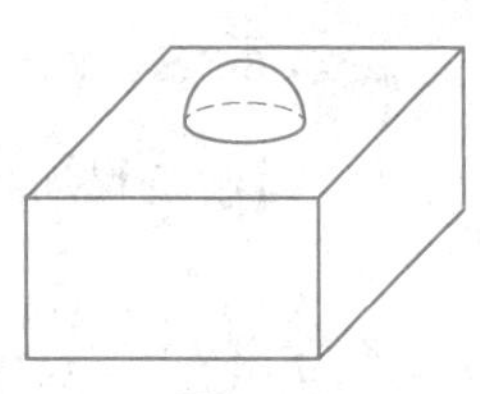
图 8.12

(2) 已知水深及铁球与水面交线的周长.

参考答案

1. A. 【解析】设球的半径为 r，据题意可知 $12^2+(r-8)^2=r^2$，解得 $r=13$. 球的表面积为 $4\pi r^2=676\pi$. 故选 A.
2. A. 【解析】(1) 的容积：$10\times10\times10=1\,000$，开口面积为 10^2；(2) 的容积：$10\times10\times30=3\,000$，开口面积为 10^2；(3) 的容积：$10\times10\times10+10\times10\times20=3\,000$，开口面积为 10^2；(4) 的容积：$10\times10\times10+10\times10\times20=3\,000$，开口面积为 10×20；(5) 的容积：$5^2\pi\times20=500\pi$，开口面积为 $5^2\pi$，故时间比为 $\frac{1\,000}{10^2}:\frac{3\,000}{10^2}:\frac{3\,000}{10^2}:\frac{3\,000}{10\times20}:\frac{500\pi}{5^2\pi}=10:30:30:15:20$，化简得 $2:6:6:3:4$，故选 A.

3. A. 【解析】由题意可知这个直圆柱体的溶剂的高为 8 厘米，直径为 $\sqrt{10^2-8^2}=6$(厘米)，这个量杯的溶剂为 $8\times3^2\pi=72\pi$(立方厘米). 故选 A.
4. D. 【解析】如图 8.13，连接 AC_1，AC_1 为长方体的体对角线；在三角形 ABB_1 中，$AB\perp BB_1$，$\angle BAB_1=30^\circ$，$AB=\sqrt{3}AA_1=\sqrt{3}$，同理 $B_1C_1=1$，$A_1C_1=2$，$AC_1=\sqrt{A_1C_1^2+AA_1^2}=\sqrt{5}$. 故选 D.

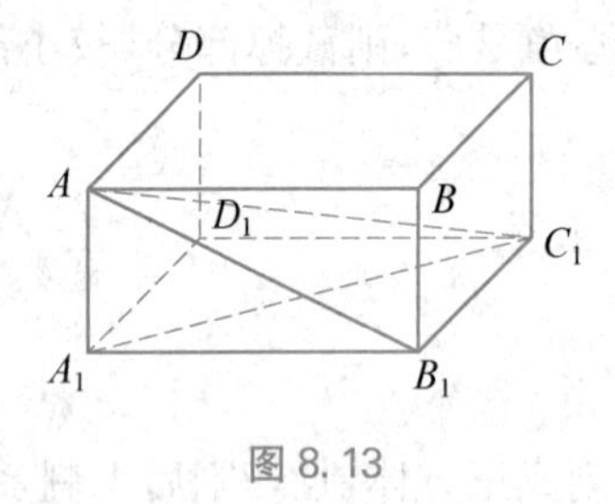

图 8.13

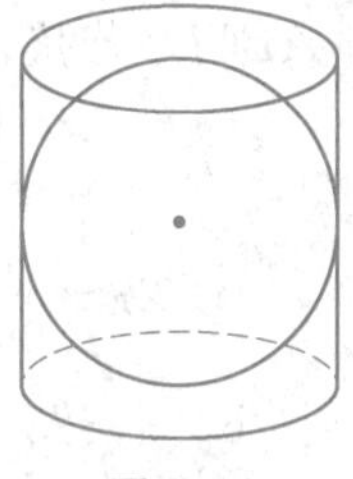
图 8.14

5. C. 【解析】如图 8.14，当圆柱的高和底面直径等于球的最大截面的直径时，切割下来部分的体积占球体的体积最小. 设圆柱的底面半径为 r，$V_{圆柱}=\pi r^2\times2r=2\pi r^3$，$V_{球}=\frac{4}{3}\pi r^3$，$V_{割}=V_{圆柱}-V_{球}=2\pi r^3-\frac{4}{3}\pi r^3=\frac{2}{3}\pi r^3$，$\frac{V_{割}}{V_{球}}=\frac{\frac{2}{3}}{\frac{4}{3}}=\frac{1}{2}$. 故选 C.

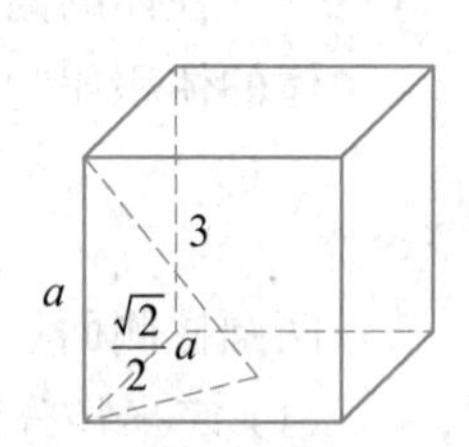

图 8.15

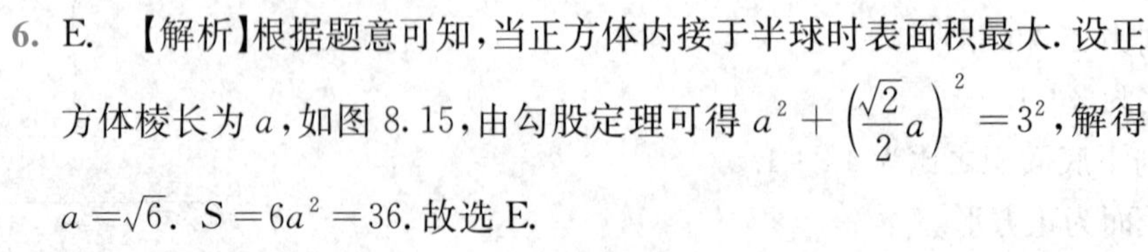

6. E. 【解析】根据题意可知，当正方体内接于半球时表面积最大. 设正方体棱长为 a，如图 8.15，由勾股定理可得 $a^2+\left(\frac{\sqrt{2}}{2}a\right)^2=3^2$，解得 $a=\sqrt{6}$. $S=6a^2=36$. 故选 E.

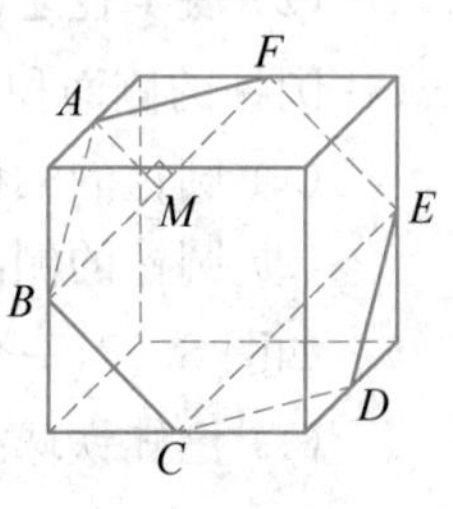

图 8.16

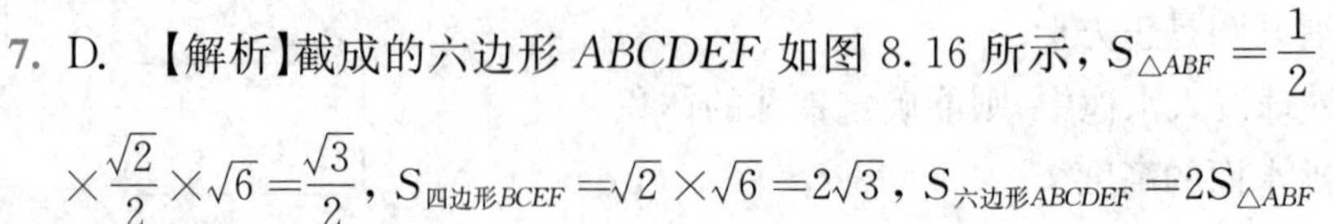

7. D. 【解析】截成的六边形 $ABCDEF$ 如图 8.16 所示，$S_{\triangle ABF}=\frac{1}{2}\times\frac{\sqrt{2}}{2}\times\sqrt{6}=\frac{\sqrt{3}}{2}$，$S_{四边形BCEF}=\sqrt{2}\times\sqrt{6}=2\sqrt{3}$，$S_{六边形ABCDEF}=2S_{\triangle ABF}$

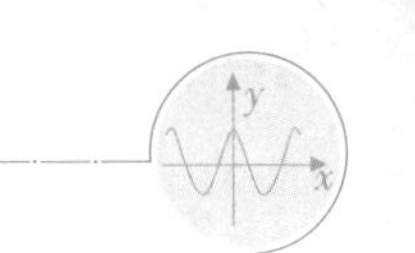

$+S_{四边形BCEF}=2\times\frac{\sqrt{3}}{2}+2\sqrt{3}=3\sqrt{3}$. 故选 D.

8. C. 【解析】设长方体的长、宽、高分别为 a，b，c，则可列出方程组 $\begin{cases}ab=\sqrt{2},\\bc=\sqrt{3},\\ac=\sqrt{6},\end{cases}$ 得 $\begin{cases}a=\sqrt{2},\\b=1,\\c=\sqrt{3},\end{cases}$ 所以 $V=abc=\sqrt{2}\times1\times\sqrt{3}=\sqrt{6}$. 故选 C.

9. E. 【解析】三面有红漆的小方块一共有 8 个，这 8 个小方块没有任何一个被取到的概率为 $\frac{C_{56}^{3}}{C_{64}^{3}}$，则至少取到一个三面红漆小方块的概率为 $1-\frac{C_{56}^{3}}{C_{64}^{3}}=0.335$. 故选 E.

10. D. 【解析】所求体积为 $V=\left(\frac{\pi\times2^{2}}{6}-\frac{1}{2}\times2\times\sqrt{3}\right)\times3=2\pi-3\sqrt{3}$.

11. C. 【解析】由题意可知，要求切割成的相同正方体的最少个数，只要求出长、宽、高的最大公因数即可. 12，9，6 的最大公因数为 3，所以能切割成相同正方体的最少个数为 $(12\div3)\times(9\div3)\times(6\div3)=24$. 故选 C.

12. B. 【解析】设正方体的棱长为 a，则正方体高为 a，底面周长为 $4a$，体积为 a^{3}；圆柱体的高为 a，底面周长为 $4a$，则圆柱体体积为 $a\left(\frac{4a}{2\pi}\right)^{2}\pi=\frac{4a^{3}}{\pi}$. 所以圆柱体的体积与正方体的体积比为 $\frac{4a^{3}}{\pi}:a^{3}=\frac{4}{\pi}$. 故选 B.

13. D. 【解析】条件(1)中，因为两圆柱的侧面积相等且半径的比为 $2:1$，所以两圆柱的高的比为 $1:2$，所以体积比为 $(10^{2}\pi):(5^{2}\pi\times2)=2:1$，故条件(1)充分. 同理条件(2)也充分. 故选 D.

14. B. 【解析】条件(1)中，设正方形边长为 $2a$，则下底圆的半径为 a，圆柱的高为 $2a$，圆柱的侧面积为 $2a\pi\times2a=4a^{2}\pi$，下底面积为 $a^{2}\pi$，圆柱的侧面积与下底面积之比为 $4:1$，故条件(1) 不充分. 条件(2) 中，设侧面展开图的边长为 m，则圆柱体侧面积为 m^{2}，下底面积为 $\left(\frac{m}{2\pi}\right)^{2}\pi=\frac{m^{2}}{4\pi}$，圆柱的侧面积与下底面积之比为 $4\pi:1$，故条件(2) 充分. 故选 B.

15. B. 【解析】设铁球的半径为 R，题干要求 R 能确定.
显然条件(1)不充分. 由条件(2)，如图 8.17 所示，已知 h(即水深)和 r(铁球与水面所交圆的半径)，则 $(h-R)^{2}+r^{2}=R^{2}$，则 $R=\frac{h^{2}+r^{2}}{2h}$ 能被确定. 因此条件(2) 充分. 故选 B.

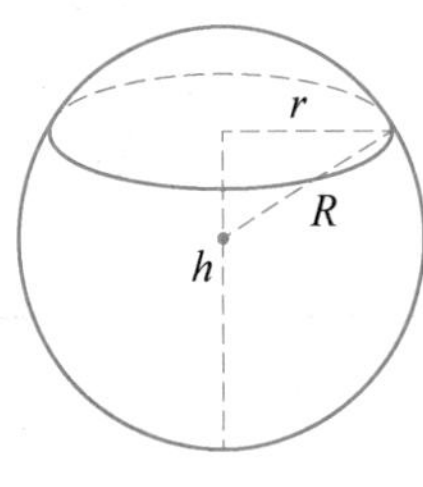

图 8.17

第九章

平面解析几何

第一节 ◈ 考 点 分 析

一、考点结构图

见图 9.1.

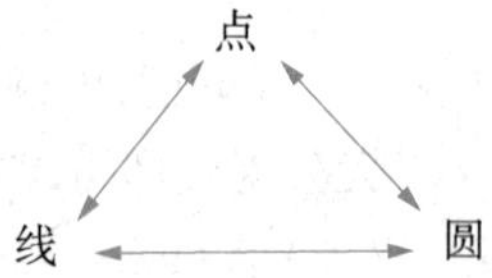

点
线
圆

图 9.1

二、六大关系

1. 点与点

点与点的位置关系包括重合与分离(不重合). 我们通常用坐标的方式来描述点的位置,建立的直角坐标系不同,点的位置就不同,表示方式也就不同.

如图 9.2,在同一直角坐标系中,若有点 $A(x_1, y_1)$ 与点 $B(x_2, y_2)$,则两点之间的距离为 $d=\sqrt{(x_1-x_2)^2+(y_1-y_2)^2}$,中点坐标为 $C\left(\frac{x_1+x_2}{2}, \frac{y_1+y_2}{2}\right)$.

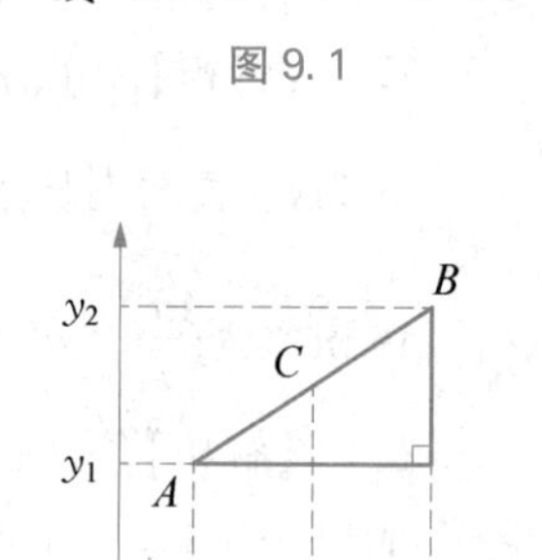

图 9.2

作用: 用于判断两圆的位置关系.

2. 圆与圆

(1) 一般方程: $x^2+y^2+Dx+Ey+F=0$.

(2) 标准方程: $(x-x_0)^2+(y-y_0)^2=r^2$.

(3) 关系: 见表 9.1.

表 9.1

位置关系	图形	性质及判定
相离	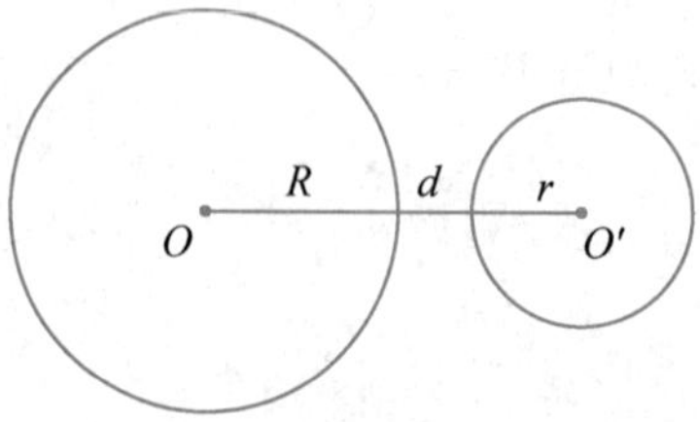 R d r O O′	$d>R+r$

续　表

位置关系	图形	性质及判定
外切		$d=R+r$
相交		$R-r<d<R+r$
内切		$d=R-r$
内含		$d<R-r$

3. 线与线

(1) 直线的五种方程

① 一般式

$$Ax+By+C=0\ (A^2+B^2\neq 0).$$

图像：可表示平面上所有直线.

② 斜截式

$$y=kx+b.$$

i. b：截距(不是距离).

是图像与 y 轴交点的纵坐标，截距有正有负.

ii. k：斜率.

如图 9.3，$k=\tan\alpha=\dfrac{对边}{邻边}$，$\alpha\in[0°,180°]$.

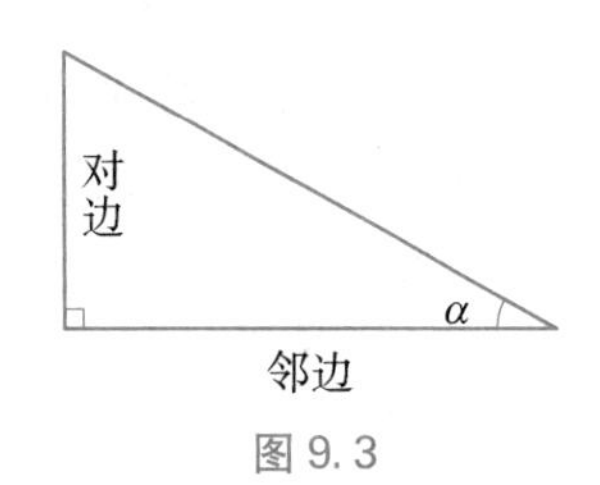

图 9.3

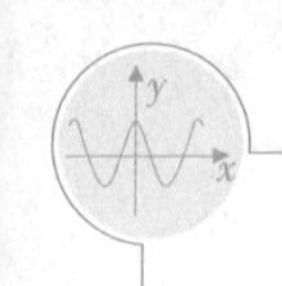

iii. 图像：$\alpha \in [0, 90°]$，$k \geqslant 0$，函数单调递增；

$\alpha \in (90°, 180°]$，$k \leqslant 0$，函数单调递减.

除垂直于 x 轴的直线无法表示外，其他直线均可表示.

③ 点斜式

设 $P(x_0, y_0)$，斜率为 k，则 $y - y_0 = k(x - x_0)$.

④ 两点式（可用点斜式转化）

如图 9.4，若 $A(x_1, y_1)$，$B(x_2, y_2)$，则 $k_{AB} = \dfrac{y_2 - y_1}{x_2 - x_1}$.

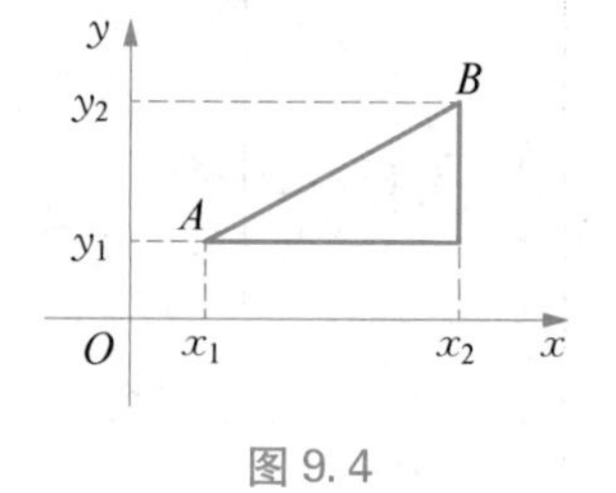

图 9.4

再用点斜式公式，即可得到 $\dfrac{y - y_1}{x - x_1} = \dfrac{y_2 - y_1}{x_2 - x_1}$.

⑤ 截距式（可用点斜式转化）

$\dfrac{x}{a} + \dfrac{y}{b} = 1$（$a$，$b$ 分别为直线在 x，y 轴上的截距）.

综上：记忆第①②③种直线的表达方式，并灵活运用.

（2）直线的斜率

见表 9.2.

表 9.2

α	$\left[0, \dfrac{\pi}{4}\right]$	$\left[\dfrac{\pi}{4}, \dfrac{\pi}{2}\right)$	$\left(\dfrac{\pi}{2}, \dfrac{3}{4}\pi\right]$	$\left[\dfrac{3}{4}\pi, \pi\right]$
k	$[0, 1]$	$[1, +\infty)$	$(-\infty, -1]$	$[-1, 0]$
图像 $b > 0$				

（3）两直线的位置关系

① 两条直线平行

i.（已知斜截式）$l_1 \parallel l_2 \Leftrightarrow k_1 = k_2$，$b_1 \neq b_2$ 或者两直线 k 均不存在.

ii.（已知一般式）$\dfrac{A_1}{A_2} = \dfrac{B_1}{B_2} \neq \dfrac{C_1}{C_2}$.

② 两直线垂直

i.（已知斜截式）$k_1 \cdot k_2 = -1$ 或者一直线 k 不存在且另一直线 $k = 0$.

ii.（已知一般式）$l_1 \perp l_2 \Leftrightarrow A_1A_2 + B_1B_2 = 0$.

③ 三直线能构成三角形的条件 $\Leftrightarrow$ i. $k_1 \neq k_2 \neq k_3$；ii. 三线不共点.

4. 点与线

若点 $P(x_0, y_0)$ 和直线 l：$Ax + By + C = 0$，则点到直线的距离为 $d =$

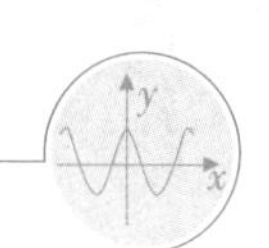

$\dfrac{|Ax_0+By_0+C|}{\sqrt{A^2+B^2}}$.

作用：判断直线与圆的位置关系.

5. 直线与圆

(1) 解析法

直线 l：$Ax+By+C=0$，圆 $(x-a)^2+(y-b)^2=r^2$ 的半径为 r，圆心 $M(a, b)$ 到直线 l 的距离为 d，又设方程组 $\begin{cases}(x-a)^2+(y-b)^2=r^2, \\ Ax+By+C=0,\end{cases}$（Ⅰ）则：

直线 l 与圆 M 相离 $\Leftrightarrow d>r$，或方程组（Ⅰ）无实数解；

直线 l 与圆 M 相切 $\Leftrightarrow d=r$，或方程组（Ⅰ）有两组相同的实数解；

直线 l 与圆 M 相割 $\Leftrightarrow d<r$，或方程组（Ⅰ）有两组不同的实数解.

(2) 数形结合法

见表 9.3.

表 9.3

位置关系	图形	性质及判定
相离		$d>r$
相切		$d=r$
相割		$d<r$

6. 点与圆的位置关系

点 $P(x_1, y_1)$，圆 $(x-x_0)^2+(y-y_0)^2=r^2$，见表 9.4.

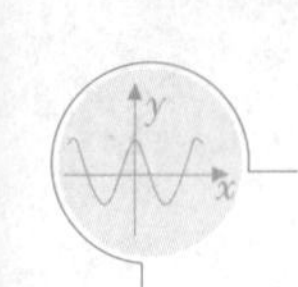

表 9.4

位置关系	图形	性质及判定	公式
点在圆外		$d > r \Leftrightarrow$ 点 P 在⊙O 的外部	$(x_1 - x_0)^2 + (y_1 - y_0)^2 > r^2$
点在圆上		$d = r \Leftrightarrow$ 点 P 在⊙O 上	$(x_1 - x_0)^2 + (y_1 - y_0)^2 = r^2$
点在圆内		$d < r \Leftrightarrow$ 点 P 在⊙O 的内部	$(x_1 - x_0)^2 + (y_1 - y_0)^2 < r^2$

三、考试大纲补充知识点

1. 图像的平移

口诀："正上负下，正左负右"(上加下减，左加右减).

例：$y = 2x$.

(1) 向上平移一个单位：$y = 2x + 1$；

(2) 向下平移一个单位：$y = 2x - 1$；

(3) 向左平移一个单位：$y = 2(x + 1)$；

(4) 向右平移一个单位：$y = 2(x - 1)$.

2. 半圆方程(设圆方程为 $x^2 + y^2 = 1$)

(1)上半个圆：$y = \sqrt{1 - x^2}$；(2)下半个圆：$y = -\sqrt{1 - x^2}$；

(3)左半个圆：$x = -\sqrt{1 - y^2}$；(4)右半个圆：$x = \sqrt{1 - y^2}$.

3. $|x| + |y| = 1$ 的图像

如图 9.5.

可以化简为四条直线：$x + y = 1$；

$-x - y = 1$；

$x - y = 1$；

$-x + y = 1$.

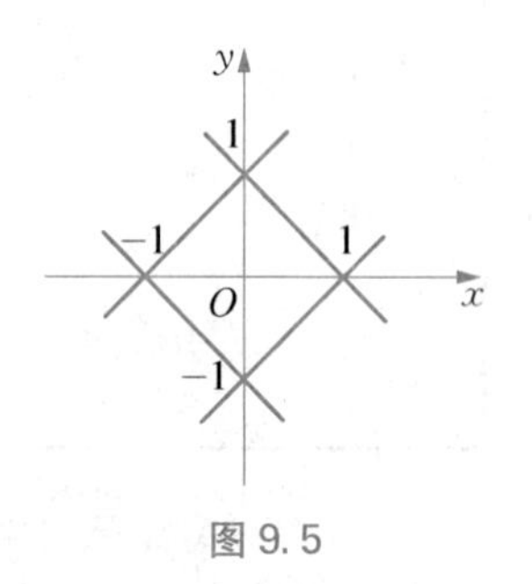

图 9.5

围成的图形是以(0, 0)为中心、$\sqrt{2}$ 为边长的正方形.

$|x|+|y|=2$，$|x+1|+|y-1|=1$，$|2x|+|3y|=1$ 的图像是怎样的呢？请读者自行探索.

4. 线性不等式图像

例如：$y \geqslant 2x+1$，图像如图 9.6.

方法：

第一步，先画出直线方程；

第二步，再代入(0, 0)确定是直线的哪个半侧.

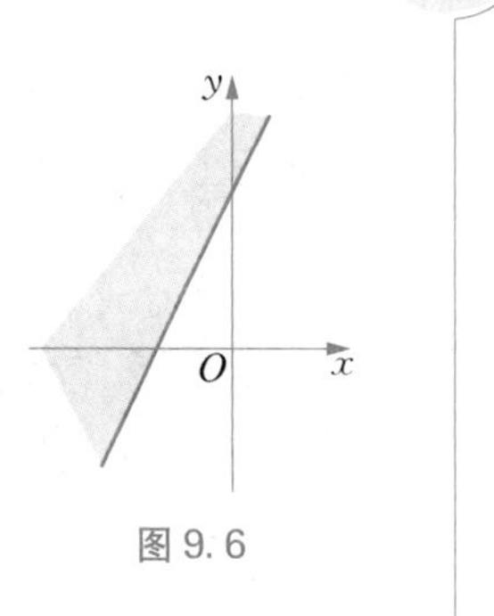

图 9.6

第二节 ◈ 例 题 解 析

类型一　直线方程和图像

例 1　当 $ab<0$ 时，直线 $y=ax+b$ 必然(　　).

A. 经过一、二、四象限　　B. 经过一、三、四象限

C. 在 y 轴上的截距为正数　　D. 在 x 轴上的截距为正数

E. 在 x 轴上的截距为负数

【答案】 D.

【解析】 令 $y=0$，得 $x=-\frac{b}{a}$. 由于 $ab<0$，所以 a 与 b 异号，那么直线 $y=ax+b$ 必然在 x 轴上的截距为正数.

例 2　直线 $y=ax+b$ 过第二象限.

(1) $a=-1$, $b=1$.

(2) $a=1$, $b=-1$.

【答案】 A.

【解析】 由条件(1)，当 $a=-1$, $b=1$ 时，$y=ax+b=-x+1$，其图像经过一、二、四象限，当然过第二象限，故条件(1)充分.

由条件(2)，当 $a=1$, $b=-1$ 时，$y=ax+b=x-1$，其图像经过一、三、四象限，不过第二象限，故条件(2)不充分.

例 3　直线 $y=ax+b$ 经过第一、二、四象限.

(1) $a<0$.

(2) $b>0$.

【答案】 C.

【解析】 条件(1)和条件(2)单独显然不充分，联合起来有：当 $a<0$, $b>0$ 时，直线 $y=ax+b$ 的图像经过第一、二、四象限. 所以条件(1) 和条件(2) 联合起来充分.

例 4　已知直线 l 的方程为 $x+2y-4=0$，点 A 的坐标为(5, 7)，过点 A 作直线垂直于 l，则垂足的坐标为(　　).

A. (6, 5)　　B. (5, 6)　　C. (2, 1)　　D. (−2, 6)　　E. $\left(\frac{1}{2}, 3\right)$

【答案】 C.

【解析】 设垂足的坐标为$(x_0,\ y_0)$，根据斜率关系，且垂足在直线 l 上，可得 $\begin{cases}\dfrac{y_0-7}{x_0-5}\times\left(-\dfrac{1}{2}\right)=-1,\\ x_0+2y_0-4=0,\end{cases}$ 解得 $x_0=2,\ y_0=1$.

例 5 在直角坐标系中，O 为原点，点 A，B 的坐标分别为$(-2,\ 0)$，$(2,\ -2)$，以 OA 为一边、OB 为另一边作平行四边形 $OACB$，则平行四边形的边 AC 的方程是(　　).

A. $y=-2x-1$　　B. $y=-2x-2$　　C. $y=-x-2$

D. $y=\dfrac{1}{2}x-\dfrac{3}{2}$　　E. $y=-\dfrac{1}{2}x-\dfrac{3}{2}$

【答案】 C.

【解析】 如图 9.7 所示，根据题意可知点 C 坐标为$(0,\ -2)$，那么直线 AC 的方程为 $\dfrac{x}{-2}+\dfrac{y}{-2}=1$，即有 $y=-x-2$.

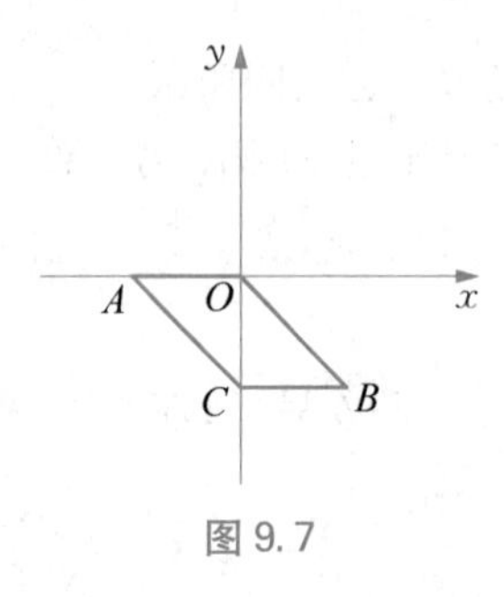

图 9.7

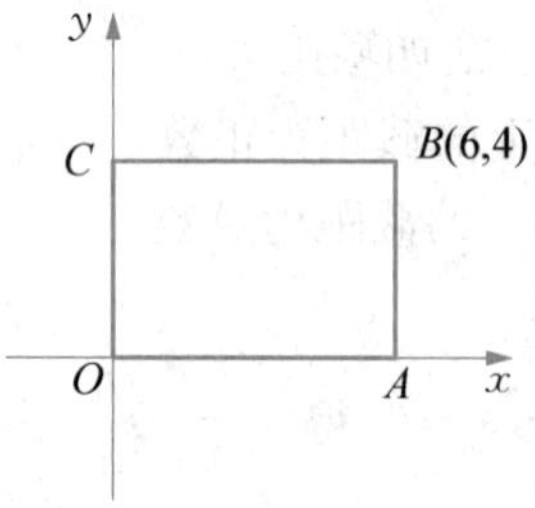

图 9.8

例 6 如图 9.8，在直角坐标系 xOy 中，矩形 $OABC$ 的顶点 B 的坐标是$(6,\ 4)$，则直线 l 将矩形 $OABC$ 分成了面积相等的两部分.

(1) l：$x-y-1=0$.

(2) l：$x-3y+3=0$.

【答案】 D.

【解析】 根据平行四边形的性质：平行四边形为中心对称图形，通过其中心的直线分成的两个图形全等. 矩形 $OABC$ 的对角线的交点为$(3,\ 2)$，直线 l 只需通过$(3,\ 2)$即可. 条件(1)和(2)均满足，故选 D.

例 7 两直线 $y=x+1$，$y=ax+7$ 与 x 轴围成的面积为$\dfrac{27}{4}$.

(1) $a=-3$.

(2) $a=-2$.

【答案】 B.

【解析】 由条件(1)，有 $\begin{cases}y=x+1,\\ y=-3x+7\end{cases}\Rightarrow\begin{cases}x=\dfrac{3}{2},\\ y=\dfrac{5}{2}.\end{cases}$

如图 9.9 所示，$S_{\triangle}=\dfrac{1}{2}\times\dfrac{10}{3}\times\dfrac{5}{2}=\dfrac{25}{6}$，所以条件(1) 不充分.

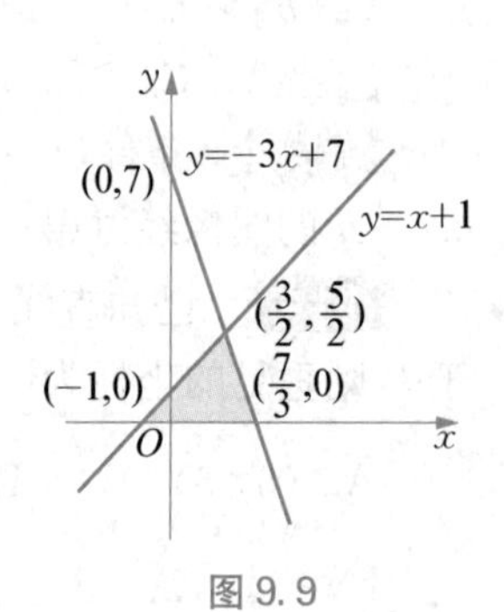

图 9.9

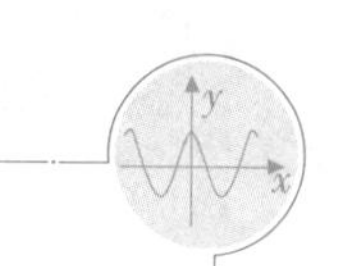

由条件(2)，有 $\begin{cases} y=x+1, \\ y=-2x+7 \end{cases} \Rightarrow \begin{cases} x=2, \\ y=3. \end{cases}$

如图9.10所示，$S_{\triangle}=\frac{1}{2}\left(1+\frac{7}{2}\right)\times 3=\frac{27}{4}$，所以条件(2)充分.

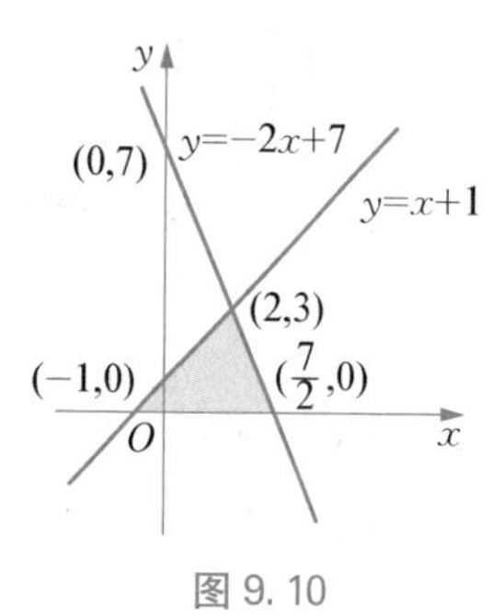

图9.10

例8　$a\leqslant 5$ 成立.

(1) 点 $A(a,6)$ 到直线 $3x-4y=2$ 的距离大于4.

(2) 两条平行线 l_1：$x-y-a=0$ 和 l_2：$x-y-3=0$ 的距离小于$\sqrt{2}$.

【答案】 B.

【解析】 由条件(1)，方程可化为 $3x-4y-2=0$.

根据点到直线的距离公式有 $\frac{|3a-4\times 6-2|}{\sqrt{3^2+(-4)^2}}=\frac{|3a-26|}{5}>4$，所以 $3a-26<-20$ 或 $3a-26>20$，解得 $a<2$ 或 $a>\frac{46}{3}$，所以条件(1)不充分.

由条件(2)，根据两平行线之间的距离公式有 $\frac{|3-a|}{\sqrt{2}}<\sqrt{2}$，所以 $-2<a-3<2$，即 $1<a<5$，所以条件(2)充分.

例9　直线 l_1：$ax+(1-a)y=3$，l_2：$(a-1)x+(2a+3)y=2$ 互相垂直，则 a 的值为(　　).

A. 0或$-\frac{3}{2}$　　B. 1或-3　　C. -3　　D. 1　　E. 以上都不对

【答案】 B.

【解析】 因为两条直线相互垂直，则 $a(a-1)+(1-a)(2a+3)=0$，解得 $a=1$ 或 $a=-3$.

例10　曲线 C 所围成的面积为4.

(1) 曲线 C 的方程是 $|x|+|y-1|=2$.

(2) 曲线 C 的方程是 $|x|+|2y|=2$.

【答案】 B.

【解析】 由条件(1)，如图9.11，曲线围成的面积为 $S=\frac{1}{2}\times 4\times 4=8$，故条件(1)不充分.

由条件(2)，如图9.12，曲线围成的面积为 $S=\frac{1}{2}\times 2\times 4=4$，故条件(2)充分.

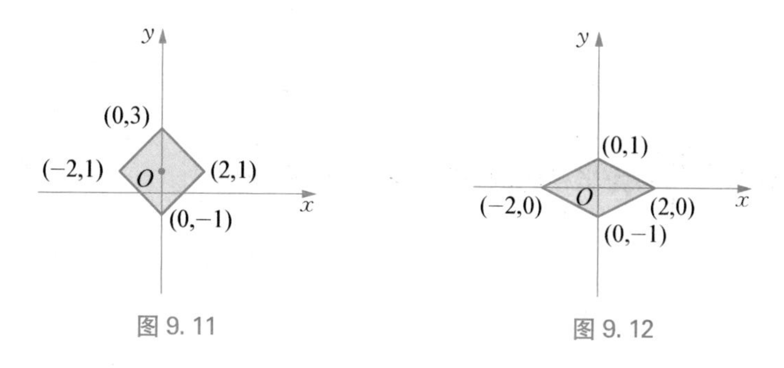

图9.11　　图9.12

例 11　$m=-2$，$n=3$.

(1) 直线 $(2+m)x-y+5-n=0$ 平行于 x 轴，且与 x 轴距离为 2.

(2) $k\in\mathbf{R}$，直线恒过定点 (m,n)，直线为 $(1+2k)x+(2-k)y-4+7k=0$.

【答案】 B.

【解析】 由条件(1)，直线 $(2+m)x-y+5-n=0$ 平行于 x 轴，则 $2+m=0$，与 x 轴距离为 2，则 $5-n=\pm2$，解得 $m=-2$，$n=3$ 或 7，所以条件(1)不充分.

由条件(2)，直线 $(1+2k)x+(2-k)y-4+7k=0$，可写为 $x+2y-4+k(2x-y+7)=0$，直线恒过定点 (m,n)，则 $\begin{cases}x+2y-4=0,\\2x-y+7=0,\end{cases}$ 解得 $\begin{cases}x=-2,\\y=3,\end{cases}$ 故 $m=-2$，$n=3$，所以条件(2)充分.

类型二　圆的方程和图像

例 12　圆方程 $x^2-2x+y^2+4y+1=0$ 的圆心是(　　).

A. $(-1,-2)$　　B. $(-1,2)$　　C. $(-2,-2)$

D. $(2,-2)$　　E. $(1,-2)$

【答案】 E.

【解析】 $x^2-2x+y^2+4y+1=0\Leftrightarrow(x-1)^2+(y+2)^2=4$，即圆心为 $(1,-2)$.

例 13　设 AB 为圆 C 的直径，点 A，B 的坐标分别是 $(-3,5)$，$(5,1)$，则圆 C 的方程是(　　).

A. $(x-2)^2+(y-6)^2=80$　　B. $(x-1)^2+(y-3)^2=20$

C. $(x-2)^2+(y-4)^2=80$　　D. $(x-2)^2+(y-4)^2=20$

E. $x^2+y^2=20$

【答案】 B.

【解析】 由于 $AB=\sqrt{(5+3)^2+(1-5)^2}=2\sqrt{20}$，所以圆 C 的半径 $r=\sqrt{20}$.

又 C 为 AB 的中点，所以 C 点的坐标为 $(1,3)$，则圆 C 的方程为 $(x-1)^2+(y-3)^2=20$.

例 14　动点 (x,y) 的轨迹是圆.

(1) $|x-1|+|y|=4$.

(2) $3(x^2+y^2)+6x-9y+1=0$.

【答案】 B.

【解析】 由条件(1)，$|x-1|+|y|=4$ 表示的是 4 条线段围成的正方形，所以条件(1)不充分.

由条件(2)，$3(x^2+y^2)+6x-9y+1=0\Rightarrow(x+1)^2+\left(y-\frac{3}{2}\right)^2=\frac{35}{12}$，表示以 $\left(-1,\frac{3}{2}\right)$ 为圆心、$\frac{\sqrt{105}}{6}$ 为半径的圆，所以条件(2)充分.

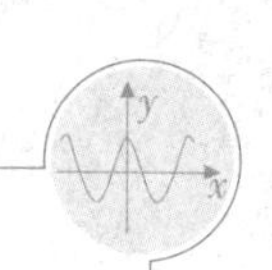

类型三　直线与圆的位置关系

例 15　直线 $y=k(x+2)$ 是圆 $x^2+y^2=1$ 的一条切线.

(1) $k=-\frac{\sqrt{3}}{3}$.

(2) $k=\frac{\sqrt{3}}{3}$.

【答案】 D.

【解析】 由条件(1)，$y=-\frac{\sqrt{3}}{3}(x+2)$，代入圆方程得 $4x^2+4x+1=0$，$\Delta=4^2-4\times 4=0$，故条件(1) 充分. 同理条件(2) 充分.

例 16　直线 l 是圆 $x^2-2x+y^2+4y=0$ 的一条切线.

(1) l：$x-2y=0$.

(2) l：$2x-y=0$.

【答案】 A.

【解析】 圆 $x^2-2x+y^2+4y=0$ 的圆心坐标为$(1,-2)$，半径 $r=\sqrt{5}$.

由条件(1)可得圆心到直线 l：$x-2y=0$ 的距离 $d=\frac{|1\times 1-2\times(-2)|}{\sqrt{1^2+2^2}}=\sqrt{5}=r$，即条件(1)充分.

由条件(2)可得圆心到直线 l：$2x-y=0$ 的距离 $d=\frac{|2\times 1-1\times(-2)|}{\sqrt{1^2+2^2}}=\frac{4}{\sqrt{5}}\neq r$，即条件(2)不充分.

例 17　圆 $(x-1)^2+(y-2)^2=4$ 和直线$(1+2\lambda)x+(1-\lambda)y-3-3\lambda=0$ 相交两点.

(1) $\lambda=\frac{2\sqrt{3}}{5}$.

(2) $\lambda=\frac{5\sqrt{3}}{2}$.

【答案】 D.

【解析】 由于 $(1+2\lambda)x+(1-\lambda)y-3-3\lambda=0$ 可写成$(x+y-3)+\lambda(2x-y-3)=0$，且 $\lambda\in\mathbf{R}$，令$\begin{cases}x+y-3=0,\\2x-y-3=0,\end{cases}$解得$\begin{cases}x=2,\\y=1,\end{cases}$即直线恒过定点 $A(2,1)$.

又因 $(2-1)^2+(1-2)^2<4$，即点 $A(2,1)$ 在圆内，故过点 $A(2,1)$ 的直线$(1+2\lambda)x+(1-\lambda)y-3-3\lambda=0$ 对任意实数 λ 与圆$(x-1)^2+(y-2)^2=4$ 都相交.

因此，条件(1)和(2)都充分.

类型四　圆与圆的位置关系

例 18　已知圆 A：$x^2+y^2+4x+2y+1=0$，则圆 B 和圆 A 相切.

(1) 圆 B：$x^2+y^2-2x-6y+1=0$.

(2) 圆 B：$x^2+y^2-6x=0$.

【答案】 A.

【解析】 由条件(1)，圆 A：$x^2+y^2+4x+2y+1=0$ 可写成$(x+2)^2+(y+1)^2=4$，圆 B：$x^2+y^2-2x-6y+1=0$ 可写成$(x-1)^2+(y-3)^2=9$.

圆心距 $AB=\sqrt{(-2-1)^2+(-1-3)^2}=5=r_A+r_B$，所以条件(1) 充分.

由条件(2)，圆 A：$x^2+y^2+4x+2y+1=0$ 可写成$(x+2)^2+(y+1)^2=4$，圆 B：$x^2+y^2-6x=0$ 可写成$(x-3)^2+y^2=9$.

圆心距 $AB=\sqrt{(-2-3)^2+(-1-0)^2}=\sqrt{26}>r_A+r_B$，所以条件(2) 不充分.

例 19 圆 C_1：$(x-3)^2+(y-4)^2=25$ 与圆 C_2：$(x-1)^2+(y-2)^2=r^2(r>0)$ 相切.

(1) $r=5\pm 2\sqrt{3}$.

(2) $r=5\pm 2\sqrt{2}$.

【答案】 B.

【解析】 根据题干，圆 C_1 的圆心为 $C_1(3, 4)$，半径为 $r_1=5$；圆 C_2 的圆心为 $C_2(1, 2)$，半径为 r. 那么两圆的圆心距为 $C_1C_2=\sqrt{(3-1)^2+(4-2)^2}=2\sqrt{2}$.

由于两圆相切的充要条件是 $|5-r|=2\sqrt{2}$ 或 $5+r=2\sqrt{2}$（舍），解得 $r=5\pm 2\sqrt{2}$. 故条件(1) 不充分，条件(2) 充分.

例 20 圆 $\left(x-\frac{3}{2}\right)^2+(y-2)^2=r^2$ 与圆 $x^2-6x+y^2-8y=0$ 有交点.

(1) $0<r<\frac{5}{2}$.

(2) $r>\frac{15}{2}$.

【答案】 E.

【解析】 圆 C_1 的圆心坐标为$\left(\frac{3}{2}, 2\right)$，半径为 r；圆 C_2 的圆心坐标为$(3, 4)$，半径为 5.

所以两圆的圆心距为 $d=C_1C_2=\sqrt{\left(\frac{3}{2}-3\right)^2+(2-4)^2}=\frac{5}{2}$.

两圆有交点的充要条件为 $|r-5|\leqslant d\leqslant r+5$. 由于 $d=\frac{5}{2}<r+5$，所以 $|r-5|\leqslant\frac{5}{2}\Rightarrow\frac{5}{2}\leqslant r\leqslant\frac{15}{2}$.

即条件(1)和条件(2)单独不充分，联合起来也不充分.

类型五 结合平面几何，求面积

例 21 设直线 $nx+(n+1)y=1$（n 为正整数）与两坐标轴围成的三角形面积为 $S_n(n=1, 2, \cdots, 2\,009)$，则 $S_1+S_2+\cdots+S_{2\,009}=$（　　）.

A. $\frac{1}{2}\times\frac{2\,009}{2\,008}$　　B. $\frac{1}{2}\times\frac{2\,008}{2\,009}$　　C. $\frac{1}{2}\times\frac{2\,009}{2\,010}$

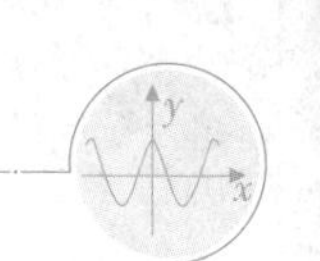

D. $\frac{1}{2}\times\frac{2\,010}{2\,009}$　　　　E. 以上结论均不正确

【答案】 C.

【解析】 令 $x=0$,则 $y=\frac{1}{n+1}$;令 $y=0$,则 $x=\frac{1}{n}$,所以 $S_n=\frac{1}{2}\times\frac{1}{n}\times\frac{1}{n+1}=\frac{1}{2}\times\left(\frac{1}{n}-\frac{1}{n+1}\right)$,即

$$S_1+S_2+\cdots+S_{2\,009}=\frac{1}{2}\left(1-\frac{1}{2}+\frac{1}{2}-\frac{1}{3}+\frac{1}{3}-\frac{1}{4}+\cdots+\frac{1}{2\,009}-\frac{1}{2\,010}\right)$$
$$=\frac{1}{2}\left(1-\frac{1}{2\,010}\right)=\frac{1}{2}\times\frac{2\,009}{2\,010}.$$

例 22　过点 $A(2,\ 0)$ 向圆 $x^2+y^2=1$ 作两条切线 AM 和 AN(如图 9.13),则两切线和弧 MN 所围成的面积(图中阴影部分)为(　　).

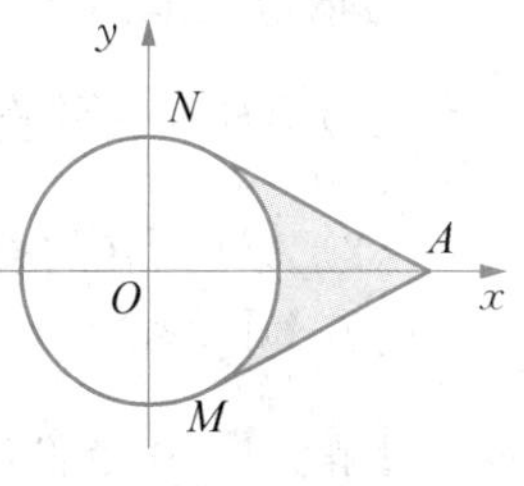

图 9.13

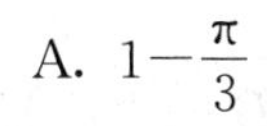

A. $1-\frac{\pi}{3}$　　B. $1-\frac{\pi}{6}$　　C. $\frac{\sqrt{3}}{2}-\frac{\pi}{6}$

D. $\sqrt{3}-\frac{\pi}{6}$　　E. $\sqrt{3}-\frac{\pi}{3}$

【答案】 E.

【解析】 连接 ON,如图 9.14 所示.

根据题意,知 $ON=1$, $OA=2$,所以 $\angle NAO=30^\circ$, $\angle NOA=60^\circ$,那么阴影部分的面积为 $S=2(S_{\triangle AON}-S_{扇形NOC})=2\left(\frac{1}{2}\times\sqrt{3}\times1-\frac{1}{6}\times\pi\times1^2\right)=\sqrt{3}-\frac{\pi}{3}$.

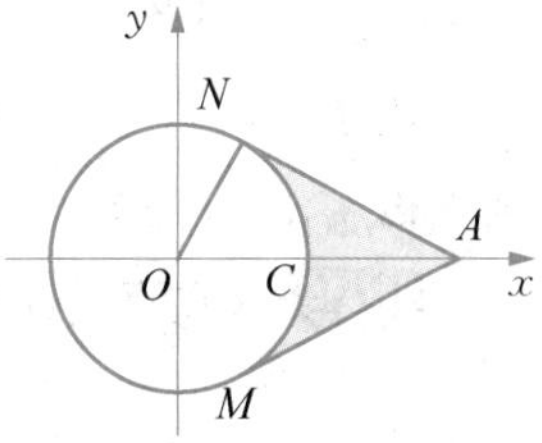

图 9.14

例 23　曲线 $|xy|+1=|x|+|y|$ 所围成的图形的面积是(　　).

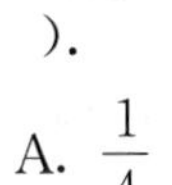

A. $\frac{1}{4}$　　B. $\frac{1}{2}$　　C. 1　　D. 2　　E. 4

【答案】 E.

【解析】 解决本题的关键是去掉绝对值,分为以下四个步骤:

(1) $x\geqslant0$, $y\geqslant0$,那么 $xy\geqslant0$,则有 $xy+1=x+y\Rightarrow(x-1)(y-1)=0$,所以有 $x=1$, $y=1$.

(2) $x<0$, $y\geqslant0$,那么 $xy\leqslant0$,则有 $-xy+1=-x+y\Rightarrow(x+1)(y-1)=0$,所以有 $x=-1$, $y=1$.

(3) $x\geqslant0$, $y<0$,那么 $xy\leqslant0$,则有 $-xy+1=x-y\Rightarrow(x-1)(y+1)=0$,所以有 $x=1$, $y=-1$.

(4) $x<0$, $y<0$,那么 $xy>0$,则有 $xy+1=-x-y\Rightarrow(x+1)(y+1)=0$,所以有 $x=-1$, $y=-1$.

那么曲线 $|xy|+1=|x|+|y|$ 所围成的图形是一个边长为 2 的正方形,如图 9.15 所

示，所以其面积为 $S=2^2=4$.

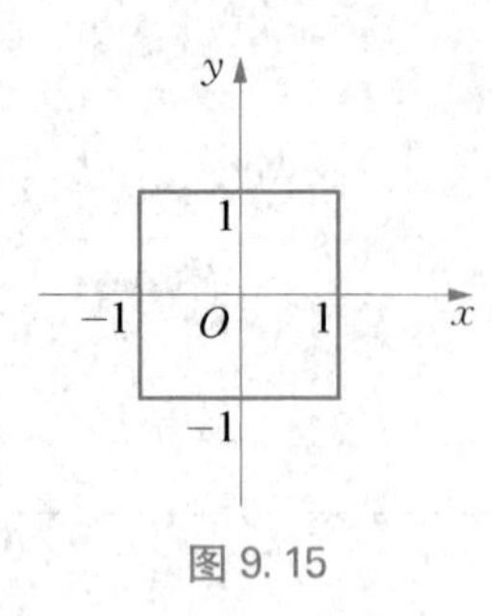

图 9.15

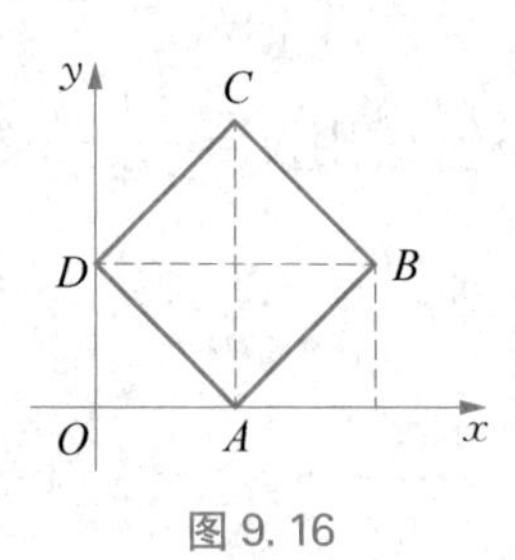

图 9.16

例 24　如图 9.16 所示，正方形 $ABCD$ 的面积为 1.

(1) AB 所在的直线方程为 $y=x-\dfrac{1}{\sqrt{2}}$.

(2) AD 所在的直线方程为 $y=1-x$.

【答案】 A.

【解析】 由条件(1)，令 $y=0$，得 $x=\dfrac{1}{\sqrt{2}}$，即 $OA=\dfrac{1}{\sqrt{2}}$，所以正方形 $ABCD$ 的边长 $AD=\sqrt{2}OA=\sqrt{2}\times\dfrac{1}{\sqrt{2}}=1$，那么 $S_{ABCD}=1$，即条件(1) 充分.

由条件(2)，令 $y=0$，得 $x=1$，即 $OA=1$，所以正方形 $ABCD$ 的边长 $AD=\sqrt{2}OA=\sqrt{2}$，那么 $S_{ABCD}=(\sqrt{2})^2=2$，即条件(2) 不充分.

例 25　在直角坐标系中，若平面区域 D 中所有点的坐标 (x, y) 均满足 $0\leqslant x\leqslant 6$，$0\leqslant y\leqslant 6$，$|y-x|\leqslant 3$，$x^2+y^2\geqslant 9$，则 D 的面积是(　　).

A. $\dfrac{9}{4}(1+4\pi)$　　B. $9\left(4-\dfrac{\pi}{4}\right)$　　C. $9\left(3-\dfrac{\pi}{4}\right)$

D. $\dfrac{9}{4}(2+\pi)$　　E. $\dfrac{9}{4}(1+\pi)$

【答案】 C.

【解析】 根据题意，平面区域 D 中所有点的坐标 (x, y) 均满足 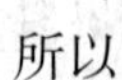 $\begin{cases}0\leqslant x\leqslant 6,\\ 0\leqslant y\leqslant 6,\\ y-x\leqslant 3,\\ y-x\geqslant -3,\\ x^2+y^2\geqslant 9,\end{cases}$ 那么平面区域 D 的图形为 9.17 的阴影部分，所以

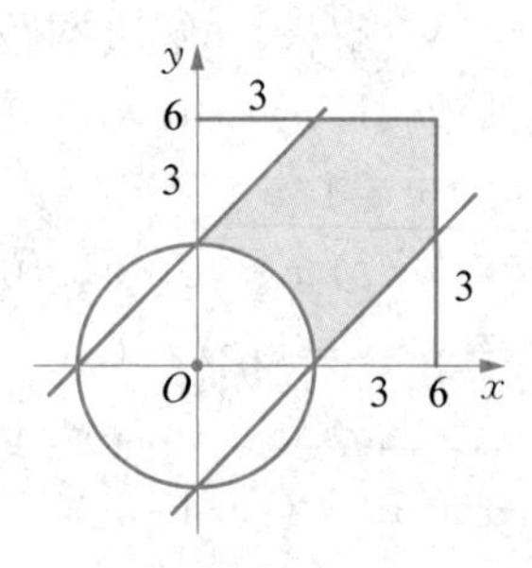

图 9.17

$$S=6\times 6-\frac{1}{4}\times\pi\times 3^2-2\times\frac{1}{2}\times 3\times 3=9\left(3-\frac{\pi}{4}\right).$$

类型六　对称

例 26　点 $P_0(2, 3)$关于直线 $x+y=0$ 的对称点是(　　).

A. $(4, 3)$　　B. $(-2, -3)$　　C. $(-3, -2)$

D. $(-2, 3)$　　E. $(-4, -3)$

【答案】 C.

【解析】 解法一:

设点 $P_0(2, 3)$关于直线 $x+y=0$ 的对称点坐标为(m, n),因此有$\begin{cases}\dfrac{n-3}{m-2}=1,\\ \dfrac{m+2}{2}+\dfrac{n+3}{2}=0,\end{cases}$

解得 $m=-3$, $n=-2$.

解法二:

由于对称轴为 $x+y=0$,根据点(x_0, y_0) 关于直线 $x+y=0$ 的对称点坐标为$(-y_0, -x_0)$ 可知 $P_0(2, 3)$ 关于直线 $x+y=0$ 的对称点是$(-3, -2)$.

例 27　$a=-4$.

(1) 点 $A(1, 0)$关于直线 $x-y+1=0$ 的对称点为 $A'\left(\dfrac{a}{4}, -\dfrac{a}{2}\right)$.

(2) 直线 l_1: $(2+a)x+5y=1$ 与直线 l_2: $ax+(2+a)y=2$ 垂直.

【答案】 A.

【解析】 由条件(1) 有$\begin{cases}\dfrac{-\dfrac{a}{2}-0}{\dfrac{a}{4}-1}=-1,\\ \dfrac{\dfrac{a}{4}+1}{2}-\dfrac{-\dfrac{a}{2}+0}{2}+1=0,\end{cases}$ 解得 $a=-4$,所以条件(1) 充分.

由条件(2),因为 $l_1 \perp l_2$,所以有 $A_1A_2+B_1B_2=0$,即 $a(2+a)+5(2+a)=0$,解得 $a=-2$ 或 $a=-5$,所以条件(2) 不充分.

例 28　点$(0, 4)$关于直线 $2x+y+1=0$ 的对称点为(　　).

A. $(2, 0)$　　B. $(-3, 0)$　　C. $(-6, 1)$

D. $(4, 2)$　　E. $(-4, 2)$

【答案】 E.

【解析】 设对称点的坐标为(a, b),则根据题意有$\begin{cases}2\times\dfrac{a}{2}+\dfrac{b+4}{2}+1=0,\\ \dfrac{b-4}{a-0}\times(-2)=-1\end{cases}$ $\Rightarrow$

$\begin{cases}a=-4,\\ b=2.\end{cases}$

例 29　以直线 $y+x=0$ 为对称轴且与直线 $y-3x=2$ 对称的直线方程为(　　).

A. $y=\frac{x}{3}+\frac{2}{3}$　　B. $y=-\frac{x}{3}+\frac{2}{3}$　　C. $y=-3x-2$

D. $y=-3x+2$　　E. 以上结论均不正确

【答案】 A.

【解析】 解法一:

根据题意,知所求直线 l 一定经过 $\begin{cases}y+x=0,\\y-3x=2\end{cases}$ 的交点,即 $\left(-\frac{1}{2},\frac{1}{2}\right)$.

又所求直线 l 到直线 $y+x=0$ 的角与直线 $y+x=0$ 到直线 $y-3x=2$ 的角相等,根据两条直线的到角公式,有 $\frac{-1-3}{1+(-1)\times 3}=\frac{k-(-1)}{1+(-1)\times k}$,解得 $k=\frac{1}{3}$.

所以所求的直线方程为 $y-\frac{1}{2}=\frac{1}{3}\left(x+\frac{1}{2}\right)$,即有 $y=\frac{x}{3}+\frac{2}{3}$.

解法二:

分别把 $x=-y$, $y=-x$ 代入方程 $y-3x=2$ 中,得 $-x+3y=2$,即 $y=\frac{x}{3}+\frac{2}{3}$.

例 30　圆 C_1 是圆 C_2: $x^2+y^2+2x-6y-14=0$ 关于 $y=x$ 的对称圆.

(1) 圆 C_1: $x^2+y^2-2x-6y-14=0$.

(2) 圆 C_1: $x^2+y^2+2y-6x-14=0$.

【答案】 B.

【解析】 两圆关于某直线对称,半径不变,只需考虑圆心的对称坐标即可.

C_1: $x^2+y^2+2x-6y-14=0$ 的圆心为 $(-1,3)$,与其关于直线 $y=x$ 对称的圆的圆心为 $(3,-1)$,且半径不发生变化,所以条件(2) 充分,但条件(1) 不充分.

例 31　直线 L 与直线 $2x+3y=1$ 关于 x 轴对称.

(1) L: $2x-3y=1$.

(2) L: $3x+2y=1$.

【答案】 A.

【解析】 $2x+3y=1$ 关于 x 轴对称直线,只需将 (x,y) 变为 $(x,-y)$,即 L: $2x-3y=1$. 故条件(1) 充分,条件(2) 不充分.

例 32　在平面直角坐标系中,以直线 $y=2x+4$ 为轴与原点对称的点的坐标是(　　).

A. $\left(-\frac{16}{5},\frac{8}{5}\right)$　　B. $\left(-\frac{8}{5},\frac{4}{5}\right)$　　C. $\left(\frac{16}{5},\frac{8}{5}\right)$

D. $\left(\frac{8}{5},\frac{4}{5}\right)$　　E. $(-4,2)$

【答案】 A.

【解析】 设对称点的坐标为 (a,b),于是有 $\begin{cases}\frac{b-0}{a-0}=-\frac{1}{2},\\\frac{b+0}{2}=2\times\frac{a+0}{2}+4,\end{cases}$ 解得 $a=-\frac{16}{5}$, $b=\frac{8}{5}$.

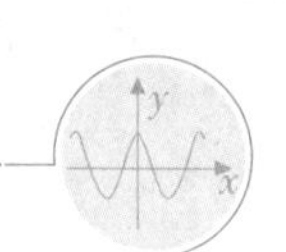

类型七　最值

例 33　A，B 分别是圆周 $(x-3)^2+(y-\sqrt{3})^2=3$ 上使得 $\frac{y}{x}$ 取得最大值和最小值的点，O 是坐标原点，则 $\angle AOB$ 的大小为(　　).

A. $\frac{\pi}{2}$　　B. $\frac{\pi}{3}$　　C. $\frac{\pi}{4}$　　D. $\frac{\pi}{6}$　　E. $\frac{5\pi}{12}$

【答案】 B.

【解析】 设 $\frac{y}{x}=k$，即 A 和 B 分别是直线 $y=kx$ 与圆 $(x-3)^2+(y-\sqrt{3})^2=3$ 相切的两点. 如图 9.18 所示，因圆半径 $r=\sqrt{3}$，圆心 $C(3,\sqrt{3})$，故 $AC=r=\sqrt{3}$，$OC=\sqrt{(3-0)^2+(\sqrt{3}-0)^2}=2\sqrt{3}$.

又 $AC\perp AO$，所以 $\angle AOB=\frac{\pi}{3}$.

图 9.18

例 34　已知直线 $ax-by+3=0(a>0,\ b>0)$ 过圆 $x^2+4x+y^2-2y+1=0$ 的圆心，则 ab 的最大值为(　　).

A. $\frac{9}{16}$　　B. $\frac{11}{16}$　　C. $\frac{3}{4}$　　D. $\frac{9}{8}$　　E. $\frac{9}{4}$

【答案】 D.

【解析】 圆的方程可化为 $(x+2)^2+(y-1)^2=4$，圆心坐标为 $(-2,1)$. 由题意，直线 $ax-by+3=0$ 过此点，所以 $-2a-b+3=0$，即 $2a+b=3$. 因为 $a>0$，$b>0$，所以 $2a+b\geqslant 2\sqrt{2ab}$，当且仅当 $2a=b$ 时，等式成立，所以 ab 的最大值为 $1.5\times 0.75=\frac{9}{8}$.

例 35　点 (x,y) 在曲线 C 上运动，$\frac{y+1}{x+2}$ 的最小值为 0.

(1) 曲线 C：$(x-1)^2+y^2=1$.

(2) 曲线 C：$x^2+y^2=1$.

【答案】 D.

【解析】 令 $k=\frac{y+1}{x+2}$，$y=k(x+2)-1$，恒过点 $(-2,-1)$，题目可转化为恒过点 $(-2,-1)$ 的直线 $y=k(x+2)-1$ 与曲线 C 有交点时，斜率 k 的最小值为 0.

由条件(1)，$\begin{cases}kx-y+2k-1=0,\\(x-1)^2+y^2=1,\end{cases}$ 直线与圆心的距离 $d=\frac{|k+2k-1|}{\sqrt{k^2+1}}\leqslant r=1$，解得 $0\leqslant k\leqslant\frac{3}{4}$，故条件(1) 充分.

由条件(2)，$\begin{cases}kx-y+2k-1=0,\\x^2+y^2=1,\end{cases}$ 直线与圆心的距离 $d=\frac{|2k-1|}{\sqrt{k^2+1}}\leqslant r=1$，解得 $0\leqslant k\leqslant\frac{4}{3}$，故条件(2) 充分.

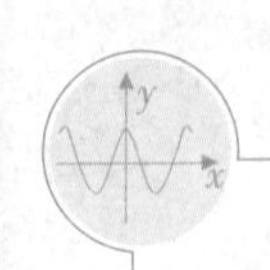

例 36 若实数 x，y 满足条件：$x^2+y^2-2x+4y=0$，则 $x-2y$ 的最大值是（　　）.

A. $\sqrt{5}$　　B. 10　　C. 9　　D. $5+2\sqrt{5}$　　E. $2+5\sqrt{2}$

【答案】 B.

【解析】 圆的方程可化为 $(x-1)^2+(y+2)^2=5$，圆心坐标为 $(1,-2)$，半径为 $\sqrt{5}$，如图 9.19 所示.

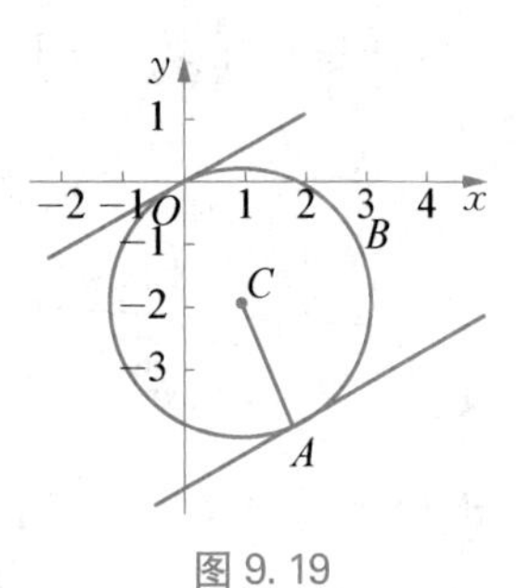

图 9.19

设 $z=x-2y$，将 z 看作斜率为 $\frac{1}{2}$ 的直线 $z=x-2y$ 在 x 轴上的截距，经平移直线知：当直线 $z=x-2y$ 经过点 A 时，z 最大，所以 $\sqrt{5}=\frac{|1-2\times(-2)-z|}{\sqrt{1^2+(-2)^2}}$，$z=0$ 或 10，即 $x-2y$ 的最大值为 10. 故选 B.

例 37 设三角形区域 D 由直线 $x+8y-56=0$，$x-6y+42=0$ 与 $kx-y+8-6k=0(k<0)$ 围成，则对任意的 $(x, y)\in D$，$\lg(x^2+y^2)\leqslant 2$.

(1) $k\in(-\infty,-1]$.

(2) $k\in\left[-1,-\frac{1}{8}\right)$.

【答案】 A.

【解析】 直线 l：$y-8=k(x-6)$ 为过点 $A(6, 8)$、斜率为 k 的直线，题干要求对任意的 $(x, y)\in D$，$\lg(x^2+y^2)\leqslant\lg 10^2$，即 $x^2+y^2\leqslant 10^2$，如图 9.20 所示，点 $B(8, 6)$ 是 $x+8y-56=0$ 与圆的交点，点 A，B 所在直线的斜率为 $k_{AB}=\frac{8-6}{6-8}=-1$，所以当 $k<-1$ 时，题干成立. 条件(1) 充分，条件(2) 不充分，故选 A.

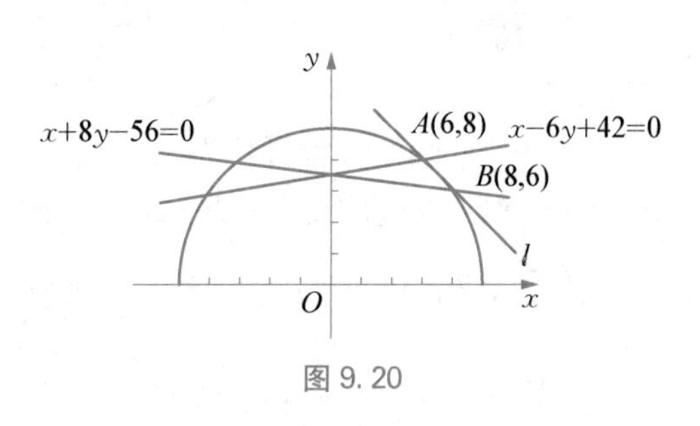

图 9.20

第三节 ◈ 练习与测试

1 若 $\frac{a+b}{c}=\frac{b+c}{a}=\frac{c+a}{b}=k$，$\sqrt{m-2}+n^2+9=6n$，那么直线 $y=kx+(m+n)$ 一定经过（　　）.

A. 第一、二、三象限　　B. 第一、二象限　　C. 第二、三象限

D. 第一、二、四象限　　E. 不能确定

2 在圆 C：$x^2+y^2-6x-8y+21=0$ 所围区域(含边界) 中，$P(x, y)$ 和 $Q(x, y)$ 是使得 $\frac{y}{x}$ 分别取得最大值和最小值的点，线段 PQ 的长是（　　）.

A. $\frac{2\sqrt{21}}{5}$　　B. $\frac{2\sqrt{23}}{5}$　　C. $\frac{4\sqrt{21}}{5}$

D. $\frac{4\sqrt{23}}{5}$　　E. 以上答案均不正确

3 设点(x_0, y_0)在圆C：$x^2+y^2=1$的内部，则直线$x_0x+y_0y=1$和圆C(　　).

A. 不相交

B. 有一个交点

C. 有两个交点，且两交点间的距离小于2

D. 有两个交点，且两交点间的距离等于2

E. 以上答案均不正确

4 若函数$y=x^2+bx+c$的图像的顶点在第一象限，顶点的横坐标是纵坐标的2倍，对称轴与x轴的交点在一次函数$y=x-c$的图像上，则$b+c=$(　　).

A. $\frac{1}{2}$　　B. $-\frac{1}{2}$　　C. 0　　D. 1　　E. -1

5 已知两圆C_1：$x^2+y^2=1$，C_2：$(x-2)^2+(y-2)^2=5$，则经过点$P(0, 1)$且被两圆截得弦长相等的直线方程是(　　).

A. $x+y+1=0$　　B. $x+y-1=0$　　C. $x+y+1=0$或$x=1$

D. $x+y-1=0$或$x=1$　　E. $x+y-1=0$或$x=0$

6 抛物线$y=x^2-2mx+(m+2)$的顶点坐标在第三象限，则m的取值范围是(　　).

A. $-3<m<2$　　B. $m>2$或$m<-1$　　C. $m<0$

D. $-1<m<0$　　E. $m<-1$

7 已知圆C：$(x-a)^2+(y-2)^2=4(a>0)$及直线L：$x-y+3=0$，当直线L被C截得的弦长为$2\sqrt{3}$时，$a=$(　　).

A. $\sqrt{2}$　　B. $2-\sqrt{2}$　　C. $\sqrt{2}-1$

D. $\sqrt{2}+1$　　E. $2+\sqrt{2}$

8 平面上有三个点，分别为$A(1, 1)$，$B(-1, 3)$，$C(2, 4)$，直线l过点C，并且与线段AB相交于D，$\frac{AD}{DB}=\frac{3}{2}$，则$l$的方程为(　　).

A. $9x-11y+26=0$　　B. $3x+7y-34=0$　　C. $9x-11y-26=0$

D. $3x+7y+34=0$　　E. $9x-11y-26=0$和$3x+7y+34=0$

9 直线$3x-y+4=0$和$6x-2y-1=0$是一个圆的两条切线，则该圆的面积是(　　).

A. $\frac{81\pi}{160}$　　B. $\frac{64\pi}{160}$　　C. $\frac{81\pi}{40}$　　D. $\frac{64\pi}{40}$　　E. $\frac{9\pi}{160}$

10 已知直线$(m-1)x+2my+1=0$与直线$(m+3)x-(m-1)y+1=0$互相垂直，则实数m的值为(　　).

A. 1　　B. 3　　C. 3或-3　　D. 1或3　　E. 1或-3

11 在一个平面直角坐标系中，A点的坐标为$(3, 2)$，B点的坐标为$(5, 2)$，C点在直线$x=y$上，则折线ACB长度的最小值为(　　).

A. 2　　B. 4　　C. $\sqrt{10}$　　D. $\sqrt{8}$　　E. 3

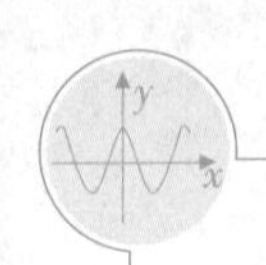

12 在圆 $x^2+y^2=9$ 上，与直线 $3x+4y-24=0$ 距离最小的点的坐标是（　　）.

A. $\left(\frac{12}{5},\ \frac{9}{5}\right)$　　B. $\left(-\frac{12}{5},\ \frac{9}{5}\right)$　　C. $\left(\frac{9}{5},\ \frac{12}{5}\right)$

D. $\left(-\frac{9}{5},\ \frac{12}{5}\right)$　　E. $\left(-\frac{9}{5},\ -\frac{12}{5}\right)$

13 如果两直线 $3x+y=1$ 和 $2mx+4y=-3$ 相互垂直，则 m 的值为（　　）.

A. $\frac{1}{3}$　　B. $-\frac{1}{3}$　　C. -3　　D. $\frac{2}{3}$　　E. $-\frac{2}{3}$

14 已知△ABC 中，$A(-1,\ -2)$，$B(5,\ 8)$，$C(-2,\ 6)$，则△ABC 的 AB 边上的中线的长度为（　　）.

A. $2\sqrt{2}$　　B. $2\sqrt{3}$　　C. 5　　D. $3\sqrt{2}$　　E. 6

15 $a=4,\ b=2$.

(1) 点 $A(a+2,\ b+2)$ 与 $B(b-4,\ a-6)$ 关于直线 $4x+3y-11=0$ 对称.

(2) 直线 $y=ax+b$ 垂直于直线 $x+4y-1=0$，且在 x 轴上的截距是 $-\frac{1}{2}$.

16 设 $a,\ b$ 为实数，则圆 $x^2+y^2=2y$ 与直线 $x+ay=b$ 不相交.

(1) $|a-b|>\sqrt{1+a^2}$.

(2) $|a+b|>\sqrt{1+a^2}$.

17 两圆 $x^2+y^2=1$ 和 $(x+4)^2+(y-a)^2=25$ 相切.

(1) $a=2\sqrt{5}$.

(2) $a=-2\sqrt{5}$.

18 直线 $Ax+By+C=0$ 必过圆 O：$3x^2+3y^2-2x-4y-\frac{4}{3}=0$ 的圆心.

(1) $A+2B+3C=0$.

(2) $A+2B+C=0$.

19 $\frac{y}{x}$ 的取值范围是 $[-\sqrt{3},\ \sqrt{3}]$.

(1) 实数 $x,\ y$ 满足 $x^2+y^2-2x-2=0$.

(2) 实数 $x,\ y$ 满足 $x^2+y^2-4x+1=0$.

20 在直角坐标系中，直线 $y=kx$ 与函数 $y=\begin{cases}2x+4,\ x<-3,\\ -2,\ -3\leqslant x\leqslant 3,\\ 2x-8,\ x>3\end{cases}$ 的图像恰有 3 个不同的交点.

(1) $0<k<1$.

(2) $1<k<2$.

21 点 $A(2,\ 3)$，$B(-3,\ -2)$，则直线 l 过点 $P(1,\ 1)$ 与线段 AB 相交.

(1) 直线 l 的斜率 k 的取值范围是 $k\geqslant 2$.

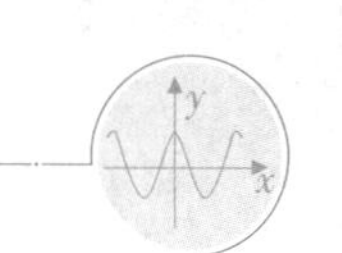

（2）直线 l 的斜率 k 的取值范围是 $k\leqslant\frac{3}{4}$.

22 $\triangle ABC$ 的三个顶点为 $A(2,8)$，$B(-4,0)$，$C(6,0)$，则过点 B 将 $\triangle ABC$ 的面积平分的直线方程是（　　）.

（1）$x+2y+4=0$.

（2）$x-2y+4=0$.

23 圆 C_1 和圆 C_2 相交.

（1）圆 C_1 的半径为 2，圆 C_2 的半径为 3.

（2）圆 C_1 和圆 C_2 的圆心距满足 $d^2-6d+5<0$.

24 $ab=-3$.

（1）直线 $ax+by-2=0$ 与直线 $3x+y=1$ 相互垂直.

（2）当 m 为任意实数时，直线 $(m-1)x+(m-2)y+5-2m=0$ 恒过定点 (a,b).

25 $-\frac{2}{3}<k<2$.

（1）直线 L_1：$y=kx+k+2$ 与 L_2：$y=-2x+4$ 的交点在第一象限内.

（2）直线 L_1：$2x+y-2=0$ 与 L_2：$kx-y+2=0$ 的夹角为 45°.

参考答案

1. B.　【解析】由 $\frac{a+b}{c}=\frac{b+c}{a}=\frac{c+a}{b}$ 可得 $k=-1$ 或 2. 由 $\sqrt{m-2}+n^2+9=6n$，可得 $\sqrt{m-2}+(n-3)^2=0$，因为 $\sqrt{m-2}\geqslant 0$，$(n-3)^2\geqslant 0$，所以 $m=2$，$n=3$. 所以直线为 $y=-x+5$ 或 $y=2x+5$，经过第一、二象限. 故选 B.

2. C.　【解析】C：$x^2+y^2-6x-8y+21=0$ 可化为标准形式：$(x-3)^2+(y-4)^2=2^2$，如图 9.21 所示，设 $\frac{y}{x}=k$，$y=kx$，直线 $y=kx$ 与圆有交点时，$P(x,y)$ 和 $Q(x,y)$ 分别为取得最大值和最小值的点. 因为 $\triangle COQ\backsim\triangle CDQ$（AAA），所以 $\frac{CD}{CQ}=\frac{CQ}{CO}$. 由题意得 $CQ=2$，$CO=5$，故 $CD=\frac{4}{5}$.

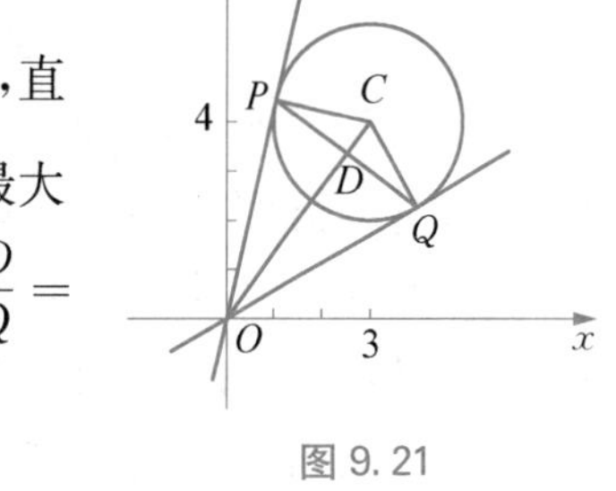

图 9.21

根据勾股定理，$DQ=\sqrt{2^2-\left(\frac{4}{5}\right)^2}=\frac{2\sqrt{21}}{5}$，所以 $PQ=2\times\frac{2\sqrt{21}}{5}=\frac{4\sqrt{21}}{5}$. 故选 C.

3. A.　【解析】由题可得直线到圆心的距离 $d=\frac{|-1|}{\sqrt{x_0^2+y_0^2}}$. 因为点 (x_0,y_0) 在圆 C 内部，所以 $\sqrt{x_0^2+y_0^2}<1$，所以 $d>1$，所以圆 C 与直线不相交. 故选 A.

4. B.　【解析】由题可得函数 $y=x^2+bx+c$ 的顶点为 $\left(-\frac{b}{2},\frac{4ac-b^2}{4a}\right)$，$-\frac{b}{2}=2$

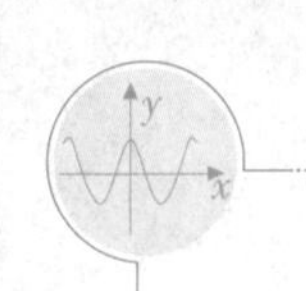

$\times \dfrac{4ac-b^2}{4a}$，解得 $b^2-b-4c=0$. 又因为对称轴与 x 轴的交点在一次函数 $y=x-c$ 的图像上，所以对称轴 $x=c$，即 $c=-\dfrac{b}{2}$，与 $b^2-b-4c=0$ 联立方程组解得 $b_1=0$，$b_2=-1$. 又因为顶点在第一象限，所以 $b=-1$，$c=\dfrac{1}{2}$. 故选 B.

5. E. 【解析】因为圆 C_1，C_2 有两个交点为(0, 1)，(1, 0)，所以一条被两圆截得弦长相等的直线经过(0, 1)，(1, 0)，所以一个方程为 $x+y-1=0$. 又因为 $x=0$ 与圆 C_1 截得的弦长为 2，与圆 C_2 截得的弦长为 2，所以被两圆截得弦长相等的直线方程是 $x+y-1=0$ 或 $x=0$. 故选 E.

6. E. 【解析】抛物线的顶点坐标为 $(m, -m^2+m+2)$，因为顶点在第三象限，所以 $m<0$ 且 $-m^2+m+2<0$，解得 $m<-1$. 故选 E.

7. C. 【解析】圆 C 的圆心为 $(a, 2)$，$r=2$，圆心到直线 L 的距离 $d=\sqrt{r^2-\left(\dfrac{l}{2}\right)^2}=\sqrt{2^2-(\sqrt{3})^2}=1$. 所以 $d=\dfrac{|a-2+3|}{\sqrt{1+1}}=1$，解得 $a_1=-1-\sqrt{2}$（舍），$a_2=\sqrt{2}-1$. 故选 C.

8. A. 【解析】由题意可知，直线 l 过点 $C(2, 4)$，故排除答案 C，D，E. 根据图 9.22，直线过一、二、三象限，所以排除 B. 所以选 A.

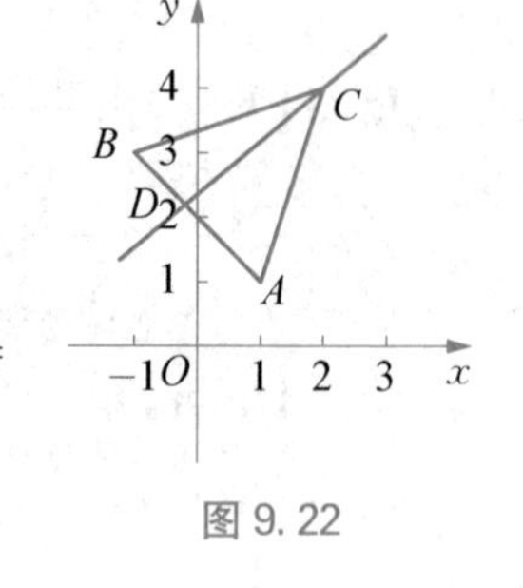

图 9.22

9. A. 【解析】因为直线 $6x-2y-1=0$ 可化为 $3x-y-\dfrac{1}{2}=0$，与直线 $3x-y+4=0$ 平行，所以两直线距离 $d=2r=\dfrac{\left|4-\left(-\dfrac{1}{2}\right)\right|}{\sqrt{3^2+1^2}}=\dfrac{9\sqrt{10}}{20}$，$S=\pi r^2=\left(\dfrac{9\sqrt{10}}{40}\right)^2\pi=\dfrac{81\pi}{160}$. 故选 A.

10. D. 【解析】因为两直线垂直，所以 $A_1A_2+B_1B_2=0$，代入数据得 $(m-1)(m+3)+2m\cdot[-(m-1)]=0$，解得 $m=1$ 或 $m=3$. 故选 D.

11. C. 【解析】点 A 关于直线 $x=y$ 的对称点为 $A'(2, 3)$，$A'B=\sqrt{(5-2)^2+(2-3)^2}=\sqrt{10}$. 因为两点之间线段最短，所以折线 ACB 长度的最小值为 $\sqrt{10}$. 故选 C.

12. C. 【解析】设在圆 $x^2+y^2=9$ 上与直线 $3x+4y-24=0$ 距离最小的点的坐标为 (x_0, y_0)，$\dfrac{y_0}{x_0}=\dfrac{4}{3}$，$\dfrac{9}{16}y_0^2+y_0^2=9$，解得 $y_0=\dfrac{12}{5}$ 或 $-\dfrac{12}{5}$，$x_0=\dfrac{9}{5}$ 或 $-\dfrac{9}{5}$，经检验在圆 $x^2+y^2=9$ 上与直线 $3x+4y-24=0$ 距离最小的点的坐标为 $\left(\dfrac{9}{5}, \dfrac{12}{5}\right)$. 故选 C.

13. E. 【解析】因为两直线垂直，所以 $3\times 2m+4=0$，所以 $m=-\dfrac{2}{3}$. 故选 E.

14. C. 【解析】AB 中点 $D\left(\dfrac{-1+5}{2}, \dfrac{-2+8}{2}\right)$ 即(2, 3)，中线 $CD=\sqrt{(2+2)^2+(3-6)^2}=5$. 故选 C.

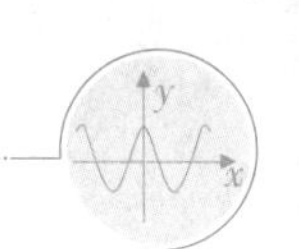

15. D.　【解析】条件(1)中，AB 中点为 $\left(\frac{a+2+b-4}{2}, \frac{b+2+a-6}{2}\right)$，化简即 $\left(\frac{a+b-2}{2}, \frac{a+b-4}{2}\right)$. 因为 AB 关于直线 $4x+3y-11=0$ 对称，所以 AB 中点经过直线 $4x+3y-11=0$ 且直线 $4x+3y-11=0$ 与过 AB 的直线垂直，即 $4\times\frac{a+b-2}{2}+3\times\frac{a+b-4}{2}-11=0$，化简为 $a+b=6$，$k_{AB}=\frac{a-b-8}{b-a-6}=\frac{3}{4}$，即 $a-b=2$，解得 $a=4$，$b=2$. 故条件(1) 充分.

条件(2)中，直线 $x+4y-1=0$ 斜率为 $-\frac{1}{4}$，所以 $a=4$. 又因为在 x 轴上的截距为 $-\frac{1}{2}$，$-\frac{1}{2}\times 4+b=0$，解得 $b=2$. 故条件(2) 充分. 故选 D.

16. A.　【解析】圆的方程可化为 $x^2+(y-1)^2=1$，圆心为 $(0, 1)$，圆心与直线的距离 $d=\frac{|a-b|}{\sqrt{1+a^2}}$. 条件(1)中，因为 $|a-b|>\sqrt{1+a^2}$，所以 $d>1$，即圆与直线不相交. 故条件(1) 充分. 条件(2) 中，无法确定 $|a+b|$ 与 $|a-b|$ 的大小关系. 故条件(2) 不充分. 故选 A.

17. D.　【解析】条件(1)中，两圆的圆心分别为 $(0, 0)$，$(-4, 2\sqrt{5})$，圆心距 $d=\sqrt{4^2+(2\sqrt{5})^2}=6$，所以 $r_1+r_2=1+5=6=d$，所以两圆相切. 故条件(1) 充分.

条件(2)中，两圆的圆心分别为 $(0, 0)$，$(-4, -2\sqrt{5})$，圆心距 $d=\sqrt{4^2+(2\sqrt{5})^2}=6$，所以 $r_1+r_2=1+5=6=d$，所以两圆相切. 故条件(2) 充分. 故选 D.

18. A.　【解析】圆 O 方程可化为 $\left(x-\frac{1}{3}\right)^2+\left(y-\frac{2}{3}\right)^2=1$，圆心为 $\left(\frac{1}{3}, \frac{2}{3}\right)$，根据题意，直线 $Ax+By+C=0$ 过圆心，则 $\frac{1}{3}A+\frac{2}{3}B+C=0$，化简为 $A+2B+3C=0$，故条件(1) 充分，条件(2) 不充分.

19. B.　【解析】条件(1)中，实数 x，y 满足 $(x-1)^2+y^2=3$，设 $k=\frac{y}{x}$，$y=kx$ 与 $(x-1)^2+y^2=3$ 有交点时，$k\in(-\infty, +\infty)$，故条件(1) 不充分. 条件(2) 中，实数 x，y 满足 $(x-2)^2+y^2=3$，设 $k=\frac{y}{x}$，$y=kx$ 与 $(x-2)^2+y^2=3$ 有交点时，$k\in[-\sqrt{3}, \sqrt{3}]$ 故条件(2) 充分. 故选 B.

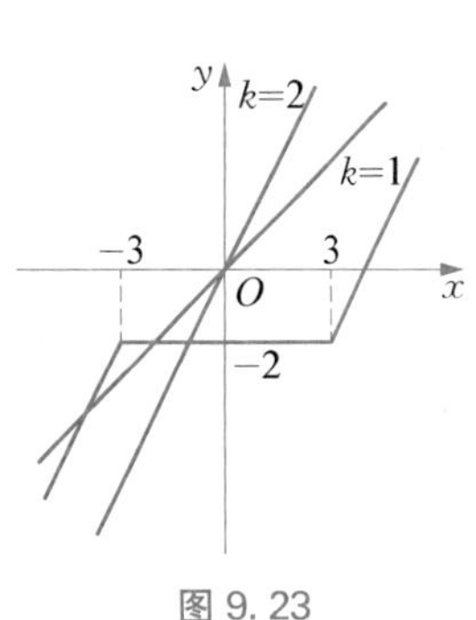

图 9.23

20. B.　【解析】如图 9.23，条件(1)中，当 $0<k<1$ 时，直线与函数没有 3 个交点，故条件(1) 不充分.

条件(2)中，当 $1<k<2$ 时，直线与函数恰有 3 个交点，故条件(2) 充分. 故选 B.

21. D.　【解析】条件(1)中，当直线 l 的斜率 $k\geqslant 2$ 时，直线 l 过点 $P(1, 1)$ 与线段 AB 相交. 故条件(1) 充分. 条件(2) 中，当直线

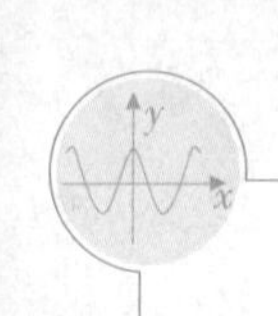

l 的斜率 $k \leqslant \frac{3}{4}$ 时，直线 l 过点 $P(1,\ 1)$ 与线段 AB 相交. 故条件(2) 充分. 故选 D.

22. B. 【解析】AC 的方程可表示为 $y=\frac{8}{2-6}(x-6)$，即 $2x+y=12$，将其与条件(1) 中 $x+2y+4=0$ 联立方程组，方程组在定义域 $2<x<6$ 无解. 故条件(1) 不充分. 将其与条件(2) 中 $x-2y+4=0$ 联立方程组，交点为$(4,\ 4)$，为 AC 中点. 故条件(2) 充分. 故选 B.

23. C. 【解析】由条件(1)可得两圆相交的条件为 $1<d<5$，由条件(2) 可得圆 C_1、圆 C_2 圆心满足 $1<d<5$，联合条件(1)、条件(2) 充分. 故选 C.

24. B. 【解析】条件(1)中，因为两直线相互垂直，所以 $3a+b=0$，所以条件(1) 不充分.
条件(2)中，直线可化为 $m(x+y-2)-(x+2y-5)=0$. 因为 m 为任意实数，得方程组 $\begin{cases} x+y-2=0, \\ x+2y-5=0, \end{cases}$ 解得 $x=-1,\ y=3$，直线恒过点$(-1,\ 3)$，$ab=-3$，故条件(2) 充分. 故选 B.

25. A. 【解析】条件(1)中，令两直线的 y 相等，则 $kx+k+2=-2x+4$. 因为交点在第一象限内，所以 $0<x<2$. $k=-2+\frac{4}{x+1}(0<x<2)$，所以 $-\frac{2}{3}<k<2$. 故条件(1) 充分.
条件(2)中，L_1 的斜率为 $k_1=-2$，L_2 的斜率为 $k_2=k$，根据夹角公式得 $\tan 45^\circ=1=\left|\frac{k_2-k_1}{1+k_1k_2}\right|=\left|\frac{k-(-2)}{1+k\cdot(-2)}\right|=\left|\frac{k+2}{1-2k}\right|$，解得 $k=-\frac{1}{3}$ 或 3. 故条件(2) 不充分. 故选 A.

第三篇

排列组合、概率、数据分析

第十章

排列、组合

第一节 ◈ 考 点 分 析

一、加法原理(分类原理)

1. 定义

做一件事,完成它有 n 类办法. 在第一类办法中有 m_1 种不同的方法,在第二类办法中有 m_2 种不同的方法……在第 n 类办法中有 m_n 种不同的方法,那么完成这件事共有 $N = m_1 + m_2 + \cdots + m_n$ 种不同的方法.

2. 举例

从 A 地到 B 地,可以坐飞机、火车、汽车三类办法,飞机有 2 班,火车有 3 班,汽车有 5 班,所以从 A 地到 B 地,共有 $2+3+5$(共 10 种) 方法.

二、乘法原理(分步原理)

1. 定义

做一件事,完成它需要分成 n 个步骤. 做第一步有 m_1 种不同的方法,做第二步有 m_2 种不同的方法……做第 n 步有 m_n 种不同的方法,那么完成这件事共有 $N = m_1 \cdot m_2 \cdot \cdots \cdot m_n$ 种不同的方法.

2. 举例

从 A 地到 B 地再到 C 地,AB 之间有 3 种方法,BC 之间有 4 种方法,则从 A 地到 C 地共有 3×4(共 12 种) 方法.

注意:

(1) 题干中没有明确表示对象相同,例如:左口袋有 4 个黑球,则应该理解为有 4 个完全不一样的球,只是颜色是黑色.

(2) 加法原理和乘法原理做题两大原则:先分类,再分步;先特殊,再一般.

三、组合 C(Combination)

1. 定义

从 n 个不同的元素中,任取 $m(m \leqslant n)$ 个元素并成的一组,叫作从 n 个不同元素中任取 m 个元素的一个组合. 从 n 个不同元素中任取 $m(m \leqslant n)$ 个元素的所有组合的总数,叫作从

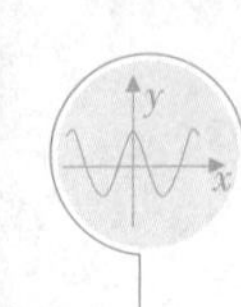

n 个不同元素中任取 m 个元素的组合数,用符号 C_n^m 表示.

显然,含有相同元素的两个组合是同一个组合.

注:所选出的对象不完全相同.

2. 组合数公式

公式 1:$C_n^m=\dfrac{n(n-1)(n-2)\cdots(n-m+1)}{m!}$.

公式 2:$C_n^m=\dfrac{n!}{m!\ (n-m)!}$.

公式 3:$C_n^m=\dfrac{P_n^m}{P_m^m}$.

规定:$C_n^0=1$,显然 $C_n^n=1$.

3. 组合数的性质

性质 1:$C_n^m=C_n^{n-m}$.

性质 2:$C_{n+1}^m=C_n^m+C_n^{m-1}$.

四、排列 P(Permutation)或 A(Arrangement)

1. 定义

从 n 个不同的元素中,任取 m 个元素 $(m\leqslant n)$,按照一定的顺序排成一列,称为从 n 个元素中取出 m 个元素的一个排列. 所有这些排列的个数,称为排列数,记为 P_n^m 或 A_n^m.

2. 全排列

当 $m=n$ 时,即 n 个不同的元素全部取出的排列数,称为 n 个元素的全排列,记为 P_n^n 或 A_n^n. 也叫 n 的阶乘,用 $n!$ 表示.

由排列定义可知,如果两个排列相同,不仅这两个排列的元素完全相同,而且元素排列的顺序也必须完全相同.

3. 排列数公式

公式 1:$P_n^m=n(n-1)(n-2)\cdots(n-m+1)$.

公式 2:$P_n^m=\dfrac{n!}{(n-m)!}$.

公式 3:$P_n^n=n!\ =n\times(n-1)\times\cdots\times2\times1$.

规定 $0!\ =1$.

4. 二项式定理

(1) 二项式定理公式

$$(a+b)^n=\underbrace{C_n^0a^nb^0+C_n^1a^{n-1}b^1+\cdots+C_n^{n-1}a^1b^{n-1}+C_n^na^0b^n}_{共n+1项}.$$

(2) 展开式的特征

通项公式第 $r+1$ 项为 $T_{r+1}=C_n^ra^{n-r}b^r$.

(3) 展开式与系数之间的关系

关系 1:$C_n^r=C_n^{n-r}$(即首末等距的两项系数相等).

关系 2:$C_n^0+C_n^1+C_n^2+\cdots+C_n^{n-1}+C_n^n=2^n$,即展开式的各项系数和为 2^n.

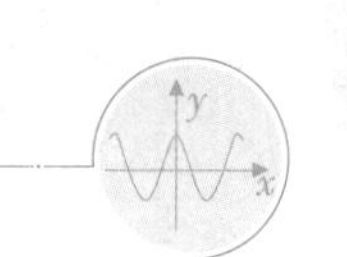

（证明：令 $a=b=1$，即得到结论.）

关系 3：$C_n^0+C_n^2+C_n^4+\cdots=C_n^1+C_n^3+\cdots=2^{n-1}$，即展开式中奇数项系数和等于偶数项系数和.

★★记忆常用数据：

$$C_4^2=6,\ C_5^2=10,\ C_6^2=15,\ C_6^3=20;$$
$$P_3^3=3!=6,\ P_4^4=4!=24,\ P_5^5=5!=120.$$

第二节 ◈ 例 题 解 析

类型一　排列组合的基本概念(C 和 P 的差异)

例 1　公路 AB 上各站之间共有 90 种不同的车票.

(1) 公路 AB 上有 10 个车站，每两站之间都有往返车票.

(2) 公路 AB 上有 9 个车站，每两站之间都有往返车票.

【答案】 A.

【解析】 条件(1)中，AB 之间有 10 个车站，每两站之间都有往返车票，存在先后排序，则各站之间票的种数为 $P_{10}^2=10\times9=90$，故条件(1) 充分.

同理可得，条件(2)中各站之间票的种数为 $P_9^2=9\times8=72$，条件(2) 不充分. 故选 A.

注：需要排序的用 P，不需要排序的用 C.

例 2　有 12 个队参加篮球比赛，共赛了 132 场.

(1) 每两个队比赛一次.

(2) 每两个队在主、客场分别比赛一次.

【答案】 B.

【解析】 条件(1)中，两两对决，无须考虑先后顺序，12 个队共赛 $C_{12}^2=66$(场)，条件(1) 不充分. 条件(2) 中，每两个队在主、客场分别比赛一次，要考虑排序，则 12 个队共赛 $P_{12}^2=132$ 场，条件(2) 充分. 故选 B.

例 3　某商店经营 15 种商品，每次在橱窗内陈列 5 种，若每两次所陈列的商品不完全相同，则最多可陈列(　　).

A. 3 000 次　　B. 3 003 次　　C. 4 000 次　　D. 4 003 次　　E. 4 300 次

【答案】 B.

【解析】 从 15 种不同的对象中选出 5 种，不需要排序，考查组合数的定义.

由 $C_{15}^5=\dfrac{15\times14\times13\times12\times11}{5\times4\times3\times2\times1}=3\,003$，故选 B.

★★注解：组合公式 C 本来就有从不同的对象中，选择出的对象不完全相同的意思.

例 4　平面上 4 条平行直线与另外 5 条平行直线相互垂直，则它们构成的矩形共有(　　)个.

A. 30　　B. 40　　C. 50　　D. 60　　E. 90

【答案】 D.

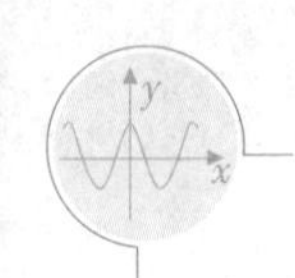

【解析】 构成一个矩形需要两条作为长的直线和两条作为宽的直线，因此构成矩形要分成两个步骤：第一步，在一组平行线中选出两条作为长，共有 $C_4^2=6$(种)；第二步，在另一组平行线中选出两条直线作为宽，有 $C_5^2=10$(种). 根据乘法分步原理，构成的矩形共有 $C_4^2C_5^2=60$(种). 故选 D.

类型二 摸球问题

例 5 某公司员工义务献血，在体检合格的人中，O 型血的有 10 人，A 型血的有 5 人，B 型血的有 8 人，AB 型血的有 3 人，若从四种血型的人中各选出 1 人去献血，则共有(　　)种选法.

A. 1 200　　B. 600　　C. 400　　D. 300　　E. 26

【答案】 A.

【解析】 从四种血型的人中各选出 1 人去献血，共有 $C_{10}^1\times C_5^1\times C_8^1\times C_3^1=1\,200$(种) 选法. 选 A.

例 6 从 0，1，2，3，5，7，11 这 7 个数字中每次取 2 个相乘，不同的积有(　　)种.

A. 15　　B. 16　　C. 19　　D. 23　　E. 21

【答案】 B.

【解析】 分两类：(1)若“0”在内，则“0”和任何数相乘积都为“0”；(2)若“0”不在内，要从除了 0 以外的 6 个数字中每次取 2 个相乘，有 $C_6^2=15$ 种. 则 7 个数字中能得到不同的积有 $15+1=16$(种). 选 B.

例 7 在 8 名志愿者中，只能做英语翻译的有 4 人，只能做法语翻译的有 3 人，既能做英语翻译又能做法语翻译的有 1 人. 现从这些志愿者中选取 3 人做翻译工作，确保英语和法语都有翻译的不同选法共有(　　)种.

A. 12　　B. 18　　C. 21　　D. 30　　E. 51

【答案】 E.

【解析】 解法一：可以从对立面考虑，只有英语翻译的选法有 $C_4^3=4$(种)，只有法语翻译的选法有 $C_3^3=1$(种)，则英语和法语都有翻译的选法有 $C_8^3-C_4^3-C_3^3=56-4-1=51$(种).

解法二：分两类：

(1) 若“这 1 个人在内”，则从另外 7 人中选 2 人，有 C_7^2 种；

(2) 若“这 1 个人不在内”，则仍有两种方式：英语选 2 人，法语选 1 人，或者英语选 1 人，法语选 2 人，则有 $C_4^2C_3^1+C_4^1C_3^2$ 种.

两类加起来，共有 $C_7^2+C_4^2C_3^1+C_4^1C_3^2=51$(种)，故选 E.

例 8 从 6 个男生和 4 个女生中选 3 人担任班干部，其中至少有 2 个男生的情况有(　　)种.

A. 20　　B. 30　　C. 60　　D. 80　　E. 120

【答案】 D.

【解析】 分两类：(1)2 男 1 女的情况有 $C_6^2\times C_4^1=15\times 4=60$(种)；(2) 有 3 个男生的情况有 $C_6^3=20$(种)，则共有 $60+20=80$(种). 故选 D.

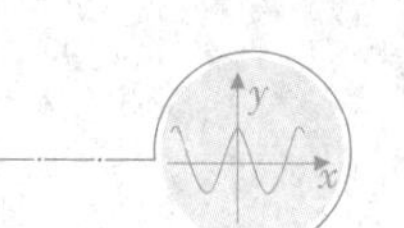

例 9　从 10 名大学毕业生中选 3 人担任村长助理，则甲、乙至少有 1 人入选，而丙没有入选的不同选法的总数是（　　）.

A. 85　　B. 56　　C. 49　　D. 28　　E. 24

【答案】 C.

【解析】 分两类：①甲、乙全被选中，有 $C_2^2C_7^1$ 种选法；②甲、乙有一个被选中，有 $C_2^1C_7^2$ 种不同的选法，共有 $C_2^2C_7^1+C_2^1C_7^2=49$（种）不同的选法. 故选 C.

例 10　三个科室的人数分别为 6，3 和 2，因工作原因，每晚需要安排 3 人值班，则在两个月中可以使每晚的值班人员不完全相同.

(1) 值班人员不能来自同一科室.

(2) 值班人员来自三个不同科室.

【答案】 A.

【解析】 根据条件(1)，可以从对立面考虑，值班人员来自同一科室的安排方法有 $C_6^3+C_3^3=20+1=21$（种），则值班人员不能来自同一科室的安排方法有 $C_{11}^3-C_6^3-C_3^3=165-20-1=144>$ 两个月的天数，条件(1) 充分.

根据条件(2)，值班人员来自三个不同科室的安排方法有 $C_6^1\times C_3^1\times C_2^1=36<$ 两个月的天数，条件(2) 不充分. 故选 A.

例 11　两次抛掷一枚骰子，两次出现的数字之和为奇数的情况有（　　）种.

A. 6　　B. 12　　C. 18　　D. 24　　E. 36

【答案】 C.

【解析】 解法一：分两类：(1)"奇＋偶＝奇"；(2)"偶＋奇＝奇"，而奇数有 C_3^1 种，偶数也有 C_3^1 种，则两次抛掷一枚骰子数字之和为奇数的情况共有 $C_3^1\cdot C_3^1+C_3^1\cdot C_3^1=9+9=18$（种）.

解法二：两次抛掷一枚骰子的情况共有 $6\times6=36$（种），穷举得到的点数一半为奇数，一半为偶数，所以共 18 种.

故选 C.

例 12　某批产品中有 6 个正品和 4 个次品，每个均不相同且可区分，今每次取出一个测试，直到 4 个次品全部测出为止. 则最后一个次品恰好在第五次测试中被发现的不同的情况种数是（　　）.

A. 156　　B. 576　　C. 756　　D. 856　　E. 586

【答案】 B.

【解析】 最后一个次品恰好在第五次测试中被发现，即第五次确定是次品的情况有 $C_4^1=4$（种）；前四次有一次是正品、三次是次品的情况有 $C_4^1\times C_6^1\times P_3^3=144$（种）. 则最后一个次品恰好在第五次测试中被发现的不同的情况种数是 $C_4^1\times C_4^1\times C_6^1\times P_3^3=4\times144=576$.

例 13　甲、乙两人从 4 门课程中各选修 2 门，则甲、乙所选的课程中至少有 1 门不相同的选法共有（　　）种.

A. 6　　B. 12　　C. 30　　D. 36　　E. 24

【答案】 C.

【解析】 甲、乙所选的课程中至少有 1 门不相同的选法可以分为两类：

(1) 甲、乙所选的课程中2门均不相同,甲先从4门中任选2门,乙选取剩下的2门,有$C_4^2C_2^2=6$(种).

(2) 甲、乙所选的课程中有且只有1门相同,分为2步:

第一步:从4门中先任选一门作为相同的课程,有$C_4^1=4$种选法.

第二步:甲从剩下的3门中任选1门,乙从最后剩余的2门中任选1门,有$C_3^1C_2^1=6$(种)选法,由分步计数原理,此时共有$C_4^1C_3^1C_2^1=24$(种)选法.最后由分类计数原理,甲、乙所选的课程中至少有1门不相同的选法共有$6+24=30$(种),故选C.

例14 一把钥匙只能打开一把锁,现在20把钥匙和20把锁混在一起,要把全部的钥匙和锁都配好,最多需要试开( )次.

A. 150 B. 170 C. 190 D. 200 E. 210

【答案】 C.

【解析】 第一把钥匙最多试开19次,第二把钥匙最多试开18次,依此类推,最后一把钥匙最多试开0次,因此最多需要试开$19+18+17+\cdots+1+0=190$(次).选C.

类型三 排队问题

排队问题可分为三类:

(1) 相邻(捆绑法);

(2) 不相邻(插空法);

(3) 某人不能排在某位置(位置特殊先排).

例15 7名同学排成一排,其中甲、乙、丙3人必须排在一起的不同排法有( )种.

A. 680 B. 700 C. 710 D. 720 E. 760

【答案】 D.

【解析】 相邻题用捆绑法,将甲、乙、丙3人捆绑在一起,视作一个整体与剩下的4名同学一起排序,则不同的安排方法有$P_3^3\times P_5^5=720$(种).选D.

例16 3个三口之家一起观看演出,他们购买了同一排9张连座票,则每一家的人都坐在一起的不同坐法有( )种.

A. $(3!)^2$ B. $(3!)^3$ C. $3(3!)^3$ D. $(3!)^4$ E. $9!$

【答案】 D.

【解析】 用捆绑法,将每个三口之家看作一个整体,则3个三口之家排序有$P_3^3=6$(种),每个三口之家内部都进行排序,则每一家人都坐在一起的不同坐法有$P_3^3\times P_3^3\times P_3^3\times P_3^3=(3!)^4$(种).故选D.

例17 6人站成一横排,要求甲、乙不相邻,有( )种不同的站法.

A. 120 B. 240 C. 360 D. 480 E. 420

【答案】 D.

【解析】 因为甲、乙不相邻,可用"插空法".

第一步:让甲、乙以外的4个人站队,有P_4^4种站法;

第二步:将甲、乙排在4人形成的5个空当(含两端)中,有P_5^2种站法.

故共有$P_4^4P_5^2=480$(种)站法.故选D.

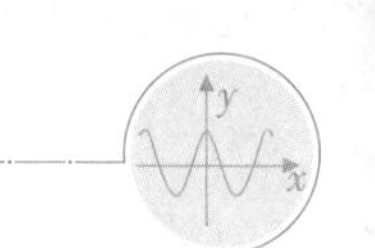

例 18　在共有 10 个座位的小会议室内随机地坐上 6 名与会者，则指定的 4 个座位被坐满的概率是（　　）.

A. $\frac{1}{14}$　　B. $\frac{1}{13}$　　C. $\frac{1}{12}$　　D. $\frac{1}{11}$

【答案】 A.

【解析】 10 个座位随机坐 6 名与会者，共有 P_{10}^{6} 种坐法，从 6 名与会者中任选 4 名坐到指定位置，剩下 2 名随机坐，则共有 $C_6^4 \times P_4^4 \times P_6^2$ 种坐法. 故指定 4 个座位被坐满的概率是 $\frac{C_6^4 \times P_4^4 \times P_6^2}{P_{10}^6} = \frac{6 \times 5 \times 4 \times 3 \times 6 \times 5}{10 \times 9 \times 8 \times 7 \times 6 \times 5} = \frac{1}{14}$.

例 19　有两排座位，前排 6 个座，后排 7 个座. 若安排 2 人就座，规定前排中间 2 个座位不能坐，且此 2 人始终不能相邻而坐，则不同的坐法种数为（　　）.

A. 92　　B. 93　　C. 94　　D. 95　　E. 96

【答案】 C.

【解析】 分三类：

(1) 前后排各一人时，有 $2 \times C_4^1 \times C_7^1 = 56$（种）坐法；

(2) 两人都坐前排，有 $C_4^1 \times C_2^1 = 8$（种）坐法；

(3) 两人都坐后排，要考虑排头排尾的情况，有 $C_2^1 \times C_5^1 + C_5^1 \times C_4^1 = 10 + 20 = 30$（种）.

故共有 $56 + 8 + 30 = 94$（种）坐法. 选 C.

例 20　5 个男生、3 个女生排成一列，要求女生不相邻且不可排两头，共有（　　）种排法.

A. 2 880　　B. 2 882　　C. 2 884　　D. 2 890　　E. 2 600

【答案】 A.

【解析】 用“插空法”，先将 5 名男生排成一列有 $P_5^5 = 120$（种）排法，5 名男生去掉排头形成 4 个空，将 3 名女生插空有 $P_4^3 = 24$（种）排法，则女生不相邻且不在两头的排法有 $P_5^5 \times P_4^3 = 2\,880$（种）. 选 A.

例 21　7 名运动员接连出场，其中 3 名美国选手必须接连出场，2 名俄罗斯选手不能接连出场的排法有（　　）种

A. 72　　B. 219　　C. 144　　D. 432　　E. 864

【答案】 D.

【解析】 这一题用到了捆绑法和插空法. 首先将 3 名美国选手捆绑在一起有 P_3^3 种排法，与除俄罗斯以外的 2 名选手进行排序有 P_3^3 种排法，形成了 4 个空当，将 2 名俄罗斯选手插空排序有 P_4^2 种排法，则总的排序方法为 $P_3^3 \times P_3^3 \times P_4^2 = 432$（种）.

例 22　把 6 名警察平分到 3 个不同的交通路口指挥交通，其中甲交警必须在第一个交通路口执勤，乙和丙交警不能在第二个交通路口执勤，则不同的执勤方案有（　　）种.

【答案】 9.

【解析】 先从剩下的 3 名警察中任选 2 名放在第二路口的选法有 $C_3^2 = 3$（种），则还剩下包括乙、丙的 3 人，从中任选 1 人安排在第一路口的选法有 $C_3^1 = 3$（种），最后剩下的 2 人只能在第三路口. 所以总的不同执勤方案有 $C_3^2 \times C_3^1 = 9$（种）.

例 23　从 6 人中任选 4 人排成一排，其中甲、乙必须入选，且甲必须排在乙的左边（可以不相邻），则所有不同的排法数是（　　）.

A. 36　　B. 72　　C. 144　　D. 288　　E. 328

【答案】 B.

【解析】 6 人中选 4 人，甲、乙必须入选，排法数为 $C_4^2P_4^4$. 因为甲必须排在乙的左边，所以排除甲在乙右边的情况. 最终排法数为 $\frac{C_4^2P_4^4}{2}=72$，所以选 B.

类型四　分房问题

如：(1) 3 个人住 4 间房：$4\times4\times4$；

(2) 3 封信放 4 个邮筒：$4\times4\times4$；

(3) 3 个人争夺 4 个比赛的冠军：$3\times3\times3\times3$.

解题关键：看什么被分完，从被分完的项目上分步骤做.

例 24　有 5 人报名参加 3 项不同的培训，每人都只报 1 项，则不同的报法有（　　）种.

A. 243　　B. 125　　C. 81

D. 60　　E. 以上结论都不正确

【答案】 A.

【解析】 5 个人报名参加 3 项培训，人要参加培训项目，项目上不一定有人参加，所以是人要被分完. 一个人有 3 种选择，则共有 $3^5=243$(种) 方法. 所以选 A.

例 25　将 3 封信投入 4 个不同的邮筒，若 3 封信全部投完，则共有投法（　　）种.

A. 3^4　　B. 4^3　　C. P_4^3　　D. P_3^3　　E. P_4^4

【答案】 B.

【解析】 因为信要投入邮箱，邮箱内不一定有信，所以是信要被分完；第一封信有 4 种投法，第二封信有 4 种投法，第三封信有 4 种投法，则有 4^3 种投法，故选 B.

例 26　3 个人争夺 4 个比赛项目的冠军，共有（　　）种不同的可能性.

A. 3^4　　B. 4^3　　C. P_4^3　　D. P_3^3　　E. P_4^4

【答案】 A.

【解析】 因为人不一定能夺冠军，冠军头衔上要有人，所以是冠军被分完，第一个冠军头衔上有 3 人中的 1 人可获得，第二个冠军头衔上有 3 人中的 1 人可获得，第三个冠军头衔上有 3 人中的 1 人可获得，第四个冠军头衔上有 3 人中的 1 人可获得，则有 3^4 种，故选 A.

类型五　分组问题

(1) 不平均分组（捆绑法）；

(2) 平均分组（消序）.

例 27　6 本不同书，甲、乙、丙 3 人，求下列有多少种分法：

(1) 将 6 本书分成 3，2，1 三组；(2)将 6 本书分成 4，1，1 三组；(3)将 6 本书分成 2，2，2 三组；(4)甲 3 本，乙 2 本，丙 1 本；(5)甲 4 本，乙 1 本，丙 1 本；(6)甲 2 本，乙 2 本，丙 2 本；(7)3 本，2 本，1 本三人；(8)4 本，1 本，1 本三人；(9)2 本，2 本，2 本三人.

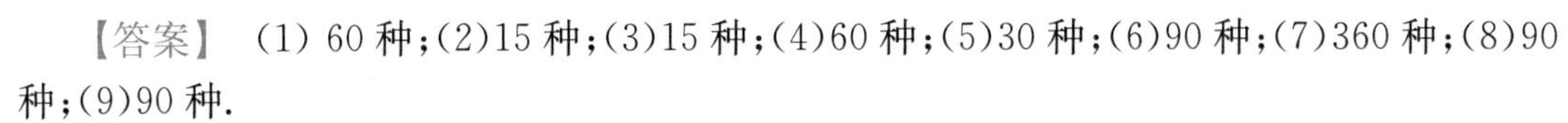

【答案】 (1) 60 种;(2)15 种;(3)15 种;(4)60 种;(5)30 种;(6)90 种;(7)360 种;(8)90 种;(9)90 种.

【解析】 (1) 分法为 $C_6^3C_3^2C_1^1=60$(种);　　(2) 分法为 $\dfrac{C_6^4C_2^1C_1^1}{P_2^2}=15$(种);

(3) 分法为 $\dfrac{C_6^2C_4^2C_2^2}{P_3^3}=15$(种);　　(4) 分法为 $C_6^3C_3^2C_1^1=60$(种);

(5) 分法为 $C_6^4C_2^1C_1^1=30$(种);　　(6) 分法为 $C_6^2C_4^2C_2^2=90$(种);

(7) 分法为 $C_6^3C_3^2C_1^1P_3^3=360$(种);　　(8) 分法为 $\dfrac{C_6^4C_2^1C_1^1}{P_2^2}\times P_3^3=90$(种);

(9) 分法为 $\dfrac{C_6^2C_4^2C_2^2}{P_3^3}\times P_3^3=90$(种).

注:平均分组问题要注意消序.

例 28　某大学派出 5 名志愿者到西部 4 所中学支教,若每所中学至少有一名志愿者,则不同的分配方案共有(　　)种

A. 480　　B. 240　　C. 120　　D. 60　　E. 30

【答案】 B.

【解析】 先把 5 人分为 2, 1, 1, 1 四组,有 $C_5^2\dfrac{C_3^1C_2^1C_1^1}{P_3^3}$ 种分法,则不同的分配方法有 $C_5^2P_4^4=240$(种). 故选 B.

例 29　4 个人住进 3 个不同的房间,其中每个房间都不能空,则这 4 个人不同的住法为(　　).

A. 56 种　　B. 46 种　　C. 26 种　　D. 30 种　　E. 36 种

【答案】 E.

【解析】 先把 4 人分为 2, 1, 1 三组,有 $C_4^2\dfrac{C_2^1C_1^1}{P_2^2}$ 种,则不同的分配方法有 $C_4^2P_3^3=36$(种). 故选 E.

例 30　$N=1\,260$.

(1) 有实验员 9 人,分成 3 组,分别为 2, 3, 4 人. 去进行内容相同的比赛,共有 N 种不同的方法.

(2) 有实验员 9 人,分成 3 组,分别为 2, 3, 4 人. 去进行内容不同的比赛,共有 N 种不同的方法.

【答案】 A.

【解析】 条件(1)由于内容相同,所以共有 $C_9^2C_7^3C_4^4=1\,260$(种) 方法.

条件(2)由于内容不同,所以要进行排序,则共有 $C_9^2C_7^3C_4^4P_3^3$ 种方法,故选 A.

例 31　$N=125$.

(1) 有 5 本不同的书,从中选出 3 本送给 3 名同学,每人 1 本,共有 N 种不同的选法.

(2) 书店有 5 种不同的书,买 3 本送给 3 名同学,每人 1 本,共有 N 种不同的送法.

【答案】 B.

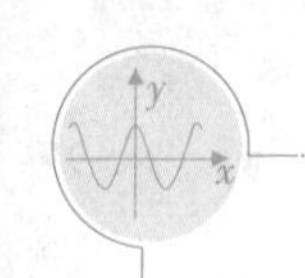

【解析】 条件(1)选法有 $C_5^3P_3^3=60$(种).

条件(2)选法有 $5^3=125$(种). 故选 B.

类型六　元素完全不对应问题

例 32　设编号为 1，2，3，4，5 的 5 个小球和编号为 1，2，3，4，5 的 5 个盒子，现将这 5 个小球放入这 5 个盒子内，要求每个盒子内放 1 个球，且恰好有 2 个球的编号与盒子的编号相同，则这样的投放方法的总数为(　　).

A. 20　　B. 30　　C. 60　　D. 120　　E. 130

【答案】 A.

【解析】 先选 2 个球让它们与盒子编号相同，就是 C_5^2 种，而 3 个盒子和 3 个球的编号完全不对应，用穷举法为 2 种，所以投放总数为 $C_5^2\times 2=20$(种)，所以选 A.

★★记忆：

2 个元素不能对应，共有 1 种方法；

3 个元素不能对应，共有 2 种方法；

4 个元素不能对应，共有 9 种方法；

5 个元素不能对应，共有 44 种方法.

例 33　从 6 双不同的鞋中任取 4 只，这 4 只鞋恰有 2 只配成一双的不同取法有(　　)种.

A. 60　　B. 240　　C. 480　　D. 270　　E. 360

【答案】 B.

【解析】 取 2 只配成一双的共有 C_6^1 种取法，在剩余的鞋中，先选出 2 双鞋有 C_5^2 种取法，在每双鞋中都选出 1 只有 $C_2^1C_2^1$ 种取法，利用乘法原理，共有 $C_6^1C_5^2C_2^1C_2^1=240$(种)，故选 B.

典型错误做法有：取 2 只配成一双的共有 C_6^1 种取法，在剩余的鞋中再任选 1 只有 C_{10}^1 种选法，最后在剩余 9 只鞋中除去与第二次所选鞋配对的那只共有 C_8^1 种选法，利用乘法原理，共有 $C_6^1C_{10}^1C_8^1=480$(种) 方法. 此做法有重复.

类型七　穷举问题

例 34　湖中有 4 个小岛，它们的位置恰好近似构成正方形的 4 个顶点，若要修建 3 座桥将这 4 个小岛连接起来，则不同的建桥方案有(　　)种.

A. 12　　B. 16　　C. 18　　D. 20　　E. 24

【答案】 B.

【解析】 根据题意，共有 6 座桥，从“对立面”考虑，若形成三角形的图形，则不能连接，这样的三角形共有 4 种，所以方案有 $C_6^3-4=16$(种). 所以选 B.

例 35　从长度为 3，5，7，9，11 的 5 条线段中取三条作三角形，能作成不同的三角形个数为(　　).

A. 4　　B. 5　　C. 6　　D. 7　　E. 8

【答案】 D.

【解析】 能构成三角形的充要条件为任意两边之和大于第三边.

解法一：通过穷举法，用“对立面”得出(3，5，9)，(3，5，11)，(3，7，11)均不能构成三

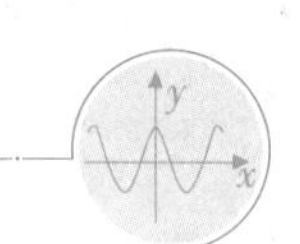

角形，因此能构成不同三角形的个数为 $C_5^3-3=7$.

解法二：从正面穷举：能构成三角形的有(3, 5, 7)，(3, 7, 9)，(3, 9, 11)，(5, 7, 9)，(5, 7, 11)，(5, 9, 11)，(7, 9, 11)7 种，所以选 D.

例 36　三边长均为整数，且最大边长为 11 的三角形的个数为(　　).

A. 25　　B. 26　　C. 30　　D. 36　　E. 37

【答案】 D.

【解析】 三角形两边长用 x，y 表示，设 $1\leqslant x\leqslant y\leqslant 11$，要构成三角形必须满足 $x+y\geqslant 12$.

当 y 取 11 时，$x=1, 2, 3, \cdots, 11$，可有 11 个三角形；

当 y 取 10 时，$x=2, 3, \cdots, 10$，可有 9 个三角形；

当 y 取值分别为 9, 8, 7, 6 时，x 取值个数分别为 7, 5, 3, 1.

所以根据分类计数原理知所求三角形的个数为 $11+9+7+5+3+1=36$. 选 D.

类型八　涂色问题

例 37　用 5 种不同的颜色涂在图 10.1 中 4 个区域，每一个区域涂上 1 种颜色，且相邻区域的颜色必须不同，则共有不同的涂法(　　)种.

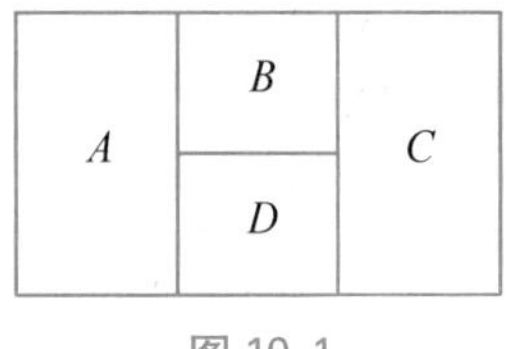

图 10.1

A. 120　　B. 140　　C. 160

D. 180　　E. 240

【答案】 D.

【解析】 涂这 4 块区域分四步，第一步涂 A 有 5 种方法，第二步涂 B 要求与 A 不同色有 4 种方法，第三步涂 D 要求与 A，B 均不同色有 3 种方法，第四步涂 C 要求与 B，D 不同色有 3 种方法，故共有 $5\times4\times3\times3=180$(种) 方法. 所以选 D.

例 38　用 5 种不同的颜色涂在图 10.2 中 4 个区域，每一个区域涂上 1 种颜色，且相邻区域的颜色必须不同，则共有不同的涂法(　　)种.

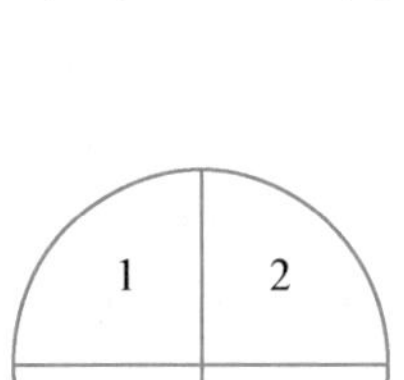

图 10.2

A. 120　　B. 160　　C. 180

D. 240　　E. 260

【答案】 E.

【解析】 对 4 个区域分别标上 1, 2, 3, 4.

对于 1 号区域，有 5 种颜色可选. 分类讨论其他 3 个区域：

(1) 若 2, 4 号区域涂不同的颜色，则有 $P_4^2=12$(种) 涂法，3 号区域有 3 种涂法，此时其他 3 个区域有 $12\times3=36$(种) 涂法.

(2) 若 2, 4 号区域涂相同的颜色，则有 4 种涂法，3 号区域有 4 种涂法，此时其他 3 个区域有 $4\times4=16$(种) 涂法.

则共有 $5\times(36+16)=260$(种) 涂法，故选 E.

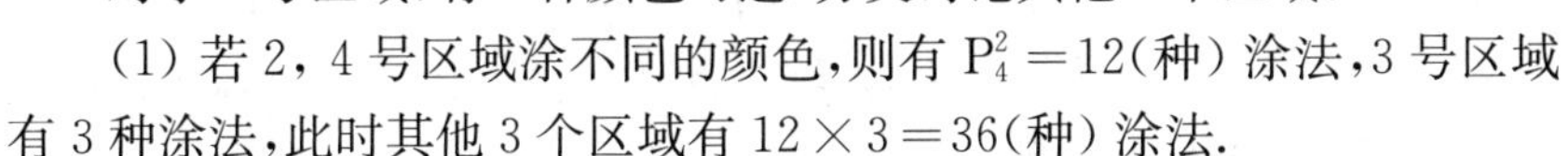

类型九　元素相同(或部分相同)

方法：元素相同——隔板法；

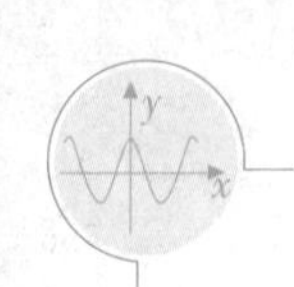

元素部分相同——组合.

例 39 若将 10 只相同的球随机放入编号为 1，2，3，4 的 4 个盒子中，则每个盒子不空的投放方法有(　　)种.

A. 72　　B. 84　　C. 96　　D. 108　　E. 120

【答案】 B.

【解析】 采用隔板法，因为每个盒子不空，所以在 10 个球之间形成 9 个空，即投放方法为 $C_9^3=84$(种). 所以选 B.

例 40 满足 $x_1+x_2+x_3+x_4=12$ 的正整数解的组数有(　　)种.

A. $C_{11}^3P_4^4$　　B. C_{13}^3　　C. C_{12}^3　　D. C_{11}^3　　E. P_{11}^3

【答案】 D.

【解析】 该问题等价于把 12 个相同的小球分成 4 堆，故在排成一列的 12 个小球之间的 11 个空中插入 3 块板即可，即为 C_{11}^3. 故选 D.

例 41 信号兵把红旗与白旗从上到下挂在旗杆上表示信号，现有 3 面红旗和 2 面白旗，把这 5 面旗都挂上去，可表示不同信号的挂法有(　　)种.

A. 9　　B. 8　　C. 10

D. 60　　E. 以上都不正确

【答案】 C.

【解析】 要把 5 面旗排列在 5 个位置，先在 5 个位置中选 3 个挂红旗，有 $C_5^3=10$(种)方法，在剩余 2 个位置挂白旗有 1 种方法，则共有 10 种不同挂法. 故选 C.

第三节 ◈ 练习与测试

1 某人欲从 5 种 A 股股票和 4 种 B 股股票中选购 3 种，其中至少有 2 种 A 股的买法有(　　)种.

A. 40　　B. 50　　C. 60　　D. 65　　E. 75

2 6 人站成一横排，其中甲不站在左端也不站在右端，有(　　)种不同站法.

A. P_6^6　　B. P_5^5　　C. $P_4^1P_5^5$　　D. 6^5　　E. 5^6

3 在 4 名候选人中，评选出 1 名三好学生，1 名优秀干部，1 名先进团员. 若允许 1 人同时获得几个称号，则不同的评选方案有(　　)种.

A. 3^4　　B. 4^3　　C. C_4^3　　D. P_4^3　　E. $4P_4^3$

4 有甲、乙、丙三项任务，甲需要 2 人承担，乙、丙各需 1 人承担. 现从 10 人中选派 4 人承担这三项任务，不同的选派方法有(　　)种.

A. 1 260　　B. 2 025　　C. 2 520　　D. 5 040　　E. 6 040

5 100 件产品中有 3 件次品，现任意抽取 5 件检验，其中至少有 2 件次品的抽法有(　　)种.

A. $C_3^2C_{97}^3$　　B. $C_3^2C_{97}^3+C_3^3C_{97}^2$　　C. C_{100}^3

D. $C_{100}^5-C_3^1C_{97}^4$　　E. $C_{100}^5-C_3^2C_{97}^3$

6 由 0，1，2，3 组成无重复数字的四位数，其中 0 不在十位的有(　　)种.

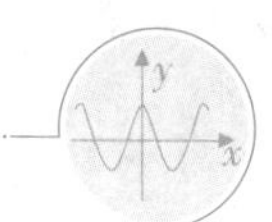

A. $P_3^1P_3^3$　　B. $P_2^1P_3^3$　　C. $P_4^4-P_3^3$

D. $P_3^1P_3^1P_2^2$　　E. 以上结论皆不正确

7 某公司共有员工 100 人,其中女员工 30 人. 现在要选出 3 名男员工分别担任甲、乙、丙 3 个部门的经理;同时选出 3 名女员工分别担任上述 3 个部门的副经理,不同的选择方案有(　　)种.

A. P_{100}^6　　B. C_{100}^6　　C. $C_{70}^3C_{30}^3$

D. $P_{70}^3P_{30}^3$　　E. 以上结论皆不正确

8 有 5 名男生、4 名女生站成一排,男生不站排头和排尾的排法有(　　)种.

A. $P_5^5P_4^4$　　B. $P_4^2P_7^7$　　C. $P_9^9-P_5^1P_8^8$　　D. $P_4^2P_7^5$　　E. $P_5^4P_7^2$

9 从高矮不同的 10 个人里选出 8 个人,由高到低排成一排,则不同的排法共有(　　)种.

A. P_{10}^8　　B. C_{10}^8　　C. $\dfrac{P_{10}^8}{8}$

D. $\dfrac{P_{10}^8}{10}$　　E. 以上结论皆不正确

10 从 4 台甲型和 5 台乙型电视机中任意选取 3 台,其中至少有甲型和乙型电视机各 1 台,则不同的取法共有(　　)种.

A. 140　　B. 80　　C. 70　　D. 35　　E. 30

11 由数字 0, 1, 2, 3, 4, 5 组成无重复数字的六位数,其中个位数小于十位数字的共有(　　)个.

A. 210　　B. 300　　C. 464　　D. 600　　E. 610

12 若 $nC_n^{n-3}+P_n^3=4C_{n+1}^3$,那么 $n=$(　　).

A. 2　　B. 3　　C. 4　　D. 5　　E. 6

13 某栋楼从二楼到三楼的楼梯共 11 级,上楼可以一步上一级,也可以一步上两级,则不同的上楼方式共有(　　)种.

A. 34　　B. 55　　C. 89　　D. 130　　E. 144

14 7 个节目,甲、乙、丙 3 个节目按给定顺序出现,有(　　)种排法.

A. P_7^7　　B. C_7^4　　C. $\dfrac{P_7^7}{P_3^3}$　　D. 7^4　　E. 4^7

15 用 5 种不同的颜色给图 10.3 中标①, ②, ③, ④的各部分涂色,每部分只涂一种颜色,相邻部分涂不同颜色,则不同的涂色方法有(　　)种.

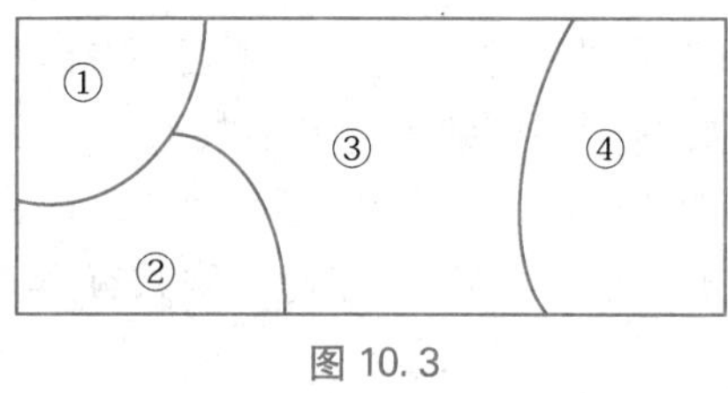

图 10.3

A. C_5^2　　B. P_5^2　　C. P_5^5　　D. 240　　E. 250

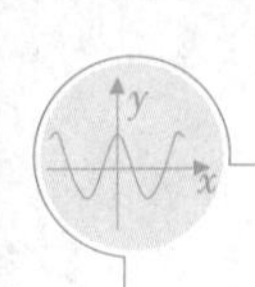

16 6 个人排成两排，每排 3 人，共有 432 种不同的排法.

(1) 其中甲、乙两人不在同一排.

(2) 其中甲、乙两人必须相邻，且丙不能排两端.

17 能组成 18 个三位数.

(1) 从 0，1，2，3，4 五个数字中任取三个，组成百位数字大于十位数字、十位数字大于个位数字的三位数.

(2) 用 0，1，2，3 四个数字组成无重复数字的三位数.

18 一元二次方程 $ax^2+bx+c=0$ 有两个不相等的实根.

(1) a，b，c 是从 1，3，5，7 中任取的三个不同数字.

(2) $b>a>c$，且 $c=1$.

19 有 14 个队参加足球比赛，共赛了 182 场.

(1) 每两个队比赛一场(单循环赛).

(2) 每两个队在主、客场分别比赛一场(双循环赛).

20 n 的值为 7.

(1) $P_n^3=6C_n^4$.

(2) $C_n^2=\frac{1}{5}nC_{n-1}^2$.

21 $m+n=46$.

(1) 一个口袋装有大小不同的 7 个白球和 1 个黑球，从中取出 3 个球，其中含有 1 个黑球的取法有 m 种.

(2) 一个口袋装有大小不同的 7 个白球和 1 个黑球，从中取出 3 个球，其中不含有黑球的取法有 n 种.

22 $N=864$.

(1) 从 1～8 这 8 个自然数中，任取 2 个奇数、2 个偶数，可以组成 N 个不同的四位数.

(2) 从 1～8 这 8 个自然数中，任取 2 个奇数作为千位和百位数字，2 个偶数作为十位和个位数字，可以组成 N 个不同的四位数.

23 $N=70$.

(1) 将 9 个人(含甲、乙)平均分成三组，甲、乙分在同一组，则不同分组方法为 N 种.

(2) 将 9 个人(含甲、乙)平均分成三组，甲、乙不分在同一组，则不同分组方法为 N 种.

24 $N=C_4^1P_4^4$.

(1) 5 个工程队承建某项工程的 5 个不同的子项目，每个工程队承建 1 项，其中甲工程队不能承建 1 号子项目，则不同的承建方案共有 N 种.

(2) 5 个工程队承建某项工程的 5 个不同的子项目，每个工程队承建 1 项，其中甲工程队不能承建 1，2 号子项目，则不同的承建方案共有 N 种.

25 $N=P_6^6\cdot P_6^6$.

(1) 6 男 6 女排成一行，女生不相邻的排法数为 N.

(2) 6 男 6 女分成 6 个兴趣小组，每组 1 男 1 女的分法数为 N.

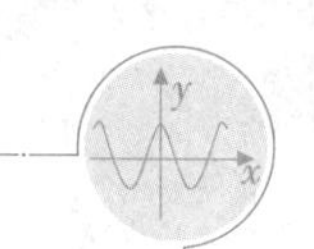

参考答案

1. B. 【解析】从 5 种 A 股股票和 4 种 B 股股票中选购 3 种，有 2 种 A 股的买法有 $C_5^2C_4^1$ 种，有 3 种 A 股的买法有 C_5^3 种，则至少有 2 种 A 股的买法有 $C_5^2C_4^1+C_5^3=50$(种).
2. C. 【解析】这一题采用插空法，将除了甲以外的 5 个人进行排序，有 P_5^5 种站法；再将甲插入 5 人排序形成的除两端的 4 个空，有 P_4^1 种站法，则总共有 $P_4^1P_5^5$ 种站法.
3. B. 【解析】因为人不一定能评选上称号，但称号上要有人，所以是称号被分完，所以不同的评选方案有 4^3 种.
4. C. 【解析】先从 10 人中选派 4 人共有 C_{10}^4 种选法，再从这选出的 4 人中选出 2 人承担甲，有 C_4^2 种选法，剩下的 2 人则随机分派到乙、丙上，有 P_2^2 种选法，则总共不同的选法有 $C_{10}^4C_4^2P_2^2=2\,520$(种).
5. B. 【解析】100 件产品中任意抽取 5 件检验，其中有 2 件次品的抽法有 $C_3^2C_{97}^3$ 种，有 3 件次品的抽法有 $C_3^3C_{97}^2$ 种，则至少有 2 件次品的抽法有 $C_3^2C_{97}^3+C_3^3C_{97}^2$ 种.
6. B. 【解析】0 的位置要求特殊，不能十位也不能在首位，所以先对 0 进行排列，有 P_2^1 种排法，剩下的 3 个数字随机排列，有 P_3^3 种排法，则 0 不在十位有 $P_2^1P_3^3$ 种排法.
7. D. 【解析】从 70 名男员工里选出 3 人分别担任甲、乙、丙的部门经理，要考虑顺序，故有 P_{70}^3 种选法；同理，从 30 名女员工里选出 3 人分别担任甲、乙、丙的部门副经理，有 P_{30}^3 种选法，则总的不同的选择方案有 $P_{70}^3P_{30}^3$ 种.
8. B. 【解析】因为男生不站排头和排尾，所以先选出 2 名女生排在排头和排尾，要考虑顺序，故有 P_4^2 种排法，再将剩余的 7 个人进行排序，有 P_7^7 种排法，则男生不站排头和排尾的排法共有 $P_4^2P_7^7$ 种.
9. B. 【解析】从高矮不同的 10 个人里选出 8 个人，由高到低排成一排，因为是按高矮排序，顺序已定，所以只要考虑从 10 个人里选出 8 个人即可，故有不同的排法 C_{10}^8 种.
10. C. 【解析】分类讨论，第一类：有 2 台甲型电视机和 1 台乙型电视机，有 $C_4^2C_5^1$ 种取法；第二类：有 1 台甲型电视机和 2 台乙型电视机，有 $C_4^1C_5^2$ 种取法，则不同的取法共有 $C_4^2C_5^1+C_4^1C_5^2=70$(种).
11. B. 【解析】分类讨论：
    (1) 个位数字是 0 的时候，其他 5 个数字任意排序，有 P_5^5 种排法；
    (2) 个位数字是 1 的时候，十位数字和首位不能是 0，则有 $P_3^1P_4^4$ 种排法；
    (3) 十位数字是 2 的时候，首位不能是 0，十位不能是 0，1，则有 $P_3^1P_3^1P_3^3$ 种排法；
    依此类推，个位数字是 3，4 的时候分别有 $P_2^1P_3^1P_3^3$，$P_3^1P_3^3$ 种排法.
    则满足题目条件的排法共有 $P_5^5+P_3^1P_4^4+P_3^1P_3^1P_3^3+P_2^1P_3^1P_3^3+P_3^1P_3^3=300$(种).
12. C. 【解析】这一题考查公式，由 $nC_n^{n-3}+P_n^3=4C_{n+1}^3$，得

$$n\times C_n^3+P_n^3=4C_{n+1}^3\Rightarrow n\times\frac{n\cdot(n-1)\cdot(n-2)}{3\times2\times1}+n\cdot(n-1)\cdot(n-2)$$

$$=4\times\frac{(n+1)\cdot n\cdot(n-1)}{3\times2\times1}\Rightarrow n\times\frac{n-2}{6}+(n-2)=4\times\frac{n+1}{6}\Rightarrow n^2=16\Rightarrow n=4.$$

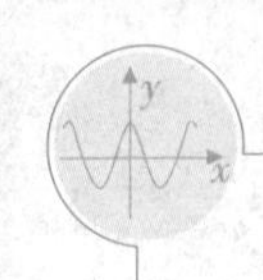

13. E. 【解析】设走 m 个一级，n 个二级，则 $m\times1+n\times2=11$，故分类如下：
$m=1$，$n=5$，一共走 6 步，有 C_6^1 种；$m=3$，$n=4$，一共走 7 步，有 C_7^3 种；
$m=5$，$n=3$，一共走 8 步，有 C_8^5 种；$m=7$，$n=2$，一共走 9 步，有 C_9^7 种；
$m=9$，$n=1$，一共走 10 步，有 C_{10}^9 种；$m=11$，$n=0$，只有 1 种.
综上：共有 $C_6^1+C_7^3+C_8^5+C_9^7+C_{10}^9+1=144$(种).

14. C. 【解析】7 个节目全排列，有 P_7^7 种排法，其中甲、乙、丙 3 个节目的顺序已给定，故满足题意的排法共有$\dfrac{P_7^7}{P_3^3}$种.

15. D. 【解析】①部分涂色有 C_5^1 种选择，②部分涂色有 C_4^1 种选择，③部分涂色有 C_3^1 种选择，④部分涂色有 C_4^1 种选择，则不同的涂色方法共有 $C_5^1C_4^1C_3^1C_4^1=240$(种).

16. A. 【解析】条件(1)中，从除乙以外的 4 人中任选 2 人与甲同排，有 $C_4^2P_3^3$ 种排法，剩余 3 人随机排，有 P_3^3 种排法，最后两排互换位置，故共有 $C_4^2P_3^3P_3^3\times2=432$(种) 排法，故条件(1) 充分. 条件(2) 中，由题意得，甲、乙、丙 3 人不可能在同一排，先从除甲、乙、丙以外的 3 个人里任选 1 人与甲、乙同排，且用捆绑法，将甲、乙视为一个整体与另一人排序，有 $C_3^1P_2^2P_2^2$ 种排法，丙只能排另一排中间，还剩 2 人随机排序，有 P_2^2 种排法，最后两排互换位置，故共有 $C_3^1P_2^2P_2^2P_2^2\times2=48$(种) 排法，条件(2) 不充分. 故选 A.

17. B. 【解析】条件(1)中，百位数字只有 2，3，4 三种可能，分类讨论：
① 百位数字是 2 的时候，只有 210 这 1 个数字；
② 百位数字是 3 的时候，能组成 321，320，310 这 3 个数字；
③ 百位数字是 4 的时候，能组成 432，431，430，421，420，410 这 6 个数字.
故满足条件(1)共组成 $1+3+6=10$(个) 三位数，条件(1) 不充分.
条件(2)中，用 0，1，2，3 四个数字组成无重复数字的三位数，有 $C_3^1P_3^2=18$(个) 三位数，条件(2) 充分. 故选 B.

18. C. 【解析】一元二次方程 $ax^2+bx+c=0$ 有两个不相等的实根，即要求 $b^2-4ac>0$，显然条件(1)(2) 单独都不充分.
联立条件(1)(2)，b 只能取 5，7，而 $5^2>4\times3$，$7^2>4\times5$，满足 $b^2-4ac>0$，故联立条件(1)(2) 充分. 故选 C.

19. B. 【解析】条件(1)中，单循环赛，不考虑主、客场，即不考虑先后顺序，要赛 $C_{14}^2=91$(场)，条件(1) 不充分. 条件(2) 中，双循环赛，即要考虑先后顺序，要赛 $P_{14}^2=182$(场)，条件(2) 充分. 故选 B.

20. D. 【解析】这一题考查组合数的运算.
条件(1)中，$P_n^3=6C_n^4\Rightarrow n(n-1)(n-2)=6\times\dfrac{n(n-1)(n-2)(n-3)}{4\times3\times2}\Rightarrow\dfrac{1}{4}(n-3)=1$，$n=7$，充分.
条件(2)中，$C_n^2=\dfrac{1}{5}nC_{n-1}^2\Rightarrow\dfrac{n(n-1)}{2}=\dfrac{1}{5}n\dfrac{(n-1)(n-2)}{2}\Rightarrow\dfrac{1}{5}(n-2)=1$，$n=7$，充分.

21. E. 【解析】条件(1)中，$m=C_1^1C_7^2=21$. 条件(2) 中，$n=C_7^3=35$. $m+n=21+35=56$，条件(1)(2) 及联合均不充分. 故选 E.

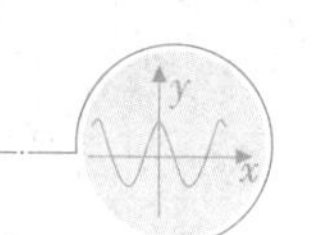

22. A.　【解析】条件(1)中，任取 2 个奇数、2 个偶数有 $C_4^2C_4^2$ 种取法，再将取出的 4 个数字排序，则可以组成的四位数有 $N=C_4^2C_4^2P_4^4=864$(个). 条件(2) 中，任取 2 个奇数、2 个偶数有 $C_4^2C_4^2$ 种取法，再分别对奇偶进行排序，则可以组成的四位数有 $N=C_4^2C_4^2P_2^2P_2^2=144$(个). 故选 A.

23. A.　【解析】条件(1)中，先从除甲、乙以外的 7 个人里任选 1 人与甲、乙分在一组，再将剩下的 6 人平均分为 2 组，共有分法 $N=C_7^1\times\frac{C_6^3C_3^3}{P_2^2}=70$(种)，条件(1) 充分.

条件(2)中，从除甲、乙以外的 7 个人里任选 2 人与甲分在一组，有 C_7^2 种分法，再选出 2 人与乙分在一组，有 C_5^2 种分法，其余的 3 人自然成一组，所以共有分法 $C_7^2\times C_5^2=210$(种)，故(2) 不充分. 故选 A.

24. A.　【解析】条件(1)中，1 号子项目可以由除甲工程队以外的 4 个工程队承担，其余项目随机分配，则有 $N=C_4^1P_4^4$(种) 承建方案，充分. 条件(2) 中，甲工程队可以承担除 1，2 以外的 3 项工程，其余工程队随机分配，则有 $N=C_3^1P_4^4$ 种承建方案，不充分. 故选 A.

25. B.　【解析】条件(1)，先插空法做，先将 6 名男生随机排序，再将 6 名女生随机插在 6 名男生形成的 7 个空中，则女生不相邻的排法有 $N=P_6^6P_7^6$(种). 条件(2)，先将男生随机分在 6 个兴趣小组，再将女生随机分在 6 个兴趣小组，则每组 1 男 1 女的分法数为 $N=P_6^6\cdot P_6^6$. 故选 B.

第十一章

概 率 初 步

第一节 ◈ 考 点 分 析

一、随机事件及基本运算

1. 随机事件与样本空间

在客观世界中存在着两类不同的现象：确定性现象和随机现象.

在一定条件下，某种现象必定发生(或必定不发生)的称为确定性现象. 例如，不接通电源，电灯泡不可能发光. 这类现象可以事先断定其结果.

在相同条件下，具有多种可能发生的结果，但事前不能预言哪一个结果会发生，这类现象称为随机现象. 例如，上抛一枚硬币，抛前无法肯定落下后是正面朝上还是反面朝上.

设 E 为一试验，若 E 满足下列条件：

(1) 在相同的条件下可以重复进行；

(2) 试验有多个可能的结果是明确不变的，每次试验之前无法确定会出现哪一个结果.

则称 E 为一个随机试验.

随机试验中每一个可能出现的不能再分解的结果，称为基本事件或样本点，用 ω 表示；由所有基本事件构成的集合称为样本空间，记为 $\Omega=\{\omega_1, \omega_2, \cdots, \omega_n, \cdots\}$. 例如，掷一颗骰子(记为 E_1)，以 ω_i 记出现 i 点，则 $\Omega=\{\omega_1, \omega_2, \cdots, \omega_6\}$.

2. 随机事件的关系与运算

随机事件(简称事件)是样本空间 Ω 的一个子集，用字母 A, B, C 等表示. 例如，E_1 中，事件 $A=\{$出现偶数点$\}$，则 $A=\{\omega_2, \omega_4, \omega_6\}\subset\Omega$.

Ω 是自身的子集，每次试验必定发生，称为必然事件；单点集 $\{\omega_i\}$ 称为基本事件；空集 $\varnothing$ 也是 Ω 的子集，表示不可能发生的事件.

(1) 样本空间 Ω 中的事件的四种关系

① 包含关系：若事件 A 发生必导致事件 B 发生，则任意 $\omega_i\in A$，都有 $\omega_i\in B$，即 $A\subset B$.

② 相等(等价)关系：即 $A\subset B$ 和 $A\supset B$ 同时成立，记为 $A=B$.

③ 对立关系：非 A 与 A 称为互为对立(或互逆)的事件，非 A 记作 $\bar{A}$，显然 $\bar{\bar{A}}=A$.

④ 互斥事件：若 A, B 不可能同时发生，则称 A, B 互斥(或互不相容)，显然，若 A, B

对立，则 A，B 互斥，反之不成立.

(2) 样本空间的事件的三种运算

① 事件的和(或并)

两事件 A，B 至少发生一个，记作 $A+B$ 或 $A\cup B$，称为 A 与 B 的和.

一般地，事件 A_1，A_2，…，A_n 至少有一个发生的事件叫作事件 A_1，A_2，…，A_n 的和.

② 事件的积(或交)

两事件 A，B 同时发生，记作 AB 或 $A\cap B$，称为 A，B 的积.

称 $A_1A_2\cdots A_n$(或 $A_1\cap A_2\cap\cdots\cap A_n$)为 n 个事件的积.

③ 事件的差

事件 A 发生而 B 不发生，记作 $A-B$，或 $A\bar{B}$.

显然有：A 与 B 互斥，即 $AB=\varnothing$；A 与 B 对立，即 $\bar{A}=B$ 或 $A+B=\Omega$ 且 $AB=\varnothing$；$\bar{A}=\Omega-A$；$A-B=A-AB$；等等.

(3) 事件的运算规律

① 交换律：$AB=BA$；$A\cup B=B\cup A$.

② 结合律：$A(BC)=(AB)C$；$A\cup(B\cup C)=(A\cup B)\cup C$.

③ 分配律：$(A\cup B)C=AC\cup BC$；$(AB)\cup C=(A\cup C)(B\cup C)$.

④ 德摩根律：$\overline{A\cup B}=\bar{A}\cap\bar{B}$；$\overline{A\cap B}=\bar{A}\cup\bar{B}$.

特别地，$A\cup A=A$，$AA=A$，$A+\Omega=\Omega$，$A\Omega=A$，$A+\varnothing=A$，$A\varnothing=\varnothing$.

二、概率及基本公式

1. 定义

做一个试验，事件 A 出现的可能性的大小，即称为事件 A 的概率，记为 $P(A)$.

2. 性质

(1) 对于任意事件 A，$0\leqslant P(A)\leqslant 1$，$P(\Omega)=1$，$P(\varnothing)=0$；

(2) $A\subset B\Rightarrow P(A)\leqslant P(B)$；

(3) 若 A_1，A_2，…，A_n 两两互斥，则有 $P(A_1\cup A_2\cup\cdots\cup A_n)=P(A_1)+P(A_2)+\cdots+P(A_n)$.

3. 公式

(1) $P(\bar{A})=1-P(A)$；

(2) 加法公式：$P(A\cup B)=P(A)+P(B)-P(AB)$，

$$P(A\cup B\cup C)=P(A)+P(B)+P(C)-P(AB)-P(AC)-P(BC)+P(ABC);$$

(3) 减法公式：$P(A-B)=P(A)-P(AB)$；

(4) $P(\bar{A}\cup\bar{B})=P(\overline{AB})=1-P(AB)$，

$P(\bar{A}\,\bar{B})=P(\overline{A\cup B})=1-P(A\cup B)=1-P(A)-P(B)+P(AB)$.

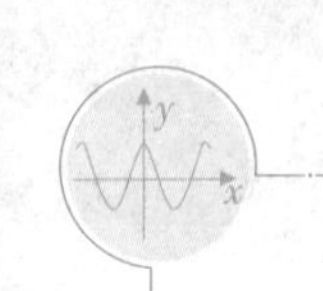

三、独立事件

1. 相互独立事件

事件 A(或事件 B)是否发生对事件 B(或事件 A)发生的概率没有影响,这样的两个事件叫作相互独立事件.

例如,一枚均匀硬币先后抛掷两次,设第一次正面向上为事件 A,第二次正面向上为事件 B,这两个事件就是相互独立事件.

2. 相互独立事件同时发生的概率

(1) 如果事件 A 与事件 B 是相互独立事件,则事件 A 与事件 B 同时发生的概率为 $P(AB)=P(A)\cdot P(B)$.

(2) 一般地,如果事件 $A_1, A_2, \cdots, A_n$ 相互独立,则 $A_1, A_2, \cdots, A_n$ 同时发生的概率为 $P(A_1A_2\cdots A_n)=P(A_1)\cdot P(A_2)\cdot\cdots\cdot P(A_n)$.

四、古典概型

1. 定义

做一个试验,若具有以下两个特征:

(1) 样本空间 Ω 是由有限个基本事件构成的;

(2) 每个基本事件发生的可能性相等.

则称这种试验为古典概型.

2. 公式

在古典概型中,设样本空间 Ω 是由 n 个不同的基本事件组成的,事件 A 中包含 m 个不同的基本事件,则 $P(A)=\dfrac{m}{n}$.

五、伯努利试验(独立重复试验,Bernoulli experiment)

1. 定义

伯努利试验是在同样的条件下重复地、相互独立地进行的一种随机试验,其特点是该随机试验只有两种可能结果:发生或者不发生.我们假设该项试验独立重复地进行了 n 次,那么就称这一系列重复独立的随机试验为 n 重伯努利试验,或称为伯努利概型.

2. 公式

若独立重复事件中,事件发生的概率为 p,事件不发生的概率为 $1-p$,则事件重复试验了 n 次,成功了 k 次的概率为 $P_n(k)=\mathrm{C}_n^k p^k(1-p)^{n-k}$.

第二节 ◈ 例 题 解 析

类型一　容斥原理

例 1　申请驾照时必须参加理论考试和路考,且两种考试均须通过.若在同一批学员中有 70%的人通过了理论考试,80%的人通过了路考,则最后领到驾驶执照的人有 60%.

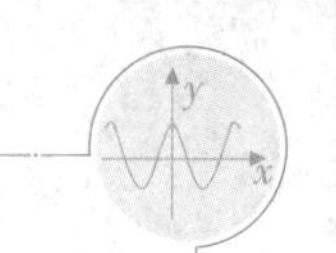

(1) 10%的人两种考试都没通过.

(2) 20%的人仅通过了路考.

【答案】 D.

【解析】 假设共有 100 人,用 $n(A)$表示通过理论考试的人数,用 $n(B)$表示通过路考的人数,那么 $n(A\cup B)=n(A)+n(B)-n(A\cap B)=70+80-60=90$,表示通过任意一场考试人数有 90 人,则还剩 $100-90=10$(人) 两种考试都没有通过,即 10% 的人两种考试都没通过,条件(1) 充分. $n(B)-n(A\cap B)=80-60=20$,表示有 20 人仅通过了路考,即条件(2) 充分. 选择 D.

类型二　古典概型

例 2 某剧院正在上映一部新歌剧,前座票价为 50 元,中座票价为 35 元,后座票价为 20 元. 如果购得任何一种票是等可能的,现任意购买两张票,则其票价不超过 70 元的概率为(　　).

A. $\frac{1}{3}$　　B. $\frac{1}{2}$　　C. $\frac{3}{5}$

D. $\frac{2}{3}$　　E. 以上答案均不正确

【答案】 D.

【解析】 任意购买两张票,共有 $C_3^1\cdot C_3^1=9$(种) 情况,分别为 50+50, 50+35, 50+20, 35+50, 35+35, 35+20, 20+50, 20+35, 20+50,则票价不超过 70 元的有 6 种,故为$\frac{2}{3}$,选 D.

例 3 在 10 支不同的笔中,有 8 支黑笔,2 支红笔,从中任选 3 支,恰好都是黑笔的概率是(　　).

A. $\frac{3}{10}$　　B. $\frac{5}{11}$　　C. $\frac{7}{13}$　　D. $\frac{7}{15}$　　E. $\frac{3}{11}$

【答案】 D.

【解析】 从 10 支笔中选 3 支,为 C_{10}^3 种,恰好都是黑笔,为 C_8^3 种,所以概率为 $\frac{C_8^3}{C_{10}^3}=\frac{7}{15}$.

例 4 在一次商品促销活动中,主持人出示一个 9 位数,让顾客猜测商品的价格,商品的价格是该 9 位数从左到右相邻的 3 个数字组成的 3 位数,若主持人出示的是 513535319,则顾客一次猜中价格的概率是(　　).

A. $\frac{1}{7}$　　B. $\frac{1}{6}$　　C. $\frac{1}{5}$　　D. $\frac{2}{7}$　　E. $\frac{1}{3}$

【答案】 B.

【解析】 从左到右相邻 3 个数字组成的 3 位数有:513, 135, 353, 535, 353, 531, 319,注意其中 353 出现了两次,因此所有可能只有 6 种. 即所求概率为$\frac{1}{6}$.

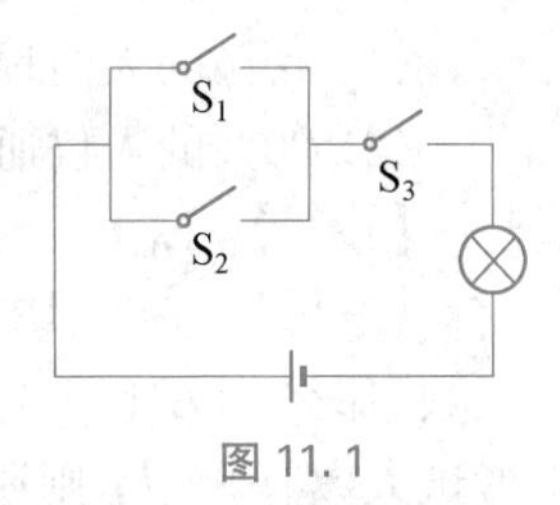

图 11.1

例 5　如图 11.1 所示，是一个简单的线路图，S_1，S_2，S_3 表示开关，随机闭合 S_1，S_2，S_3 中的 2 个，灯泡⊗发光的概率是(　　).

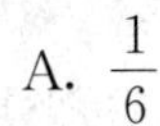

A. $\frac{1}{6}$　　B. $\frac{1}{4}$　　C. $\frac{1}{3}$

D. $\frac{1}{2}$　　E. $\frac{2}{3}$

【答案】 E.

【解析】 3 个开关中随机关 2 个，有 $C_3^2=3$(种) 情况，其中 S_1，S_2 同时闭合时线路不连续，灯泡不发光，所以，灯泡发光的概率是$\frac{2}{3}$，选 E.

例 6　李明的讲义夹里放了大小相同的试卷共 12 页，其中语文 5 页，数学 4 页，英语 3 页. 他随机地从讲义夹中抽出 1 页，抽出的是数学试卷的概率等于(　　).

A. $\frac{1}{12}$　　B. $\frac{1}{6}$　　C. $\frac{1}{5}$　　D. $\frac{1}{4}$　　E. $\frac{1}{3}$

【答案】 E.

【解析】 从 12 页试卷中随机抽取 1 页，有 $C_{12}^1=12$(种) 选法，其中数学有 C_4^1 种可能，则抽出的是数学试卷的概率为$\frac{4}{12}=\frac{1}{3}$. 选 E.

例 7　在分别标记了数字 1，2，3，4，5，6 的 6 张卡片中随机取 3 张，其上数字之和等于 10 的概率是(　　).

A. 0.05　　B. 0.1　　C. 0.15　　D. 0.2　　E. 0.25

【答案】 C.

【解析】 在 6 张卡片中随机取 3 张有 $C_6^3=20$(种) 可能，其中 3 个数字之和等于 10 的有 $1+4+5=10$，$2+3+5=10$，$1+3+6=10$ 共 3 种可能，所以，数字之和等于 10 的概率是$\frac{3}{20}=0.15$. 选 C.

例 8　将 3 人分配到 4 间房的每一间中，若每人被分配到这 4 间房的每一间房中的概率都相同，则第一、二、三号房各有一人的概率为(　　).

A. $\frac{3}{4}$　　B. $\frac{3}{8}$　　C. $\frac{3}{16}$　　D. $\frac{3}{32}$　　E. $\frac{3}{64}$

【答案】 D.

【解析】 设事件 A 表示第一、二、三号房各有 1 人，所以组成 A 的不同分法有 $P_3^3=6$(种)，而 1 人随机分到 4 间房中有 4 种等可能分法，3 人随机分到 4 间房中有 4^3 种分法，所以 $P(A)=\frac{P_3^3}{4^3}=\frac{3}{32}$. 选 D.

例 9　将 3 人以相同的概率分配到 4 间房间的每一间中，恰有 3 间房中各有 1 人的概率为(　　).

A. 0.75　　B. 0.375　　C. 0.187 5　　D. 0.125　　E. 0.105

【答案】 B.

【解析】 设事件 A 表示恰有 3 间房中各有 1 人,组成 A 的不同分法有 $C_4^3P_3^3=24$(种),而 1 人随机分到 4 间房中有 4 种等可能分法,3 人随机分到 4 间房中有 4^3 种分法,所以 $P(A)=\frac{C_4^3P_3^3}{4^3}=\frac{24}{64}=\frac{3}{8}=0.375$. 选 B.

例 10 若从原点出发的质点 M 向 x 轴的正向移动 1 个和 2 个坐标单位的概率分别为 $\frac{2}{3}$ 和 $\frac{1}{3}$,则该质点移动 3 个坐标单位,到达 $x=3$ 的概率为(　　).

A. $\frac{19}{27}$　　B. $\frac{20}{27}$　　C. $\frac{7}{9}$　　D. $\frac{22}{27}$　　E. $\frac{23}{27}$

【答案】 B.

【解析】 到 $x=3$ 有 3 种情况,即 $\begin{cases}\text{“}2+1\text{”}, & P=\frac{1}{3}\times\frac{2}{3}, \\ \text{“}1+2\text{”}, & P=\frac{2}{3}\times\frac{1}{3}, \\ \text{“}1+1+1\text{”}, & P=\frac{2}{3}\times\frac{2}{3}\times\frac{2}{3},\end{cases}$ 总概率 $=\frac{1}{3}\times\frac{2}{3}+\frac{2}{3}\times\frac{1}{3}+\frac{2}{3}\times\frac{2}{3}\times\frac{2}{3}=\frac{20}{27}$. 选 B.

例 11 已知袋中有红、黑、白三种球若干个,则红球最多.

(1) 随机取出一球是白球的概率为 $\frac{2}{5}$.

(2) 随机取出的两球中至少有一个是黑球的概率小于 $\frac{1}{5}$.

【答案】 C.

【解析】 设袋中有红球、黑球、白球各 x, y, z 个.

由条件(1),$\frac{z}{x+y+z}=\frac{2}{5}$,不充分;由条件(2),$\frac{C_{x+z}^2}{C_{x+y+z}^2}>\frac{4}{5}$,不充分.

联合起来,令 $x+y+z=5a$,则 $z=2a$, $5C_{x+2a}^2>4C_{5a}^2$,即 $5(x+2a)(x+2a-1)>4\cdot 5a(5a-1)$.

若 $x\leqslant 2a$,则 $5(x+2a)(x+2a-1)\leqslant 80a^2-20a$,而 $4\cdot 5a\cdot(5a-1)=100a^2-20a$,得出 $100a^2<80a^2$,显然不成立,所以 $x>2a$,即 $x>y$ 且 $x>z$. 所以选 C.

例 12 现从 5 名经管专业、4 名经济专业和 1 名财务专业的学生中随机派出一个 3 人小组,则该小组中 3 个专业各有 1 名学生的概率为(　　).

A. $\frac{1}{2}$　　B. $\frac{1}{3}$　　C. $\frac{1}{4}$　　D. $\frac{1}{5}$　　E. $\frac{1}{6}$

【答案】 E.

【解析】 样本空间基数为 C_{10}^3,从每个专业里各选 1 人,则所求事件个数为 $C_5^1C_4^1C_1^1=5\times 4\times 1=20$,概率为 $\frac{C_5^1C_4^1C_1^1}{C_{10}^3}=\frac{1}{6}$. 选 E.

例 13 从 1 到 100 的整数中任取一个数,则该数能被 5 或 7 整除的概率为(　　).

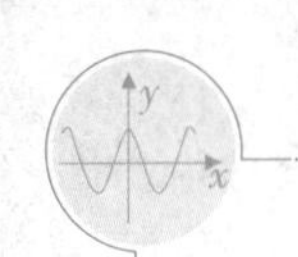

A. 0.02　　B. 0.14　　C. 0.2　　D. 0.32　　E. 0.34

【答案】 D.

【解析】 能被5整除有20个，能被7整除有14个，既能被5又能被7整除即能被35整除有2个，为35和70，$20+14-2=32$，所以概率为$\frac{32}{100}=0.32$. 所以选D.

类型三　抛骰子

★★记忆抛两枚骰子的所有情况，见表11.1：

表 11.1

(1, 1)	(1, 2)	(1, 3)	(1, 4)	(1, 5)	(1, 6)
(2, 1)	(2, 2)	(2, 3)	(2, 4)	(2, 5)	(2, 6)
(3, 1)	(3, 2)	(3, 3)	(3, 4)	(3, 5)	(3, 6)
(4, 1)	(4, 2)	(4, 3)	(4, 4)	(4, 5)	(4, 6)
(5, 1)	(5, 2)	(5, 3)	(5, 4)	(5, 5)	(5, 6)
(6, 1)	(6, 2)	(6, 3)	(6, 4)	(6, 5)	(6, 6)

例14　考虑一元二次方程$x^2+Bx+C=0$，其中B, C分别是将一骰子连续掷两次先后出现的点数，则该方程有实根的概率p和有重根的概率q分别为(　　).

A. $\frac{17}{36}, \frac{3}{18}$　　B. $\frac{17}{36}, \frac{1}{18}$　　C. $\frac{19}{36}, \frac{1}{18}$

D. $\frac{19}{36}, \frac{3}{18}$　　E. 以上答案均不正确

【答案】 C.

【解析】 一枚骰子掷两次，基本事件总数为36，而方程有实根的条件是$B^2 \geqslant 4C$.

根据表11.2易知：满足$B^2=4C$的有：(2, 1)和(4, 4)；

满足$B^2 \geqslant 4C$的有19种可能.

表 11.2

(1, 1)	(1, 2)	(1, 3)	(1, 4)	(1, 5)	(1, 6)
(2, 1)	(2, 2)	(2, 3)	(2, 4)	(2, 5)	(2, 6)
(3, 1)	(3, 2)	(3, 3)	(3, 4)	(3, 5)	(3, 6)
(4, 1)	(4, 2)	(4, 3)	**(4, 4)**	(4, 5)	(4, 6)
(5, 1)	(5, 2)	(5, 3)	(5, 4)	(5, 5)	(5, 6)
(6, 1)	(6, 2)	(6, 3)	(6, 4)	(6, 5)	(6, 6)

使得方程$x^2+Bx+C=0$有实根，这一基本事件的个数总共有19个，概率$p=\frac{19}{36}$；

方程有重根的充分必要条件是$B^2=4C$，满足此条件的基本事件共有2个，因此方程有

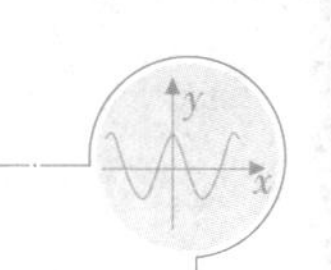

重根的概率 $q=\frac{2}{36}=\frac{1}{18}$. 选 C.

例 15　点(s, t)落入圆 $(x-a)^2+(y-a)^2=a^2$ 内的概率是$\frac{1}{4}$.

(1) s, t 是连续掷一枚骰子两次所得到的点数，$a=3$.

(2) s, t 是连续掷一枚骰子两次所得到的点数，$a=2$.

【答案】 B.

【解析】 条件(1)，设事件 A 为点(s, t)落入圆 $(x-3)^2+(y-3)^2=3^2$ 内，连续掷两枚骰子共有 $6\times6=36$(种) 可能. 不满足 A 的情况有$(1, 6)$, $(2, 6)$, $(3, 6)$, $(4, 6)$, $(5, 6)$, $(6, 6)$, $(6, 5)$, $(6, 4)$, $(6, 3)$, $(6, 2)$, $(6, 1)$，则 $P(A)=\frac{36-11}{36}=\frac{25}{36}$，不充分.

条件(2)，设事件 A 为点(s, t)落入圆 $(x-2)^2+(y-2)^2=2^2$ 内，满足 A 的情况有$(1, 1)$, $(1, 2)$, $(1, 3)$, $(2, 1)$, $(2, 2)$, $(2, 3)$, $(3, 1)$, $(3, 2)$, $(3, 3)$，则 $P(A)=\frac{9}{36}=\frac{1}{4}$，充分.

故选 B.

例 16　若以连续掷两枚骰子分别得到的点数 a 与 b 作为点 M 的坐标，则 $M(a, b)$落入圆 $x^2+y^2=18$ 内(不含圆周) 的概率是(　　).

A. $\frac{7}{36}$　　B. $\frac{2}{9}$　　C. $\frac{1}{4}$　　D. $\frac{5}{18}$　　E. $\frac{11}{36}$

【答案】 D.

【解析】 设事件 A 为$M(a, b)$落入圆 $x^2+y^2=18$ 内(不含圆周)，连续掷两枚骰子共有 $6\times6=36$(种) 可能，满足 A 的情况有$(1, 1)$, $(1, 2)$, $(1, 3)$, $(1, 4)$, $(2, 1)$, $(2, 2)$, $(2, 3)$, $(3, 1)$, $(3, 2)$, $(4, 1)$ 这 10 种可能，则 $P(A)=\frac{10}{36}=\frac{5}{18}$. 选 D.

类型四　涂色问题

例 17　将一块各面均涂有红漆的正方体锯成 125 个大小相同的小正方体，从这些小正方体中随机抽取一个，所取到的小正方体至少有两面涂有红漆的概率是(　　).

A. 0.064　　B. 0.216　　C. 0.288　　D. 0.352

【答案】 D.

【解析】 125 个小正方体中恰有两面涂漆的有 $(5-2)\times12=36$(个)，三面涂漆的有 8 个.

所以所求概率为 $\frac{36+8}{125}=0.352$.

注：三面有红漆的在顶点处，8 个顶点，共 8 个；

两面有红漆的在棱上，12 条棱，每条棱上 3 个，共 36 个；

一面有红漆的在每个面的中心处，6 个面，每个面上 9 个，共 54 个；

没有红漆的在最中心，共有 $3^3=27$(个).

例 18　将一个木质的正方体的六个表面都涂上红漆，再将它锯成 64 个小正方体，从中任取 3 个，其中至少有 1 个三面是红漆的小正方体的概率是(　　).

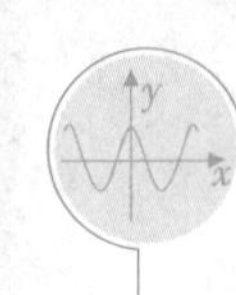

A. 0.066 5　　B. 0.578　　C. 0.563　　D. 0.482　　E. 0.335

【答案】 E.

【解析】 64 个小正方体中三面涂漆的有 8 个，从中任取 3 个没有取到三面红漆的情况有 C_{56}^3 种，则至少有一个三面是红漆的情况有 $C_{64}^3-C_{56}^3$ 种，所以概率为 $\frac{C_{64}^3-C_{56}^3}{C_{64}^3}=0.335$. 所以选 E.

类型五　抽签公平性

注：设有 10 个签，9 长 1 短，抽后不放回，则第一次抽中短签的概率为 $\frac{1}{10}$；第二次抽中短签的概率为 $\frac{9}{10}\times\frac{1}{9}=\frac{1}{10}$；第三次抽中短签的概率为 $\frac{9}{10}\times\frac{8}{9}\times\frac{1}{8}=\frac{1}{10}$…… 依此类推，每个人抽中短签的概率都是 $\frac{1}{10}$，由此可得，抽签是公平的，即：不管第几次抽中，概率都相同.

例 19　一批产品共有 10 个正品和 2 个次品，任意抽取 2 个，每次抽 1 个，抽后不放回，第二次抽出的是次品的概率为(　　).

A. $\frac{1}{3}$　　B. $\frac{1}{4}$　　C. $\frac{1}{5}$　　D. $\frac{1}{6}$　　E. $\frac{1}{7}$

【答案】 D.

【解析】 任意抽取 2 个，每次抽 1 个，且分先后顺序，则分母上共有 $P_{12}^2=132$(种)情况. 分子上分两类：第一类，第一次抽到正品、第二次抽到次品，有 $C_{10}^1C_2^1=20$(种)可能；第二类，两次都抽到次品，有 $C_2^1C_1^1=2$(种) 可能. 则第二次抽到次品的概率为 $\frac{20+2}{132}=\frac{1}{6}$. 选 D.

例 20　某装置的启动密码由 0 到 9 中的 3 个不同数字组成，连续 3 次输入错误密码，就会导致该装置永久关闭. 一个仅记得密码是由 3 个不同数字组成的人能够启动此装置的概率为(　　).

A. $\frac{1}{120}$　　B. $\frac{1}{168}$　　C. $\frac{1}{240}$　　D. $\frac{1}{720}$　　E. $\frac{3}{1\,000}$

【答案】 C.

【解析】 设 $A_i(i=1, 2, 3)$ 表示第 i 次输入正确密码，则所求概率

$$
\begin{aligned}
P&=P(A_1\cup\overline{A}_1A_2\cup\overline{A}_1\overline{A}_2A_3)\\
&=P(A_1)+P(\overline{A}_1A_2)+P(\overline{A}_1\overline{A}_2A_3)\\
&=\frac{1}{10\times9\times8}+\frac{719}{10\times9\times8}\times\frac{1}{719}+\frac{719}{10\times9\times8}\times\frac{718}{719}\times\frac{1}{718}=\frac{3}{720}=\frac{1}{240}.
\end{aligned}
$$

类型六　乘法公式和伯努利试验

例 21　甲、乙、丙各自去破一个密码，他们能译出的概率分别为 $\frac{1}{5}$，$\frac{1}{3}$，$\frac{1}{4}$，试求：

(1) 恰有一人译出的概率.

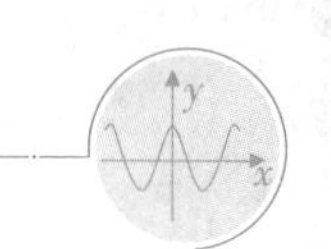

(2) 密码能被破译的概率.

【答案】 (1)$\frac{13}{30}$;(2)$\frac{3}{5}$.

【解析】 (1) 恰有一人译出的概率为 $\frac{1}{5}\left(1-\frac{1}{3}\right)\left(1-\frac{1}{4}\right)+\left(1-\frac{1}{5}\right)\frac{1}{3}\left(1-\frac{1}{4}\right)+\left(1-\frac{1}{5}\right)\left(1-\frac{1}{3}\right)\frac{1}{4}=\frac{13}{30}$.

(2) 密码不能被破译的概率为 $\left(1-\frac{1}{5}\right)\left(1-\frac{1}{3}\right)\left(1-\frac{1}{4}\right)=\frac{2}{5}$,密码能被破译的概率为 $1-\frac{2}{5}=\frac{3}{5}$.

例 22 在一次竞猜活动中,设有 5 关,如果连续通过 2 关,就算闯关成功. 小王通过每关的概率都是$\frac{1}{2}$,他闯关成功的概率为(　　).

A. $\frac{1}{8}$　　B. $\frac{1}{4}$　　C. $\frac{3}{8}$　　D. $\frac{4}{8}$　　E. $\frac{19}{32}$

【答案】 E.

【解析】 用 $A_i(i=1,2,3,4,5)$ 表示第 i 次闯关成功,则小王过关成功的概率为

$$P(A_1A_2\cup\overline{A}_1A_2A_3\cup A_1\overline{A}_2A_3A_4\cup\overline{A}_1\overline{A}_2A_3A_4\cup A_1\overline{A}_2\overline{A}_3A_4A_5\cup\overline{A}_1A_2\overline{A}_3A_4A_5\cup\overline{A}_1\overline{A}_2\overline{A}_3A_4A_5)$$

$$=\left(\frac{1}{2}\right)^2+\left(\frac{1}{2}\right)^3+2\cdot\left(\frac{1}{2}\right)^4+3\left(\frac{1}{2}\right)^5=\frac{19}{32}.$$ 选 E.

例 23 若王先生驾车从家到单位必须经过 3 个有红绿灯的十字路口,则他没有遇到红灯的概率为 0.125.

(1) 他在每一个路口遇到红灯的概率为 0.5.

(2) 他在每一个路口遇到红灯的事件相互独立.

【答案】 C.

【解析】 易得条件(1)(2)单独都不充分,联合起来,则他没有遇到红灯的概率为 $(1-0.5)(1-0.5)(1-0.5)=0.125$. 所以选 C.

例 24 人群中血型为 O 型,A 型,B 型,AB 型的概率分别为 0.46, 0.4, 0.11, 0.03,从中任取 5 人,则至多有一个 O 型血的概率为(　　).

A. 0.045　　B. 0.196　　C. 0.201　　D. 0.241　　E. 0.461

【答案】 D.

【解析】 这是一个 $n=5$, $p=0.46$ 的重复独立事件,5 人中至多一个 O 型血概率是 $C_5^0(0.46)^0(1-0.46)^5+C_5^1 0.46(1-0.46)^4=0.241$. 所以选 D.

例 25 档案馆在一个库房中安装了 n 个烟火感应报警器,每个报警器遇到烟火发出警报的概率均为 p,该库房遇到烟火发出警报的概率达到 0.999.

(1) $n=3$, $p=0.9$.

(2) $n=2$, $p=0.97$.

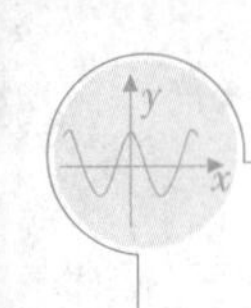

【答案】 D.

【解析】 这是一个重复独立事件.

由条件(1)，$P=C_3^1 0.9(1-0.9)^2+C_3^2 0.9^2(1-0.9)+C_3^3 0.9^3=0.999$；

由条件(2)，$P=C_2^1 0.97(1-0.97)+C_2^2 0.97^2=0.9991$，故选 D.

此题也可用“对立面”，即 $P=1-(1-0.9)^3=0.999$，$P=1-(1-0.97)^2=0.9991$.

例 26 一射手对同一目标独立地进行 4 次射击，至少命中 1 次的概率为$\frac{80}{81}$，则该射手的命中率是(　　).

A. $\frac{1}{9}$　　B. $\frac{1}{3}$　　C. $\frac{1}{2}$　　D. $\frac{2}{3}$　　E. $\frac{8}{9}$

【答案】 D.

【解析】 设该射手的命中率为 p，则至少命中 1 次的概率为 $1-C_4^0 p^0(1-p)^4=\frac{80}{81}$，解得 $p=\frac{2}{3}$，故选 D.

例 27 某乒乓球男子单打决赛在甲、乙两选手间进行，用 7 局 4 胜制. 已知每局比赛甲选手战胜乙选手的概率为 0.7，则甲选手以 4∶1 战胜乙选手的概率为(　　).

A. 0.84×0.7^3　　B. 0.7×0.7^3　　C. 0.3×0.7^3　　D. 0.9×0.7^3

E. 以上都不对

【答案】 A.

【解析】 甲选手以 4∶1 战胜乙选手，甲失分的一局有 4 种情况(第五局必定甲胜)，因此甲以 4∶1 战胜乙的概率为 $4\times0.7^4(1-0.7)=0.84\times0.7^3$. 故选 A.

例 28 在 10 道备选试题中，甲能答对 8 题，乙能答对 6 题. 若某次考试从这 10 道备选题中随机抽出 3 道作为考题，至少答对 2 题才算合格，则甲、乙两人考试都合格的概率是(　　).

A. $\frac{28}{45}$　　B. $\frac{2}{3}$　　C. $\frac{14}{15}$　　D. $\frac{26}{45}$　　E. $\frac{8}{15}$

【答案】 A.

【解析】 甲合格的概率为 $\frac{C_8^2C_2^1+C_8^3}{C_{10}^3}=\frac{14}{15}$；乙合格的概率为$\frac{C_6^2C_4^1+C_6^3}{C_{10}^3}=\frac{2}{3}$.

因为两事件相互独立，所以甲、乙都合格的概率为 $\frac{2}{3}\times\frac{14}{15}=\frac{28}{45}$. 所以选 A.

第三节 ◈ 练习与测试

1 有 96 位顾客至少购买了甲、乙、丙三种商品中的一种，经调查：同时购买了甲、乙两种商品的有 8 位，同时购买了甲、丙两种商品的有 12 位，同时购买了乙、丙两种商品的有 6 位，同时购买了三种商品的有 2 位. 则仅购买一种商品的顾客有(　　)位.

A. 70　　B. 72　　C. 74　　D. 76　　E. 82

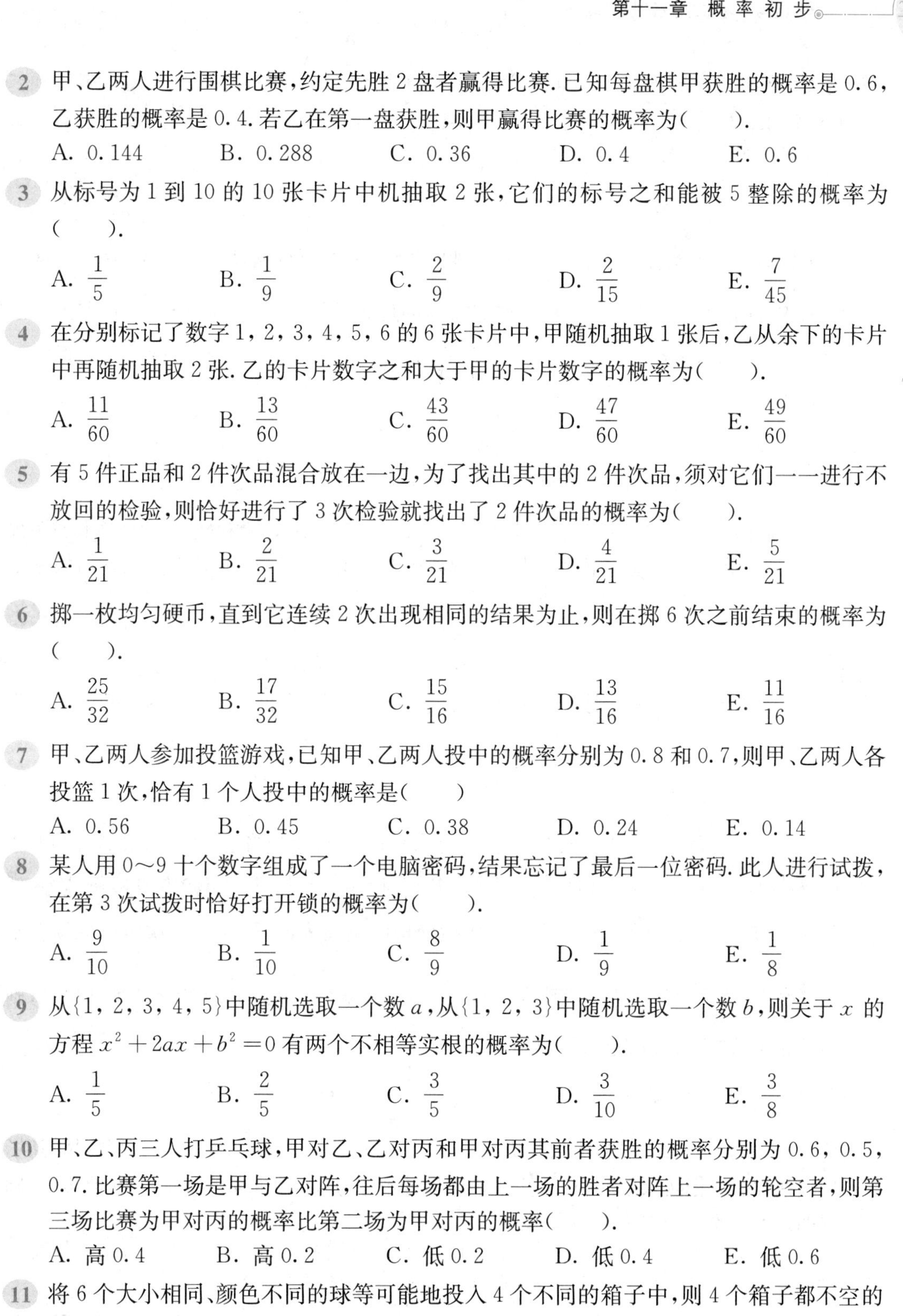

2 甲、乙两人进行围棋比赛，约定先胜 2 盘者赢得比赛. 已知每盘棋甲获胜的概率是 0.6，乙获胜的概率是 0.4. 若乙在第一盘获胜，则甲赢得比赛的概率为(　　).

A. 0.144　　B. 0.288　　C. 0.36　　D. 0.4　　E. 0.6

3 从标号为 1 到 10 的 10 张卡片中机抽取 2 张，它们的标号之和能被 5 整除的概率为(　　).

A. $\frac{1}{5}$　　B. $\frac{1}{9}$　　C. $\frac{2}{9}$　　D. $\frac{2}{15}$　　E. $\frac{7}{45}$

4 在分别标记了数字 1，2，3，4，5，6 的 6 张卡片中，甲随机抽取 1 张后，乙从余下的卡片中再随机抽取 2 张. 乙的卡片数字之和大于甲的卡片数字的概率为(　　).

A. $\frac{11}{60}$　　B. $\frac{13}{60}$　　C. $\frac{43}{60}$　　D. $\frac{47}{60}$　　E. $\frac{49}{60}$

5 有 5 件正品和 2 件次品混合放在一边，为了找出其中的 2 件次品，须对它们一一进行不放回的检验，则恰好进行了 3 次检验就找出了 2 件次品的概率为(　　).

A. $\frac{1}{21}$　　B. $\frac{2}{21}$　　C. $\frac{3}{21}$　　D. $\frac{4}{21}$　　E. $\frac{5}{21}$

6 掷一枚均匀硬币，直到它连续 2 次出现相同的结果为止，则在掷 6 次之前结束的概率为(　　).

A. $\frac{25}{32}$　　B. $\frac{17}{32}$　　C. $\frac{15}{16}$　　D. $\frac{13}{16}$　　E. $\frac{11}{16}$

7 甲、乙两人参加投篮游戏，已知甲、乙两人投中的概率分别为 0.8 和 0.7，则甲、乙两人各投篮 1 次，恰有 1 个人投中的概率是(　　)

A. 0.56　　B. 0.45　　C. 0.38　　D. 0.24　　E. 0.14

8 某人用 0～9 十个数字组成了一个电脑密码，结果忘记了最后一位密码. 此人进行试拨，在第 3 次试拨时恰好打开锁的概率为(　　).

A. $\frac{9}{10}$　　B. $\frac{1}{10}$　　C. $\frac{8}{9}$　　D. $\frac{1}{9}$　　E. $\frac{1}{8}$

9 从{1，2，3，4，5}中随机选取一个数 a，从{1，2，3}中随机选取一个数 b，则关于 x 的方程 $x^2+2ax+b^2=0$ 有两个不相等实根的概率为(　　).

A. $\frac{1}{5}$　　B. $\frac{2}{5}$　　C. $\frac{3}{5}$　　D. $\frac{3}{10}$　　E. $\frac{3}{8}$

10 甲、乙、丙三人打乒乓球，甲对乙、乙对丙和甲对丙其前者获胜的概率分别为 0.6，0.5，0.7. 比赛第一场是甲与乙对阵，往后每场都由上一场的胜者对阵上一场的轮空者，则第三场比赛为甲对丙的概率比第二场为甲对丙的概率(　　).

A. 高 0.4　　B. 高 0.2　　C. 低 0.2　　D. 低 0.4　　E. 低 0.6

11 将 6 个大小相同、颜色不同的球等可能地投入 4 个不同的箱子中，则 4 个箱子都不空的概率为(　　).

A. $\frac{195}{512}$　　B. $\frac{46}{290}$　　C. $\frac{46}{390}$　　D. $\frac{145}{256}$　　E. $\frac{135}{256}$

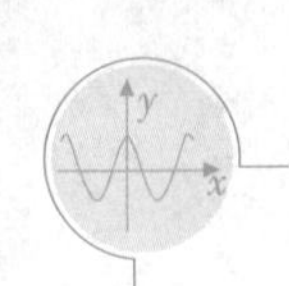

12 将4个不同的球放入3个不同的盒子中，对于每个盒子来说，所放的球数 k 满足 $0 \leqslant k \leqslant 4$，在各种放法可能性相等的条件下，则第一个盒子有1个球，第二个盒子恰有2个球的概率为(　　).

A. $\frac{2}{27}$　　B. $\frac{4}{27}$　　C. $\frac{14}{81}$　　D. $\frac{16}{81}$　　E. $\frac{32}{81}$

13 一个机器人位于坐标原点，按照预先设计的程序移动，每次移动一个单位，移动方向为向上或者向右，并且向上或向右移动的概率都是 $\frac{1}{2}$. 那么经过5次移动，此机器人位于点(3, 2)的概率为(　　).

A. $\left(\frac{1}{2}\right)^5$　　B. $C_5^3\left(\frac{1}{2}\right)^3$　　C. $C_5^3\left(\frac{1}{2}\right)^5$

D. $C_5^2 \cdot C_5^3 \cdot \left(\frac{1}{2}\right)^3$　　E. $C_5^2 \cdot C_5^3 \cdot \left(\frac{1}{2}\right)^5$

14 已知甲盒内有大小相同的1个红球和3个黑球，乙盒内有大小相同的2个红球和4个黑球，现在从甲、乙两个盒子内各任取2个球，则取出的4个球中恰有1个红球的概率是(　　).

A. $\frac{4}{15}$　　B. $\frac{7}{15}$　　C. $\frac{8}{15}$　　D. $\frac{11}{15}$　　E. $\frac{13}{15}$

15 高度不一的5人排一排，则恰巧中间的人最高，5人中两端的人比相邻的人矮的概率为(　　).

A. $\frac{1}{120}$　　B. $\frac{1}{100}$　　C. $\frac{1}{80}$　　D. $\frac{1}{60}$　　E. $\frac{1}{20}$

16 某项考试按科目A、科目B依次进行，只有当科目A成绩合格时，才能继续参加科目B的考试. 已知每个科目只允许有一次补考机会，两个科目成绩均合格方可获得证书. 现某人参加这项考试，科目A每次考试成绩合格的概率为 $\frac{2}{3}$，科目B每次考试成绩合格的概率为 $\frac{1}{2}$. 假设各次考试成绩合格与否均互不影响并且他不放弃所有的考试机会，则他参加考试的次数为3的概率为(　　).

A. $\frac{1}{2}$　　B. $\frac{5}{8}$　　C. $\frac{7}{9}$　　D. $\frac{2}{9}$　　E. $\frac{4}{9}$

17 甲在某商场购物后获得两次抽奖机会，抽奖箱中有5张奖票，每张对应一种奖品，商场要求抽奖后要把奖票放回，打乱奖票顺序后才能重新抽. 甲非常喜欢其中一种奖品，则甲抽到他喜欢的该种奖品的概率为(　　).

A. $\frac{1}{5}$　　B. $\frac{8}{25}$　　C. $\frac{16}{25}$　　D. $\frac{9}{25}$　　E. $\frac{2}{5}$

18 有5道五选一的单选题，甲只会其中1题，但他知道正确答案中选A, B, C, D, E的各有1题，于是他做了会做的1题后，随机猜了剩下的答案，并且他的答案中选A, B, C, D, E的也各有1题，则他恰好答对2题的概率为(　　).

A. $\frac{1}{2}$　　B. $\frac{1}{3}$　　C. $\frac{1}{4}$　　D. $\frac{1}{5}$　　E. $\frac{1}{6}$

19 $P=\frac{1}{9}$.

(1) 将骰子先抛掷 2 次,抛出的骰子向上的点数之和是 5 的概率为 P.

(2) 将骰子先后抛掷 2 次,抛出的骰子向上的点数之和是 9 的概率为 P.

20 一只口袋中有编号分别为 1, 2, 3, 4, 5 的 5 只球,今随机抽取 3 只,则抽到最大号码是 n 的概率为 0.3.

(1) $n=4$.

(2) $n=3$.

21 甲、乙两人各进行 3 次射击,甲每次击中目标的概率为$\frac{1}{2}$,乙每次击中目标的概率为$\frac{2}{3}$,则 $P=\frac{1}{6}$.

(1) 乙至少比甲多击中目标 2 次的概率为 P.

(2) 乙恰好比甲多击中目标 2 次的概率为 P.

22 已知两个互相独立的随机事件 A 和 B 至少有一个发生的概率为 $\frac{8}{9}$,则 $P(A)=\frac{3}{5}$.

(1) 事件 A 发生而 B 不发生的概率为$\frac{5}{9}$.

(2) 事件 B 发生而 A 不发生的概率为$\frac{4}{9}$.

23 已知某人每天早晨乘坐的某一班公交车的准时率为 60%,则他在 3 天乘车中,此班次公交车至少有 k 天准时到站的概率为$\frac{81}{125}$.

(1) $k=2$.

(2) $k=3$.

24 一次一次进行的独立重复试验,每次试验中的成功概率为$\frac{1}{2}$,则 $P=\frac{1}{8}$.

(1) 3 次试验中有 2 次成功的概率为 P.

(2) 直到第 4 次试验时才出现连续 2 次成功的概率为 P.

25 有甲、乙两袋奖券,获奖率分别为 p 和 q.某人从两袋中各随机取 1 张奖券,则此人获奖的概率不小于$\frac{3}{4}$.

(1) 已知 $p+q=1$.

(2) 已知 $pq=\frac{1}{4}$.

参考答案

1. C. 【解析】仅购买了一种商品的人数+仅购买了两种商品的人数+购买了三种商品的

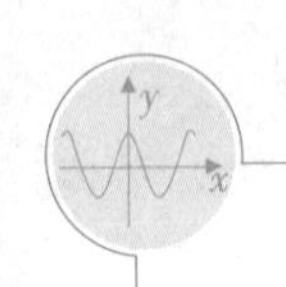

人数＝总人数，甲乙＋甲丙＋乙丙＝仅购买了两种商品的人数＝(8－2)＋(12－2)＋(6－2)＝20，即仅购买一种商品的顾客数＝96－20－2＝74，故选 C.

2. C. 【解析】若甲要赢得比赛，则甲要连续胜 2 盘，所以 $P=0.6^2=0.36$.

3. A. 【解析】从 10 张卡片中随意抽取 2 张，有 $C_{10}^2=45$(种) 取法，它们的标号之和能被 5 整除的所有情况有：(1, 4), (1, 9), (2, 3), (2, 8), (3, 7), (4, 6), (5, 10), (6, 9), (7, 8)，共 9 种，则概率为 $P=\frac{9}{C_{10}^2}=\frac{1}{5}$.

4. D. 【解析】根据题意分类得：

(1) 当甲抽取 1 时，乙从剩余的 5 张卡片中任选 2 张之和都比甲大，共有 $C_5^2=10$(种)；

(2) 当甲抽取 2 时，乙从剩余的 5 张卡片中任选 2 张之和都比甲大，共有 $C_5^2=10$(种)；

(3) 当甲抽取 3 时，乙从剩余的 5 张卡片中任选 2 张，减去不满足的(1, 2)一种情况，有 $C_5^2-1=9$(种)；

(4) 当甲抽取 4 时，乙从剩余的 5 张卡片中任选 2 张，减去不满足的(1, 2), (1, 3)两种情况，有 $C_5^2-2=8$(种)；

(5) 当甲抽取 5 时，乙从剩余的 5 张卡片中任选 2 张，减去不满足的(1, 2), (1, 3), (1, 4), (2, 3)四种情况，有 $C_5^2-4=6$(种)；

(6) 当甲抽取 6 时，乙从剩余的 5 张卡片中任选 2 张，减去不满足的(1, 2), (1, 3), (1, 4), (2, 3), (1, 5), (2, 4)六种情况，有 $C_5^2-6=4$(种).

所以，乙的卡片数字之和大于甲的卡片数字的概率为 $\frac{10+10+9+8+6+4}{C_6^1\times C_5^2}=\frac{47}{60}$.

5. B. 【解析】进行了 3 次检验就找出了 2 件次品，则分两类：(1)正次次；(2)次正次. 所以 $P=\frac{5}{7}\times\frac{2}{6}\times\frac{1}{5}+\frac{2}{7}\times\frac{5}{6}\times\frac{1}{5}=\frac{2}{21}$，故选 B.

6. C. 【解析】根据题意，有

$$P=\frac{正正\cup反反}{2^2}+\frac{反正正\cup正反反}{2^3}+\frac{正反正正\cup反正反反}{2^4}+\frac{反正反正正\cup正反正反反}{2^5}$$

$$=\frac{1}{2^2}+\frac{1}{2^2}+\frac{1}{2^3}+\frac{1}{2^3}+\frac{1}{2^4}+\frac{1}{2^4}+\frac{1}{2^5}+\frac{1}{2^5}=\frac{15}{16}.$$ 故选 C.

7. C. 【解析】分两类："甲中乙不中"或者"乙中甲不中".

$P=P(A\bar{B})+P(\bar{A}B)=P(A)P(\bar{B})+P(\bar{A})P(B)=0.8\times0.3+0.2\times0.7=0.38$. 故选 C.

8. B. 【解析】第 3 次试拨时恰好打开锁说明第 1 次、第 2 次都是失败，第 3 次成功，所以 $P=\frac{9}{10}\times\frac{8}{9}\times\frac{1}{8}=\frac{1}{10}$.

注：此题也可用抽签的公平性解决，直接为 $\frac{1}{10}$.

9. C. 【解析】古典概率的考查.

从两个集合中各取一个数，总的取法为 $5\times3=15$(种). 由于方程 $x^2+2ax+b^2=0$ 有两个不相等实根，所以有 $\Delta=(2a)^2-4b^2>0\Rightarrow a>b$.

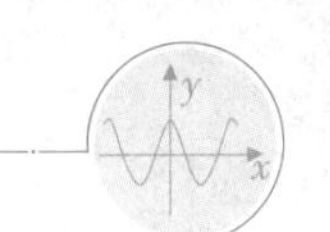

那么当$b=1$时，a可以有2，3，4，5四种取值；当$b=2$时，a可以有3，4，5三种取值；当$b=3$时，a可以有4，5两种取值. 所以其概率为$P=\frac{4+3+2}{15}=\frac{3}{5}$.

10. D. 【解析】根据题意知，若第二场比赛为甲对丙，那么需要在第一场甲对乙的比赛中甲获胜，之后的第二场比赛为甲对丙，所以其概率为$P_1=0.6$. 若第三场比赛为甲对丙，那么需要在第一场甲对乙的比赛中乙获胜，则第二场比赛为乙对丙且丙获胜，之后的第三场比赛为甲对丙，所以其概率为$P_2=0.4\times0.5=0.2$. 那么第三场比赛为甲对丙的概率比第二场低0.4.

11. A. 【解析】将6个不同球投入4个不同的箱子，投球的全部方法为4^6种. 4个箱子都不空的投法组合有1，1，2，2或1，1，1，3两种. 第一种情况下共有$\frac{C_6^2C_4^2C_2^1C_1^1}{P_2^2P_2^2}P_4^4$种投法，第二种情况下共有$\frac{C_6^3C_3^1C_2^1C_1^1}{P_3^3}P_4^4$种投法，那么其概率为$\frac{195}{512}$.

12. B. 【解析】4个不同的球放入3个不同的盒中，总的放法为3^4种. 第一个盒子中有1个球，第二个盒子中恰好有2个球的放法为$C_4^1\cdot C_3^2\cdot 1$种. 所以其概率为$P=\frac{C_4^1\cdot C_3^2\cdot 1}{3^4}=\frac{4}{27}$.

13. C. 【解析】根据题意知，若机器人位于点(3，2)，则机器人需要移动5次，其中向右移动3次，向上移动2次. 那么其概率为$P=C_5^3\cdot\left(\frac{1}{2}\right)^3\cdot\left(\frac{1}{2}\right)^2=C_5^3\cdot\left(\frac{1}{2}\right)^5$.

14. B. 【解析】从甲盒和乙盒中分别取出2个球共有$C_4^2C_6^2=90$(种)不同的取法. 取出的4个球恰有1个红球包含以下情况：(1)甲盒取出1个红球、1个黑球，乙盒取出2个黑球，共有$C_3^1C_4^2=18$(种)方式；(2)甲盒取出2个黑球，乙盒取出1个红球、1个黑球，共有$C_3^2C_2^1C_4^1=24$(种)取法. 因此所求的概率为$\frac{18+24}{90}=\frac{7}{15}$.

15. E. 【解析】高度不一的5个人排成一排总共有$5!=120$(种)不同的排法. 最高的人在中间，从剩下的4个人选2个站在左边，共有$C_4^2=6$(种)选法，并且按照要求排好. 剩下的2个人自然就按照高矮顺序排在右侧，因此所求概率$P=\frac{6}{120}=\frac{1}{20}$.

16. E. 【解析】分三类：(1)科目A合格，科目B先失败、再合格；(2)科目A合格，科目B先失败，后又失败；(3)科目A失败，然后科目A合格，科目B合格，则可得

$$
\begin{aligned}
P&=P(A_1\overline{B}_1B_2)+P(A_1\overline{B}_1\overline{B}_2)+P(\overline{A}_1A_2B_1)\\
&=\frac{2}{3}\times\frac{1}{2}\times\frac{1}{2}+\frac{2}{3}\times\frac{1}{2}\times\frac{1}{2}+\frac{1}{3}\times\frac{2}{3}\times\frac{1}{2}=\frac{4}{9},
\end{aligned}
$$

故选E.

17. D. 【解析】此题考虑对立面，因为抽中奖品的意思是“至少有一次中”，则$P(\overline{A})=\frac{C_4^1\times C_4^1}{5\times5}=\frac{16}{25}$，所以$P(A)=1-P(\overline{A})=\frac{9}{25}$. 故选D.

18. B. 【解析】此题为古典概型.

由于会 1 题,其余 4 道题目对应 4 个答案,所以分母为 $P_4^4=24$.

"恰好答对 2 题"的意思可理解为:1 题会做的肯定对,不参与排列;而剩余 4 题中有 1 题正确,其余 3 题都答错(3 个元素都不能对应的情况有 2 种,具体见第二部分例题解析).

所以所有的情况有 $C_4^1\times 2$ 种,概率为 $P=\dfrac{C_4^1\times 2}{P_4^4}=\dfrac{8}{24}=\dfrac{1}{3}$. 故选 B.

19. D. 【解析】如表 11.3 所示:

表 11.3

(1, 1)	(1, 2)	(1, 3)	**(1, 4)**	(1, 5)	(1, 6)
(2, 1)	(2, 2)	**(2, 3)**	(2, 4)	(2, 5)	(2, 6)
(3, 1)	**(3, 2)**	(3, 3)	(3, 4)	(3, 5)	**(3, 6)**
(4, 1)	(4, 2)	(4, 3)	(4, 4)	**(4, 5)**	(4, 6)
(5, 1)	(5, 2)	(5, 3)	**(5, 4)**	(5, 5)	(5, 6)
(6, 1)	(6, 2)	**(6, 3)**	(6, 4)	(6, 5)	(6, 6)

显然可得条件(1)的概率 $P=\dfrac{4}{36}=\dfrac{1}{9}$,条件(2) 的概率 $P=\dfrac{4}{36}=\dfrac{1}{9}$,故选 D.

20. A. 【解析】由条件(1)可得抽到最大号码是 4 的概率为 $\dfrac{C_3^2}{C_5^3}=0.3$,所以条件(1) 充分.

由条件(2)可得抽到最大号码是 3 的概率为 $\dfrac{1}{C_5^3}=0.1$,所以条件(2) 不充分.

21. B. 【解析】由条件(1),分三类:乙中 2 次甲中 0 次,乙中 3 次甲中 0 次,乙中 3 次甲中 1 次;所以其概率为

$$P=C_3^2\left(\frac{2}{3}\right)^2\left(\frac{1}{3}\right)\cdot C_3^0\left(\frac{1}{2}\right)^0\left(\frac{1}{2}\right)^3+C_3^3\left(\frac{2}{3}\right)^3\cdot C_3^0\left(\frac{1}{2}\right)^0\left(\frac{1}{2}\right)^3+C_3^3\left(\frac{2}{3}\right)^3\cdot C_3^1\left(\frac{1}{2}\right)^1\left(\frac{1}{2}\right)^2=\frac{11}{54}.$$

即条件(1)不充分.

由条件(2),分两种情况:乙中 2 次甲中 0 次,乙中 3 次甲中 1 次;所以其概率为

$$P=C_3^2\left(\frac{2}{3}\right)^2\left(\frac{1}{3}\right)\cdot C_3^0\left(\frac{1}{2}\right)^0\left(\frac{1}{2}\right)^3+C_3^3\left(\frac{2}{3}\right)^3\cdot C_3^1\left(\frac{1}{2}\right)^1\left(\frac{1}{2}\right)^2=\frac{1}{6}.$$

即条件(2)充分.

22. E. 【解析】由题干知,两个事件都不发生的概率为 $\dfrac{1}{9}$,即 $P(\bar{A})P(\bar{B})=\dfrac{1}{9}$.

由条件(1),$P(A)P(\bar{B})=\dfrac{5}{9}$,两式相除,$\dfrac{P(\bar{A})}{P(A)}=\dfrac{1}{5}$,解得 $P(A)=\dfrac{5}{6}$. 所以条件(1) 不充分.

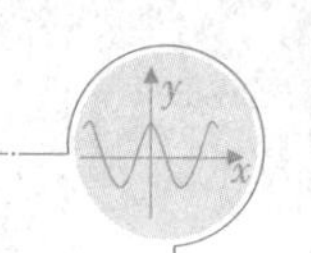

由条件(2)，$P(\bar{A})P(B)=\frac{4}{9}$，两式相除，$\frac{P(\bar{B})}{P(B)}=\frac{1}{4}$，解得 $P(B)=\frac{4}{5}$，得 $P(A)=\frac{4}{9}$. 所以条件(2) 也不充分.

且这两个条件无法联合，故选 E.

23. A. 【解析】由条件(1)，在此人 3 天乘车中，该班次公交车至少有 2 天准时到站的概率为

$$P=P_3(2)+P_3(3)=C_3^2\cdot\left(\frac{3}{5}\right)^2\cdot\left(\frac{2}{5}\right)+C_3^3\cdot\left(\frac{3}{5}\right)^3=\frac{81}{125}.$$

所以条件(1)充分.

由条件(2)，在此人 3 天乘车中，该班次公交车至少有 3 天准时到站的概率为

$$P=P_3(3)=C_3^3\cdot\left(\frac{3}{5}\right)^3=\frac{27}{125}.$$

所以条件(2)不充分.

24. B. 【解析】由条件(1)，$P=C_3^2\cdot\left(\frac{1}{2}\right)^2\cdot\frac{1}{2}=\frac{3}{8}$，所以条件(1) 不充分.

由条件(2)，分两类：①第一次试验失败，第二次试验失败，第三次试验成功，第四次试验成功；②第一次试验成功，第二次试验失败，第三次试验成功，第四次试验成功.

所以其概率为 $P=\left(\frac{1}{2}\right)^4+\left(\frac{1}{2}\right)^4=\frac{1}{8}$，即条件(2) 充分.

25. D. 【解析】根据题意，知甲袋获奖概率为 p，乙袋获奖概率为 q，则此人不获奖的概率为 $(1-p)(1-q)$，获奖概率为 $P(A)=1-(1-p)(1-q)=p+q-pq$.

根据条件(1)，$p+q=1$，由均值不等式可得 $1=p+q\geqslant 2\sqrt{pq}$，即 $pq\leqslant\frac{1}{4}$，则 $P(A)=p+q-pq\geqslant\frac{3}{4}$，条件(1) 充分.

根据条件(2)，$pq=\frac{1}{4}$，由均值不等式可得 $p+q\geqslant 2\sqrt{pq}=2\times\frac{1}{2}=1$，则 $P(A)=p+q-pq\geqslant\frac{3}{4}$，条件(2) 也充分. 故选 D.

第十二章

数据分析

第一节 ◈ 考点分析

一、平均值

(1) 设 $x_1, x_2, \cdots, x_n$ 为 n 个数,称 $\bar{x}=\frac{x_1+x_2+\cdots+x_n}{n}$ 为这 n 个数的算术平均值,简称平均值(或平均数).

(2) n 个数据 $x_1, x_2, \cdots, x_n$ 按大小顺序排列,处于最中间位置的一个数据(或最中间两个数据的平均值)叫作这组数据的中位数.

(3) 一组数据中出现最多的那个数据叫作这组数据的众数(众数可以不唯一).

总结:平均数常用来反映数据的总体趋势.众数用来反映数据的集中趋势.中位数反映数据的中间值.

例如,某班 8 名学生完成作业所需时间分别为 75, 70, 90, 70, 70, 58, 80, 55(单位:分),则这组数据的平均数为(　　),中位数为(　　),众数为(　　).

$$\text{平均数}=\frac{75+70+90+70+70+58+80+55}{8}=71;$$

中位数:55, 58, 70, 70, 70, 75, 80, 90 按大小顺序排列后,中间两个数为 70,故中位数为 70;

众数:因为 70 出现的次数最多,故众数为 70.

二、方差

在一组数据 $x_1, x_2, \cdots, x_n$ 中,各数据与它们的平均数 $\bar{x}$ 的差的平方的平均值称为这组数据的方差,通常用"S^2"表示,即

$$S^2=\frac{1}{n}[(x_1-\bar{x})^2+(x_2-\bar{x})^2+\cdots+(x_n-\bar{x})^2] \tag{1}$$

或

$$S^2=\frac{1}{n}(x_1^2+x_2^2+\cdots+x_n^2-n\bar{x}^2). \tag{2}$$

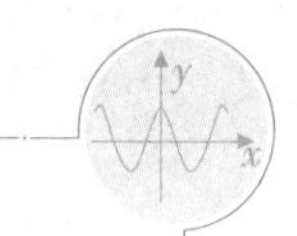

总结：

若已知条件为数据，求其方差，通常使用公式(1).

若已知条件为方差和其中若干个数据，求其中一个位置数据 x_i 的值，通常使用公式(2).

三、标准差

因为方差与原始数据的单位不同，且平方后可能扩大了离散的程度，所以我们将方差的算术平方根称为这组数据的标准差，即

$$S=\sqrt{S^2}=\sqrt{\frac{1}{n}[(x_1-\bar{x})^2+(x_2-\bar{x})^2+\cdots+(x_n-\bar{x})^2]}$$

或

$$S=\sqrt{S^2}=\sqrt{\frac{1}{n}(x_1^2+x_2^2+\cdots+x_n^2-n\bar{x}^2)}.$$

标准差是方差的一个派生概念，它的优点是单位和样本的数据单位保持一致，给计算带来方便.

四、方差与标准差的意义

方差的实质是各数据与平均数的差的平方的平均数. 方差越大，说明数据的波动越大，越不稳定. 方差描述了一组数据波动的大小，方差越小，数据波动越小、越整齐、越稳定.

五、统计图

1. 扇形统计图

用圆代表总体，圆中的各个扇形分别表示总体中的不同部分，扇形的大小反映部分占总体的百分比的大小，这样的统计图叫作扇形统计图(通过扇形统计图可以很清楚地表示出各部分数量与总数之间的关系).

例 1 图 12.1 是夏日超市某日卖出各种蔬菜情况统计图，请看图回答问题.

(1) 图中表示黄瓜的量是总数的(　　)%.

(2) 若卖出茄子 80 千克，则卖出黄瓜(　　)千克，青菜(　　)千克.

夏日超市某日卖出各种蔬菜情况统计图

黄瓜

茄子 25%

青菜 60%

图 12.1

【解析】 黄瓜所占总数百分比 $=100\%-25\%-60\%=15\%$.

若卖出茄子 80 千克，则卖出的蔬菜总数为 $\frac{80}{25\%}=320$(千克)，则卖出黄瓜 $320\times15\%=48$(千克)，卖出青菜 $320\times60\%=192$(千克).

2. 折线统计图

用一个单位长度表示一定的数量，根据数量的多少描出各点，然后把各点用线段顺次连

接起来，以折线的上升或下降来表示统计数量增减变化的统计图叫作折线统计图(折线统计图不仅能够表示出数量的多少，还能够清楚地表示出数量增减变化趋势).

例 2　图 12.2 是李华上半年每月收入情况统计图，请看图完成下列问题.

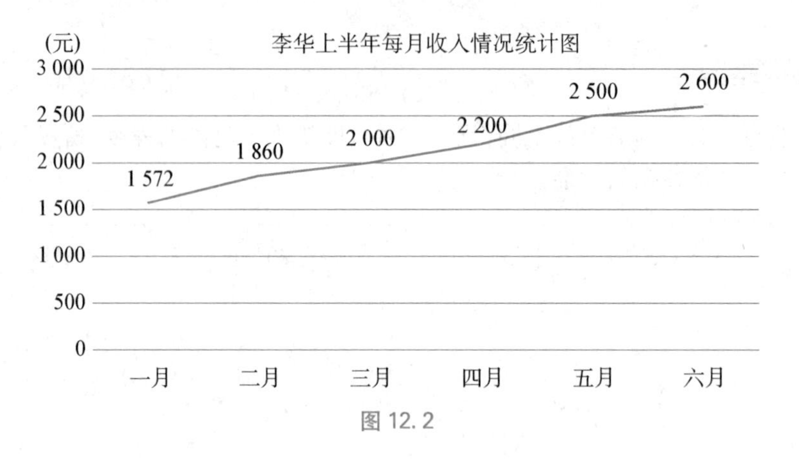

图 12.2

(1) 李华平均每月收入多少元?

(2) 从图中你发现了什么?

【解析】　平均每月收入 $=\dfrac{1\ 572+1\ 860+2\ 000+2\ 200+2\ 500+2\ 600}{6}=2\ 122$(元).

从图中可看出，李华上半年的月收入呈现上涨趋势.

3. 条形统计图

用一个单位长度表示一定数量，根据数量的多少画成长短不同的直条，然后把这些直条按一定的顺序排列起来的统计图叫作条形统计图(从条形统计图中很容易看出各种数量的多少).

例 3　根据图 12.3 填空.

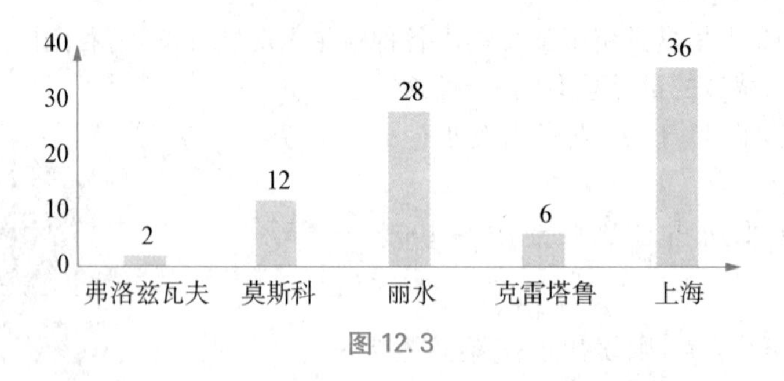

图 12.3

统计图中，得票最多的城市是(　　)，与得票最少的城市相差(　　)票，共有(　　)名代表投票.

【解析】　看图可得，得票最多的城市是上海，得 36 票，得票最少的城市是弗洛兹瓦夫，得 2 票，所以两个城市相差 34 票，共有 $2+12+28+6+36$ 即 84 名代表投票.

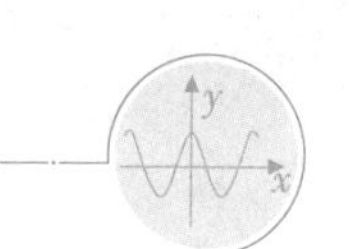

4. 直方图

某一事件出现的次数叫作这一事件的频数. 当一组数据有 n 个数时，频数之和为 n.

$$频率=\frac{频数}{总频数之和}（频率之和为 1）.$$

将频数分布表中的结果直观形象地表示出来的图形，叫作分布直方图，在直方图中，各小长方形面积与各小长方形面积之和的比表示相应各组的频率，各小长方形的高与频率成正比.

直方图又称质量分布图，是一种几何形图表，它是根据从生产过程中收集来的质量数据分布情况，画成以组距为底边、以频数为高的一系列连接起来的直方型矩形图.

作直方图的目的就是通过观察图的形状，判断生产过程是否稳定，预测生产过程的质量. 具体来说，作直方图的目的有以下五个方面：

（1）显示数据的波动状态，判断一批已加工完毕的产品；

（2）直观地传达有关过程情况的信息，例如验证工序的稳定性；

（3）为计算工序能力搜集有关数据；

（4）决定在何处集中力量进行改造；

（5）观察数据真伪，用以制定规格界限.

例 4　图 12.4 是某班级同学的一次体检中每分钟心跳次数的频数分布直方图（次数为整数），已知该班有 5 位同学的心跳为每分钟 75 次，请观察图，指出下列说法错误的是（　　）.

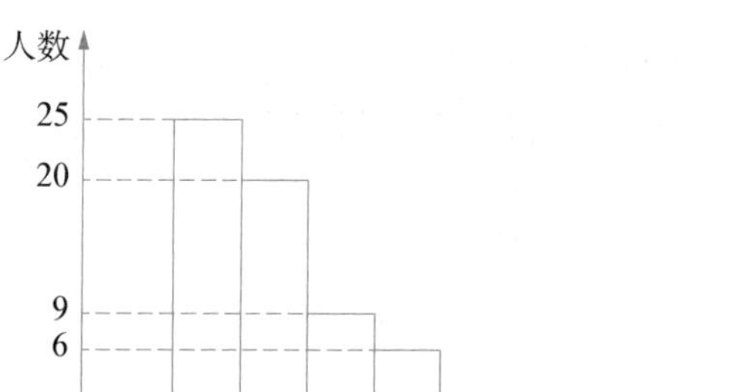

图 12.4

A. 数据 75 落在第二小组

B. 第四小组的频率为 0.1

C. 心跳每分钟 75 次的人数占该班体检人数的$\frac{1}{12}$

D. 心跳每分钟 80 次以上的人数占该班体检人数的$\frac{1}{5}$

E. 第二小组的频率为$\frac{1}{3}$

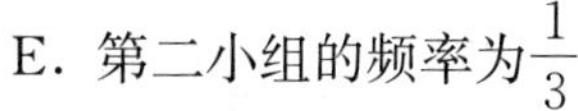

【答案】 D.

【解析】 数据 75 落在 69.5 到 79.5 之间，从而 A 正确. 从图像可知，第四组频率为 $\frac{6}{6+9+20+25}=\frac{6}{60}=0.1$，所以 B 正确. 心跳每分钟 75 次的人数占总体检人数的$\frac{5}{60}=\frac{1}{12}$，所以 C 正确. 第二小组的频率为$\frac{20}{60}=\frac{1}{3}$，所以 E 正确. 而心跳每分钟 80 次以上的人数占总体检人数的比例为$\frac{15}{60}=\frac{1}{4}$，因此 D 错误. 故选 D.

第二节 ◈ 例 题 解 析

例 1 为了解某公司员工的年龄结构，按男、女人数比例进行了随机抽样，结果如表 12.1 所示：

表 12.1

男员工年龄(岁)	23	26	28	30	32	34	36	38	41
女员工年龄(岁)	23	25	27	27	29	31			

根据表中数据估计，该公司男员工的平均年龄与全体员工的平均年龄分别是(　　)(单位：岁).

A. 32，30　　B. 32，29　　C. 32，27　　D. 30，27　　E. 29.5，27

【答案】 A.

【解析】 男员工的平均年龄为 $\frac{23+26+28+30+32+34+36+38+41}{9}=32$(岁)，全体员工的平均年龄为$\frac{23+26+28+30+32+34+36+38+41+23+25+27+27+29+31}{15}=$ 30(岁)，答案为 A.

例 2 在 1 与 100 之间，能被 9 整除的整数的平均值为(　　).

A. 27　　B. 36　　C. 45　　D. 54　　E. 63

【答案】 D.

【解析】 1 到 100 之间，能被 9 整除的整数有：9，18，27，36，45，54，63，72，81，90，99，它们的平均值为 $\frac{9+18+27+36+45+54+63+72+81+90+99}{11}=54$，答案为 D.

例 3 如果 a，b，c 的算术平均值等于 13，且 $a:b:c=\frac{1}{2}:\frac{1}{3}:\frac{1}{4}$，那么 $c=$(　　).

A. 7　　B. 8　　C. 9　　D. 12　　E. 18

【答案】 C.

【解析】 设 a 为$\frac{1}{2}x$，b 为$\frac{1}{3}x$，c 为$\frac{1}{4}x$，所以 $\frac{\frac{1}{2}x+\frac{1}{3}x+\frac{1}{4}x}{3}=13$，解得 $x=36$，所以 $c=\frac{1}{4}x=\frac{36}{4}=9$，所以选 C.

例 4 某学校高一年级男生人数占该年级学生人数的 40%，在一次考试中，男、女生平均分数分别为 75 和 80，则这次考试高一年级学生的平均分数为(　　).

A. 76　　B. 77　　C. 77.5　　D. 78　　E. 79

【答案】 D.

【解析】 高一年级学生的平均分数 $=75\times40\%+80\times60\%=78$，选 D.

例 5 已知某公司男员工的平均年龄和女员工的平均年龄，则能确定该公司员工的

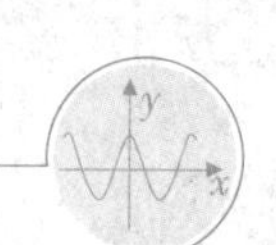

平均年龄.

(1) 已知该公司员工人数.

(2) 已知该公司男女员工的人数之比.

【答案】 B.

【解析】 条件(1),不知道男、女人数,故无法求出员工平均年龄.

条件(2),设公司男、女员工平均年龄分别为 a, b,设公司男女员工人数比为 $x:y$,则该公司员工的平均年龄为 $\bar{x}=a\dfrac{x}{x+y}+b\dfrac{y}{x+y}$. 故选 B.

例 6 已知 $M=\{a, b, c, d, e\}$ 是一个整数集合,则能确定集合 M.

(1) a, b, c, d, e 的平均值为 10.

(2) a, b, c, d, e 的方差为 2.

【答案】 C.

【解析】 由条件(1)可得 $\dfrac{a+b+c+d+e}{5}=10$,所以不充分.

由条件(2)可得 $\dfrac{(a-\bar{x})^2+(b-\bar{x})^2+(c-\bar{x})^2+(d-\bar{x})^2+(e-\bar{x})^2}{5}=2$,所以不充分.

联合条件(1)(2),因为 a, b, c, d, e 为整数,所以 a, b, c, d, e 分别为 8, 9, 10, 11, 12,所以条件(1)和条件(2)联合起来充分,所以选 C.

例 7 甲、乙、丙三人每轮各投篮 10 次,投了三轮. 投中数如表 12.2 所示:

表 12.2

	第一轮	第二轮	第三轮
甲	2	5	8
乙	5	2	5
丙	8	4	9

记 $\sigma_1, \sigma_2, \sigma_3$ 分别为甲、乙、丙投中数的方差,则(　　).

A. $\sigma_1>\sigma_2>\sigma_3$　　B. $\sigma_1>\sigma_3>\sigma_2$　　C. $\sigma_2>\sigma_1>\sigma_3$

D. $\sigma_2>\sigma_3>\sigma_1$　　E. $\sigma_3>\sigma_2>\sigma_1$

【答案】 B.

【解析】 甲的平均数 $=\dfrac{2+5+8}{3}=5$, 乙的平均数 $=\dfrac{5+2+5}{3}=4$, 丙的平均数 $=\dfrac{8+4+9}{3}=7$.

分别计算甲、乙、丙投中数的方差:

$$\sigma_1=\frac{(2-5)^2+(5-5)^2+(8-5)^2}{3}=6,\ \sigma_2=\frac{(5-4)^2+(2-4)^2+(5-4)^2}{3}=2,$$

$$\sigma_3=\frac{(8-7)^2+(4-7)^2+(9-7)^2}{3}=\frac{14}{3}$$,所以 $\sigma_1>\sigma_3>\sigma_2$,所以选 B.

例 8　10 名同学的语文和数学成绩如表 12.3 所示：

表 12.3

语文成绩	90	92	94	88	86	95	87	89	91	93
数学成绩	94	88	96	93	90	85	84	80	82	98

语文和数学成绩的均值分别记为 E_1 和 E_2，标准差分别记为 σ_1 和 σ_2，则（　　）.

A. $E_1 > E_2$, $\sigma_1 > \sigma_2$　　B. $E_1 > E_2$, $\sigma_1 < \sigma_2$

C. $E_1 > E_2$, $\sigma_1 = \sigma_2$　　D. $E_1 < E_2$, $\sigma_1 > \sigma_2$

E. $E_1 < E_2$, $\sigma_1 < \sigma_2$

【答案】 B.

【解析】 $E_1 = \dfrac{90+92+94+88+86+95+87+89+91+93}{10} = 90.5$,

$E_2 = \dfrac{94+88+96+93+90+85+84+80+82+98}{10} = 89$,

$\sigma_1^2 = \dfrac{1}{10}[(0.5)^2 + (1.5)^2 + (3.5)^2 + (2.5)^2 + (4.5)^2 + (4.5)^2 + (3.5)^2 + (1.5)^2 + (0.5)^2 + (2.5)^2]$,

$\sigma_2^2 = \dfrac{1}{10}[5^2 + 1^2 + 7^2 + 4^2 + 1^2 + 4^2 + 5^2 + 9^2 + 7^2 + 9^2]$.

即：$E_1 > E_2$, $\sigma_1 < \sigma_2$. 故选 B.

第三节 ◈ 练习与测试

1　已知一组数据 $x_1, x_2, x_3, \cdots, x_n$ 的平均数 $\bar{x} = 5$，方差 $S^2 = 4$，则数据 $3x_1 + 7, 3x_2 + 7, 3x_3 + 7, \cdots, 3x_n + 7$ 的平均数和标准差分别为（　　）.

A. 15, 36　　B. 22, 6　　C. 15, 6

D. 22, 36　　E. 以上答案均不正确

2　已知数据 x_1, x_2, x_3 的平均数为 a，y_1, y_2, y_3 的平均数为 b，则数据 $2x_1 + 3y_1 - 1$, $2x_2 + 3y_2 - 2$, $2x_3 + 3y_3 - 3$ 的平均数为（　　）.

A. $2a + 3b - 1$　　B. $\dfrac{2}{3}a + b - 3$　　C. $6a + 9b - 1$

D. $2a + 3b - 2$　　E. 以上结论皆不正确

3　已知 a, b, c 是三个正整数，且 $a > b > c$. 若 a, b, c 的算术平均值为 $\dfrac{14}{3}$，几何平均值为 4，且 b, c 之积恰为 a，则 a, b, c 的值依次为（　　）

A. 6, 5, 3　　B. 12, 6, 2　　C. 4, 2, 8

D. 8, 2, 4　　E. 8, 4, 2

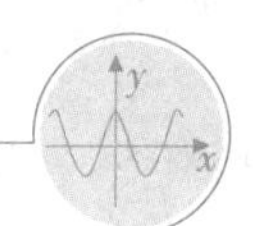

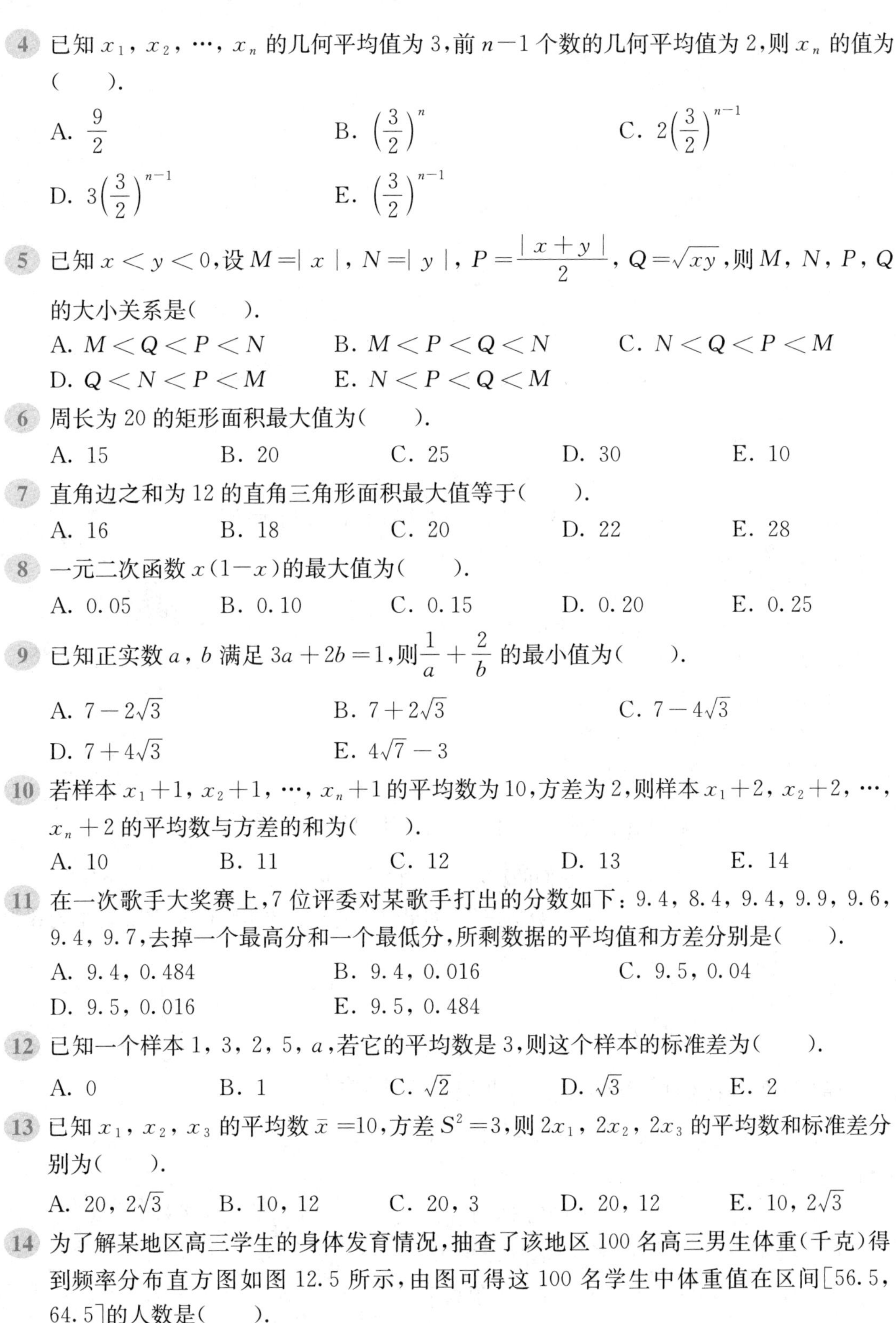

4 已知 $x_1, x_2, \cdots, x_n$ 的几何平均值为3,前 $n-1$ 个数的几何平均值为2,则 x_n 的值为(　　).

A. $\frac{9}{2}$　　B. $\left(\frac{3}{2}\right)^n$　　C. $2\left(\frac{3}{2}\right)^{n-1}$

D. $3\left(\frac{3}{2}\right)^{n-1}$　　E. $\left(\frac{3}{2}\right)^{n-1}$

5 已知 $x<y<0$,设 $M=|x|$, $N=|y|$, $P=\frac{|x+y|}{2}$, $Q=\sqrt{xy}$,则 M, N, P, Q 的大小关系是(　　).

A. $M<Q<P<N$　　B. $M<P<Q<N$　　C. $N<Q<P<M$

D. $Q<N<P<M$　　E. $N<P<Q<M$

6 周长为20的矩形面积最大值为(　　).

A. 15　　B. 20　　C. 25　　D. 30　　E. 10

7 直角边之和为12的直角三角形面积最大值等于(　　).

A. 16　　B. 18　　C. 20　　D. 22　　E. 28

8 一元二次函数 $x(1-x)$ 的最大值为(　　).

A. 0.05　　B. 0.10　　C. 0.15　　D. 0.20　　E. 0.25

9 已知正实数 a, b 满足 $3a+2b=1$,则 $\frac{1}{a}+\frac{2}{b}$ 的最小值为(　　).

A. $7-2\sqrt{3}$　　B. $7+2\sqrt{3}$　　C. $7-4\sqrt{3}$

D. $7+4\sqrt{3}$　　E. $4\sqrt{7}-3$

10 若样本 $x_1+1, x_2+1, \cdots, x_n+1$ 的平均数为10,方差为2,则样本 $x_1+2, x_2+2, \cdots, x_n+2$ 的平均数与方差的和为(　　).

A. 10　　B. 11　　C. 12　　D. 13　　E. 14

11 在一次歌手大奖赛上,7位评委对某歌手打出的分数如下:9.4, 8.4, 9.4, 9.9, 9.6, 9.4, 9.7,去掉一个最高分和一个最低分,所剩数据的平均值和方差分别是(　　).

A. 9.4, 0.484　　B. 9.4, 0.016　　C. 9.5, 0.04

D. 9.5, 0.016　　E. 9.5, 0.484

12 已知一个样本1, 3, 2, 5, a,若它的平均数是3,则这个样本的标准差为(　　).

A. 0　　B. 1　　C. $\sqrt{2}$　　D. $\sqrt{3}$　　E. 2

13 已知 x_1, x_2, x_3 的平均数 $\bar{x}=10$,方差 $S^2=3$,则 $2x_1, 2x_2, 2x_3$ 的平均数和标准差分别为(　　).

A. 20, $2\sqrt{3}$　　B. 10, 12　　C. 20, 3　　D. 20, 12　　E. 10, $2\sqrt{3}$

14 为了解某地区高三学生的身体发育情况,抽查了该地区100名高三男生体重(千克)得到频率分布直方图如图12.5所示,由图可得这100名学生中体重值在区间[56.5, 64.5]的人数是(　　).

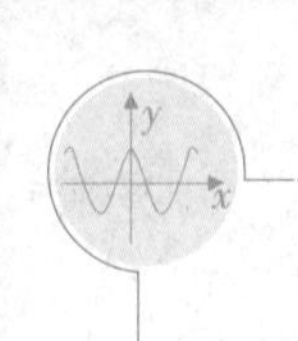

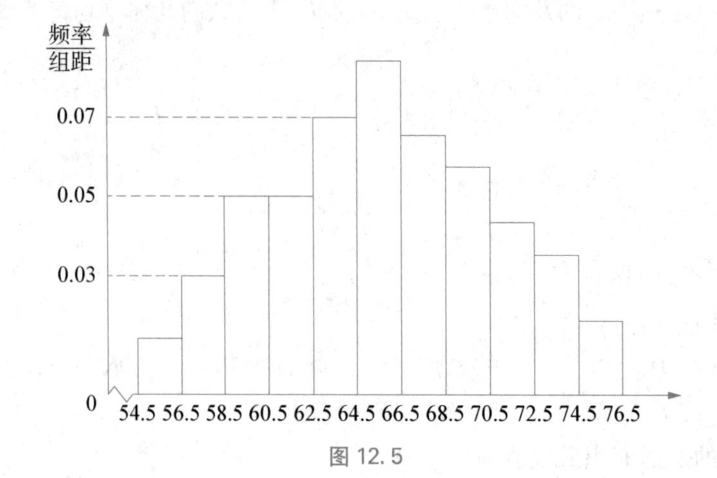

图 12.5

A. 20　　B. 30　　C. 40　　D. 50　　E. 54

15 某校共有 2 425 名学生，其中各年级所占比例如图 12.6 所示，则学生人数最多的年级有学生（　　）人.

A. 1 067　　B. 485　　C. 875

D. 1 115　　E. 以上均不正确

学生人数

20%　44%　36%

图 12.6

16 $a=b=c$ 成立.

(1) b 是 a，c 的算术平均值.

(2) b 是 a，c 的几何平均值.

17 三个连续偶数的和等于 12.

(1) 三个连续偶数中最小的一个等于它们算术平均值的$\frac{1}{2}$.

(2) 三个连续偶数的和大于它们的算术平均值.

18 把自然数 1，2，3，…，98，99 分成三组，如果每组的平均数刚好相等，那么此平均数为（　　）.

A. 55　　B. 60　　C. 45　　D. 50　　E. 40

19 a 与 b 的算术平均值为 8.

(1) a，b 为不等的自然数，且$\frac{1}{a}$，$\frac{1}{b}$的算术平均值为$\frac{1}{6}$.

(2) a，b 满足 $a^2-6a+10+|b-13|=1$.

20 三个实数 x_1，x_2，x_3 的算术平均值为 4.

(1) x_1+6，x_2-2，x_3+5 的算术平均值为 4.

(2) x_2 为 x_1 和 x_3 的等差中项，且 $x_2=4$.

21 $a+2$，$b-3$，$c+6$ 与 8 的算术平均值为 7.

(1) a，b，c 三个数的算术平均值为 5.

(2) a，b，c 三个数的算术平均值为 7.

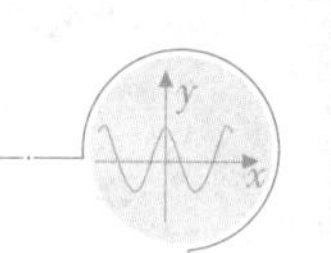

22 一组数据中的每一个数都减去 80，得一组新数据，则新数据的平均数是 1.2，方差是 1.44.

(1) 原来数据的平均数和方差分别是 81.2，1.44.

(2) 原来数据的平均数和标准差分别是 81.2，1.2.

23 在一次英语考试中，某班的及格率为 80%.

(1) 男生及格率为 70%，女生及格率为 90%.

(2) 男生的平均分与女生的平均分相等.

24 某年级共有 8 个班. 在一次年级考试中，共有 21 名学生不及格，每班不及格的学生最多有 3 名，则一班至少有 1 名学生不及格.

(1) 二班的不及格人数多于三班.

(2) 四班不及格的学生有 2 名.

25 $M_1=M_2$，$S_1<S_2$.

(1) 一组数据为 10，10，20，30，40，50，60，70，70，其平均值为 M_1，均方差为 S_1.

(2) 一组数据为 10，20，30，30，40，50，50，60，70，其平均值为 M_2，均方差为 S_2.

参考答案

1. B. 【解析】因为 $x_1, x_2, x_3, \cdots, x_n$ 的平均数为 5，所以 $\frac{x_1+x_2+\cdots+x_n}{n}=5$，所以 $\frac{3x_1+7+3x_2+7+\cdots+3x_n+7}{n}=\frac{3(x_1+x_2+\cdots+x_n)}{n}+7=3\times5+7=22$. 因为 $x_1, x_2, x_3, \cdots, x_n$ 的方差为 4，所以 $3x_1+7, 3x_2+7, 3x_3+7, \cdots, 3x_n+7$ 的方差是 $3^2\times4=36$，故标准差是 6.
所以选 B.

2. D. 【解析】由题意得 $\frac{x_1+x_2+x_3}{3}=a$，$\frac{y_1+y_2+y_3}{3}=b$，即 $x_1+x_2+x_3=3a$，$y_1+y_2+y_3=3b$，则 $2x_1+3y_1-1$，$2x_2+3y_2-2$，$2x_3+3y_3-3$ 的平均数为

$$\frac{2x_1+3y_1-1+2x_2+3y_2-2+2x_3+3y_3-3}{3}$$
$$=\frac{2(x_1+x_2+x_3)+3(y_1+y_2+y_3)-6}{3}=2a+3b-2,$$

所以选 D.

3. E. 【解析】由题意得 $\frac{a+b+c}{3}=\frac{14}{3}$，$\sqrt[3]{abc}=4$，$bc=a$，又因为 $a>b>c$，解得 $a=8$，$b=4$，$c=2$. 所以选 E.

4. D. 【解析】由题意得 $\sqrt[n]{x_1x_2\cdots x_n}=3$，$\sqrt[n-1]{x_1x_2\cdots x_{n-1}}=2$，即 $x_1x_2\cdots x_n=3^n$，$x_1x_2\cdots x_{n-1}=2^{n-1}$，所以 $x_n=\frac{3^n}{2^{n-1}}=3\left(\frac{3}{2}\right)^{n-1}$. 所以选 D.

5. C. 【解析】根据条件，不妨设 $x=-4$，$y=-1$，则 $M=4$，$N=1$，$P=\frac{5}{2}$，$Q=2$，得出

$N<Q<P<M$. 所以选 C.

6. C. 【解析】设矩形的长为 x，宽为 $10-x$，则矩形面积 $S=x(10-x)=-x^2+10x=-(x-5)^2+25$，所以当 $x=5$ 时，矩形面积最大，为 25. 所以选 C.

7. B. 【解析】设三角形其中一条直角边为 x，另一条为 $12-x$，则三角形面积为 $S=\frac{1}{2}x\cdot(12-x)=-\frac{1}{2}x^2+6x=-\frac{1}{2}(x-6)^2+18$，所以当 $x=6$ 时，直角三角形面积的最大值为 18. 所以选 B.

8. E. 【解析】$x(1-x)=-x^2+x=-\left(x-\frac{1}{2}\right)^2+\frac{1}{4}$，所以当 $x=\frac{1}{2}$ 时，该函数的最大值为$\frac{1}{4}$，所以选 E.

9. D. 【解析】因为 $3a+2b=1$，所以$\frac{1}{a}+\frac{2}{b}=(3a+2b)\left(\frac{1}{a}+\frac{2}{b}\right)=7+\frac{2b}{a}+\frac{6a}{b}$，因为 a，b 为正实数，所以原式$\geqslant 7+2\sqrt{\frac{2b}{a}\cdot\frac{6a}{b}}=7+4\sqrt{3}$，所以选 D.

10. D. 【解析】由题意知，新数据都加了 1，所以平均数也加 1，即新数据的平均数为 11；又因为数据的波动大小没变，所以方差不变，仍是 2，则平均数与方差之和为 13，选 D.

11. D. 【解析】去掉 9.9，8.4 之后，所剩数据的平均值为 $\frac{9.4+9.4+9.6+9.4+9.7}{5}=9.5$，方差为$\frac{(9.5-9.4)^2+(9.5-9.4)^2+(9.5-9.6)^2+(9.5-9.4)^2+(9.5-9.7)^2}{5}=0.016$，所以选 D.

12. C. 【解析】由题意得 $\frac{1+3+2+5+a}{5}=3$，解得 $a=4$，则这个样本的标准差为 $\sqrt{\frac{(3-1)^2+(3-3)^2+(3-2)^2+(3-5)^2+(3-4)^2}{5}}=\sqrt{2}$，所以选 C.

13. A. 【解析】新数据乘了 2，所以平均值也要在原来的基础上乘 2，则平均值为 20；新数据的方差为 $3\times 2^2=12$，所以标准差为 $2\sqrt{3}$，所以选 A.

14. C. 【解析】根据频率直方图，得体重值在区间[56.5，64.5]的频率是 $(0.03+0.05+0.05+0.07)\times 2=0.4$，所以体重值在区间[56.5，64.5]的频数是 $100\times 0.4=40$. 故选 C.

15. A. 【解析】学生人数最多的年级有学生 $2\,425\times 44\%=1\,067$(人)，所以选 A.

16. C. 【解析】由条件(1)，$b=\frac{a+c}{2}$，即 $a+c=2b$，所以不充分.

由条件(2)，$b=\sqrt{ac}$，即 $b^2=ac$，所以不充分.

联合条件(1)(2)，即 $a+c=2\sqrt{ac}$，所以 $a=c=b$，所以选 C.

17. A. 【解析】设三个连续的偶数为 $2m$，$2m+2$，$2m+4$，则由条件(1)，$2m=\frac{1}{2}$

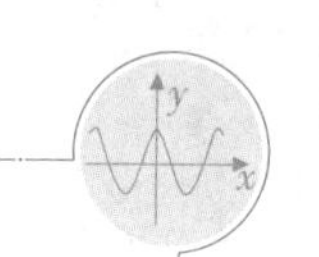

$\cdot \frac{2m+2m+2+2m+4}{3}$，解得 $m=1$，所以这三个偶数为 2，4，6，和为 12，所以充分. 由条件(2)得 $2m+2m+2+2m+4>\frac{2m+2m+2+2m+4}{3}$，无法确定 m，所以不充分，选 A.

18. D. 【解析】设每组数中含有 a，b，c 个数字，平均数为 x，由于"每组的平均数刚好相等"，根据算术平均值公式可得 $\frac{ax+bx+cx}{a+b+c}=x$，即"所有数的平均数"="每组数的平均数".

根据题意，自然数分成三组后每组的平均数刚好相等，则此平均数应与 1，2，3，…，98，99 这 99 个自然数的平均数相等. $\frac{S_{99}}{99}=\frac{1+2+3+\cdots+99}{99}=\frac{\frac{1+99}{2}\times 99}{99}=50$.

19. D. 【解析】由条件(1)，$\frac{1}{a}+\frac{1}{b}=\frac{1}{3}\Rightarrow 3a+3b=ab\Rightarrow(a-3)(b-3)=9$，因为 a，b 为不相等的自然数，故 $\begin{cases}a-3=1,\\b-3=9\end{cases}$ 或 $\begin{cases}a-3=9,\\b-3=1,\end{cases}$ 故(1)正确.

由条件(2)，$a^2-6a+9+|b-13|=0$，即 $(a-3)^2+|b-13|=0$，解得 $a=3$，$b=13$，所以 a，b 的算术平均值为 $\frac{3+13}{2}=8$，充分. 所以选 D.

20. B. 【解析】由条件(1)，$\frac{x_1+6+x_2-2+x_3+5}{3}=4$，解得 $x_1+x_2+x_3=3$，所以这三个实数的平均值为 1，所以不充分.

由条件(2)，$x_2=\frac{x_1+x_3}{2}$，所以 $x_1+x_3=8$，这三个实数的平均值为 $\frac{8+4}{3}=4$，所以充分.

选 B.

21. A. 【解析】由题意得 $\frac{a+2+b-3+c+6+8}{4}=7$，即需要满足 $a+b+c=15$.

由条件(1)，$\frac{a+b+c}{3}=5$，即 $a+b+c=15$，充分；同理可得条件(2)中 $a+b+c=21$，不充分. 所以选 A.

22. D. 【解析】每一个数都减去 80，所以原来数据的平均数为 81.2. 因为波动性没有改变，所以原来数据的方差为 1.44，标准差为 $\sqrt{1.44}=1.2$. 所以选 D.

23. E. 【解析】条件(1)，因为不知道男女人数比例，所以无法计算班级及格率；条件(2)同样不充分. 联合条件(1)(2)，仍无法确定男女人数比例. 所以选 E.

24. D. 【解析】除一班外，只要其他七个班不及格人数至多 20 人就充分. 由条件(1)可得，二班最多 3 人，三班最多 2 人，故除一班外，其他七个班最多 20 人，所以一班至少 1 人不及格，充分. 由条件(2)，因为每班不及格学生最多 3 人，所以除一班之外其他七个班不及格人数最多为 $3\times 7=21$(人)，又因为四班不及格有 2 人，所以其他七个班不及格人数

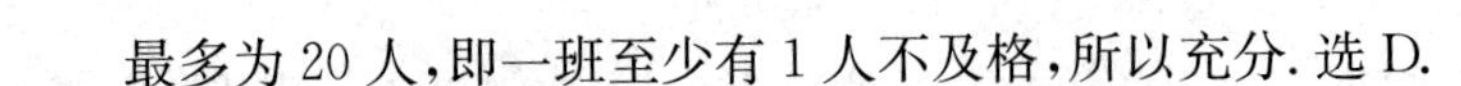

最多为 20 人，即一班至少有 1 人不及格，所以充分. 选 D.

25. E. 【解析】由题易得条件(1)(2)单独都不充分. 联合条件(1)(2)，

$$M_1=\frac{10+10+20+30+40+50+60+70+70}{9}=40,$$

$$S_1=\frac{(40-10)^2+(40-10)^2+(40-20)^2+(40-30)^2+(40-40)^2+(40-50)^2}{9}$$

$$+\frac{(40-60)^2+(40-70)^2+(40-70)^2}{9}=\frac{4\,600}{9};$$

同理，解得 $M_2=40$，$S_2=\frac{3\,000}{9}=\frac{1\,000}{3}$.

所以 $M_1=M_2$，$S_1>S_2$，故选 E.

图书在版编目(CIP)数据

管理类联考数学应试技巧攻略/邹舒主编. —上海：复旦大学出版社，2020.4(2022.6 重印)
(管理类联考应试技巧攻略系列丛书)
ISBN 978-7-309-14955-5

Ⅰ.①管… Ⅱ.①邹… Ⅲ.①高等数学-研究生-入学考试-自学参考资料 Ⅳ.①O13

中国版本图书馆 CIP 数据核字(2020)第 046638 号

管理类联考数学应试技巧攻略
邹 舒 主编
责任编辑/陆俊杰

复旦大学出版社有限公司出版发行
上海市国权路 579 号 邮编：200433
网址：fupnet@fudanpress.com http://www.fudanpress.com
门市零售：86-21-65102580 团体订购：86-21-65104505
出版部电话：86-21-65642845
上海四维数字图文有限公司

开本 787×1092 1/16 印张 13.25 字数 322 千
2022 年 6 月第 1 版第 2 次印刷

ISBN 978-7-309-14955-5/O · 683
定价：36.00 元